21世纪全国高职高专机电类规划教材

车铣工艺学

主　编　晋其纯　张秀珍

参　编　曾　荣　肖　敏　喻　膺

卢仁彪　吕玉明　杨学康

徐廷尧　罗维佳　吴福礼

主　审　王逸群　朱小岳

北京大学出版社

PEKING UNIVERSITY PRESS

内容简介

本书以零件的传统车铣加工为主线，通过介绍实际生产中常见的三种典型零件的加工，讲解了车铣工作中需要解决的工艺问题。这些加工技术对使用先进制造技术加工零件具有同等的重要意义。本书共分四部分，除绪论部分介绍了车工与铣工的基本知识点外，其余3个单元又分19个项目，分别详细介绍了轴类零件、盘套类零件及异形零件的加工工艺。本书的附录提供了大量的参考资料可供查询，这些资料既可用于学生的课程设计、毕业设计，也可供生产一线的工程技术人员编制工艺、设计夹具时使用。

本书紧扣生产实际，在做到理论联系实际的同时，注重理论分析，并通过介绍具体零件的加工来讲解一般方法，从而起到举一反三的作用。

图书在版编目(CIP)数据

车铣工艺学/晋其纯，张秀珍主编. —北京：北京大学出版社，2010.6
(21世纪全国高职高专机电类规划教材)
ISBN 978-7-301-17183-7

Ⅰ. 车…　Ⅱ. ①晋…②张…　Ⅲ. ①车削—工艺学—高等学校：技术学校—教材②铣削—工艺学—高等学校：技术学校—教材　Ⅳ. ①TG510.6②TG540.6

中国版本图书馆CIP数据核字(2010)第080693号

书　　名：车铣工艺学
著作责任者：晋其纯　张秀珍　主编
策 划 编 辑：周　伟
责 任 编 辑：傅　莉　林　茂
标 准 书 号：ISBN 978-7-301-17183-7/TH · 0187
出 版 发 行：北京大学出版社
地　　址：北京市海淀区成府路205号　100871
电　　话：邮购部62752015　发行部62750672　编辑部62765126　出版部62754962
网　　址：http://www.pup.cn
电 子 信 箱：zyjy@pup.cn
印　刷　者：河北滦县鑫华书刊印刷厂
经　销　者：新华书店
787毫米×980毫米　16开本　17.25印张　377千字
2010年6月第1版　2010年6月第1次印刷
定　　价：35.00元

前　言

车工和铣工是机械制造行业必不可少的工种，在机械加工中占有非常重要的地位。车削加工与铣削加工承担了60%以上的切削工作量，对确保产品质量、提高劳动生产率和降低生产成本起着重要的作用。

什么是工艺呢？“工艺是将原材料或半成品加工成成品的工作、方法、技术等”（商务印书馆《现代汉语词典（第5版）》，470页）。可见，车铣工艺学研究的是车铣的工作、方法和技术。这里所指的“成品”是指符合一定质量要求的零件。因此，学习《车铣工艺学》的目的就是运用所学的方法和技术，车铣出符合质量要求的零件。

高职学生毕业后一般要先从事一段时间的传统机械加工，在用人单位对其技术水平认可后才有可能将昂贵的数控设备交其使用。因此，学好传统车铣加工工艺和相关技能，是高职学生技能训练的基本功。本书的编写目的就在于此。

一、本书的编写依据

《车铣工艺学》的编写依据是《中华人民共和国国家职业标准实施手册》中的“车工国家职业标准”和“铣工国家职业标准”（以下简称“标准”）。

二、本书的特点

本书不是一般意义上的工艺学，没有局限于外圆、平面、沟槽、螺纹等工件表面的加工，而是要教学生学会如何处理这些加工中需要解决的工艺问题。

本书的内容以传统车铣加工技术为主，因为只有学好了传统车铣加工技术，并以此为基础，才能深入研究、学习和掌握先进制造技术。因此，本课程是机械制造类专业各层次学生的必修课。现在出现了一种错误倾向，认为先进制造技术可以“包医百病”，一切工艺问题都可以由先进制造技术解决。其实先进制造技术只给我们提供了一种可靠、高效的加工手段，而加工时工艺路线的选定、工件的定位、刀具的选择、切削用量的确定等无一不与传统加工技术相关。只有这些问题都解决了，先进制造技术才能发挥其作用。

本书紧紧围绕“标准”的“工作内容”和“技能要求”进行编写，并以“单元”将其归类，以“项目”将其具体化，以“知识链接”将其串联，使实践与理论、工厂与学校、生产与教学有机结合，实现了“教学做合一”。

1．单元

本书有3个单元，单元是以加工零件的结构特征进行划分的。有轴类零件、盘套类零件和异形零件。零件的结构不同，加工方法则有很大的差异。如轴类和盘套类零件有较多的回转表面，则一般以车削加工为主；而异形零件则有较多的非回转表面，一般以铣削加工为主。

2. 项目

本书有 19 个项目，这 19 个项目均为工厂常见的典型零件。这些典型零件是今后学生在生产中要“做”的。通过对这些典型零件加工的学习，可以知道工厂是如何从事加工生产的。在“教”这些典型零件的加工方法中，学生可以“学”到解决工艺问题的能力和相关技能。这些项目是本书的教学重点。通过项目的讲授来学习相关理论和技能是本书的一大特色。

3. 知识点

本书以被加工零件（项目）为平台，每一项目均有重点工艺问题（要点）。在解决这些工艺问题时，会涉及相关基础知识和专业知识，即“知识点”。为了使课程结构紧凑，不破坏解决工艺问题这一主线，相关知识以“知识链接”的板块出现，并在书中指明相关参考资料的名称及学习重点，以减少学生学习的盲目性，同时也培养了学生的自学能力。

三、本书的教学思路

1. 教学基本思路

下图是本书的内容结构图。从图中可以看出，本课程由 7 个板块组成，即：“结构、材料、机床、工艺、刀具、夹具、检测”。这些内容并非单独成为章节，而是全部融入

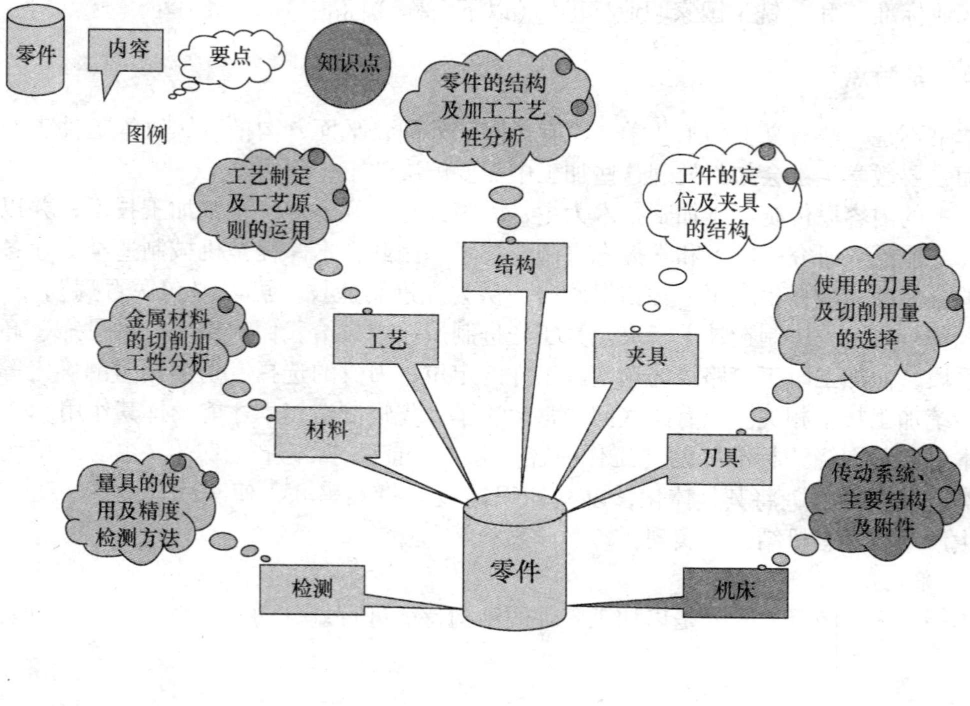

"工艺问题"之中，即通过具体的项目完成这7个板块的学习。这样便突出了"系统思维"和"整体思维"的思想，避免了单学科教学的缺点。

2. 授课流程

授课时一般按下图进行，这是人们的思维习惯。在进行具体教学时也并非拘泥于此流程，应根据具体情况灵活运用。

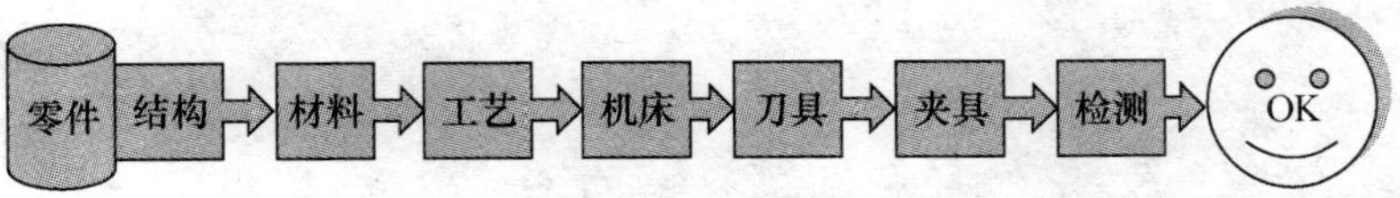

本书由贵州航天职业技术学院晋其纯、张秀珍主编，王逸群、朱小岳主审。参编人员有贵州航天职业技术学院实训中心和机械工程系曾荣、肖敏、喻膺、卢仁彪、吕玉明、杨学康、徐廷尧、罗维佳、吴福礼。

本书的编写得到山东临沂金星机床有限公司的大力支持，为我们提供了大量翔实而宝贵的生产一线资料，在此对该公司深表谢意。同时也对其他参考资料作者表示衷心的感谢。

由于编者才疏学浅，图文中谬误在所难免，请读者不吝赐教。

编者

2010年3月

目　　录

绪　论

一、车铣职业说明

根据《中华人民共和国国家职业标准实施手册》的规定，对车铣职业进行说明需要包括以下内容：职业定义、职业能力特征、工作内容和技能要求。现列表如下。

项　目	车　工	铣　工
职业定义	操作车床、进行工件旋转表面切削加工的人员	操作铣床、进行工件铣削加工的人员
职业能力特征	具有较强的计算能力和空间感、形体知觉及色觉，手指、手臂灵活，动作协调	具有较强的计算能力和空间感、形体知觉及色觉，手指、手臂灵活，动作协调
工作内容	1. 工艺准备：读图与绘图，制定加工工艺，工件定位与装夹，刀具准备，设备维护保养 2. 工件加工：轴类零件的加工，套类零件的加工，曲拐轴曲拐的车削加工，螺纹的加工，内外锥面的计算及加工，成形面的加工，工件切断，滚花、拉油槽，异形工件的装夹与加工 3. 精度检验及误差分析：内外径、长度、深度的检验，锥度及成形面的检验，螺纹检验 4. CA6140、C6132A 车床的传动系统、基本结构和机床附件	1. 工艺准备：读图与绘图，制定加工工艺，工件定位与装夹，刀具准备，设备维护保养 2. 工件加工：零件的平面加工、多面体零件的加工，台阶、沟槽的加工，分度加工，物形面及成形面的加工，圆柱齿轮及蜗轮加工，孔的钻、铰、镗，工件切断，异形工件的装夹与加工 3. 精度检验及误差分析：内径、长度、深度的检验，成形面的检验，齿轮检验 4. X62W、X52K 铣床的传动系统、基本结构和机床附件
技能要求	1. 能读懂轴、套、圆锥、螺纹及圆球等简单的零件图 2. 能读懂轴、套和圆锥、螺纹及圆弧等简单零件的机械加工工艺过程 3. 能制定简单工件的车削加工顺序（工步） 4. 能合理选择切削用量 5. 能合理选用、使用切削液 6. 能使用车床通用夹具和组合夹具将工件正确定位与夹紧	1. 能读懂轴、套、六面体、齿轮、蜗轮等简单的零件图 2. 能读懂轴、套、六面体、齿轮、蜗轮等简单零件的机械加工工艺过程 3. 能制定简单工件的铣削加工顺序（工步） 4. 能合理选择切削用量 5. 能合理选用、使用切削液 6. 能使用铣床通用夹具和组合夹具将工件正确定位与夹紧

（续表）

项　目	车　工	铣　工
技能要求	7. 能合理选用车床常用刀具 8. 能刃磨普通车刀，螺纹车刀，切槽、切断车刀及标准麻花钻头 9. 能简单维护保养普通车床 10. 能车削 3 个以上台阶的普通台阶轴 11. 能进行滚花加工及抛光加工 12. 能车削套类零件 13. 能车削普通螺纹、英制螺纹及管螺纹 14. 能车削具有内、外圆锥面工件的锥面及球类工件、曲线手柄等简单成形面，并进行相应的计算和调整 15. 能使用游标卡尺、千分尺、内径百分表测量直径及长度 16. 能用塞规及卡规测量孔径及外径 17. 能用角度样板、万能角度尺、正弦规测量锥度 18. 能用涂色法检验锥度 19. 能用曲线样板或普通量具检验成形面 20. 能用螺纹千分尺测量三角螺纹的中径 21. 能用三针测量螺纹中径 22. 能用螺纹环规及塞规对螺纹进行综合检验 23. 能判断零件表面的粗糙度数值	7. 能合理选用铣床常用刀具 8. 能刃磨单刃端面铣刀、键槽铣刀及标准麻花钻头 9. 能简单维护保养普通铣床 10. 能铣削台阶轴上的键槽和平面 11. 能进行普通分度和差动分度加工 12. 能铣削直齿圆柱齿轮和蜗轮 13. 能铣削一般沟槽和梯形槽 14. 能铣削成形表面、相互平行和垂直的表面 15. 能使用游标卡尺、千分尺、内径百分表测量直径及长度 16. 能用塞规及卡规测量孔径及槽宽 17. 能用角度样板、万能角度尺、正弦规测量斜度 18. 能用量具检测对称度 19. 能用曲线样板或普通量具检验成形面 20. 能用公法线千分尺检测齿轮公法线知名度 21. 能用齿轮游标卡尺检测齿轮相关参数 22. 能用相关仪器检测零件的平面度、垂直度和平行度 23. 能判断零件表面的粗糙度数值

二、工艺编制的基本原则

1. 加工顺序的确定原则

（1）基准先行：首先加工出零件的设计基准，便于后续工序拥有良好的定位基准。
（2）先粗后精：粗加工与精加工分开进行，先进行粗加工，后进行精加工。
（3）先主后次：先加工零件上的主要表面，后加工次要表面。
（4）先面后孔：先进行平面的加工，再进行平面上孔的加工。

2. 工序集中与分散原则

（1）单件生产宜工序集中；反之，可分散。

（2）结构复杂的零件宜集中；反之，可分散。

（3）重型零件宜集中；反之，可分散。

（4）位置精度较高的表面宜集中；反之，可分散。

3. 粗基准的选择原则

（1）保证相互位置精度原则：当零件上有一些表面不需要进行机械加工，且不加工表面与加工表面之间具有一定的相互位置精度要求时，应以有较高相互位置精度的不加工表面为粗基准。

（2）确保加工余量原则：当零件上有较多的表面需要加工时，应有利于各表面均获得合理的加工余量，即满足：余量最小原则（选择余量最小表面为粗基准）、重要表面原则（选择重要表面为粗基准）和切除金属总量最小原则。

（3）一次性原则：一般粗基准在同一尺寸方向上只允许使用一次。

（4）有利于加工精基准原则：当以粗基准定位加工一些表面时，在加工出来的表面中，应有一些表面适合作为后续工序的精基准。

（5）可靠性原则：所选择的粗基准应使工件定位稳定，夹紧可靠。

4. 精基准的选择原则

（1）基准重合原则：直接选用设计基准为定位基准。

（2）基准统一原则：各道工序均使用相同表面作为精基准。

（3）互为基准原则：分别以工件上两个相互位置精度要求的表面为精基准，反复进行几轮加工，以提高相互位置精度。

（4）自为基准原则：选择加工表面本身作定位基准。

I　车工概述

一、车削加工的工艺范围

在机械制造厂里有各种各样的金属切削机床，如车床、铣床、刨床、磨床、钻床、镗床、拉床、齿轮加工机床等。其中车床最为广泛，占机床总数的50%左右，承担的切削工作量占整个切削工作量的60%～70%。操作车床的工人称为车工，是机械加工的主要工种之一。

车床一般利用工件的旋转运动和刀具的进给运动切削工件，常用于加工零件的回转表面。所使用的刀具主要是车刀，还有钻头、铰刀、丝锥和滚花刀（滚花分为直纹滚花与网纹滚花）等。其基本工作内容包括：车削外圆、车端面、切槽、切断、钻中心孔、钻孔、镗孔、铰孔、车削各种螺纹、车削内/外圆锥体、车削特形面、拉直油槽和车螺旋油槽、滚花以及盘绕弹簧等。如图Ⅰ-1 所示。

车削加工的精度可达≥IT7，表面粗糙度 Ra 值的范围一般≥0.8 μm。

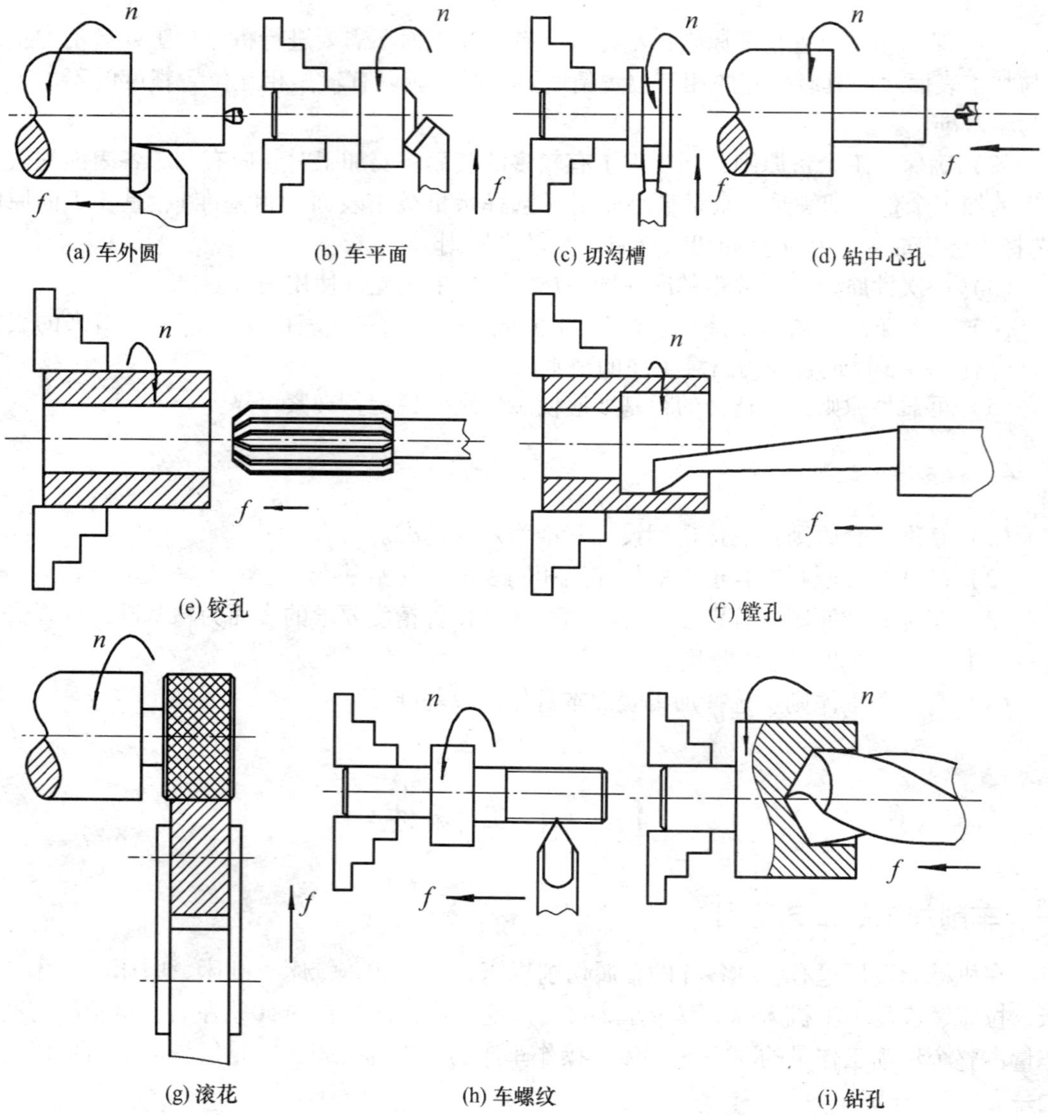

图Ⅰ-1　车床的主要工艺范围

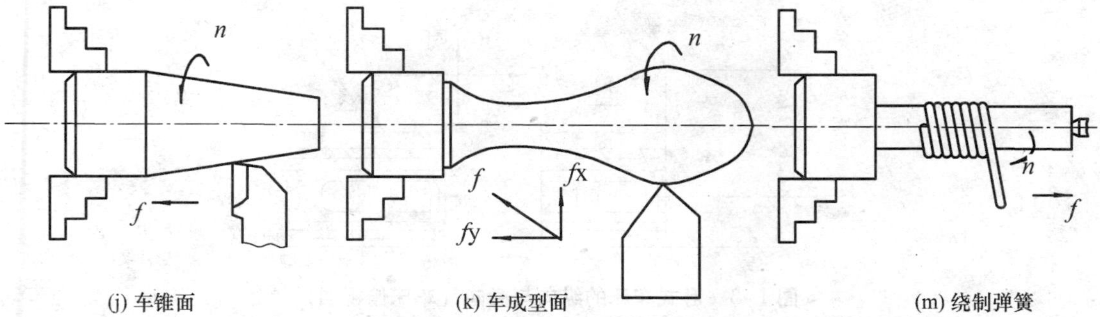

(j) 车锥面　　(k) 车成型面　　(m) 绕制弹簧

图Ⅰ-1　车床的主要工艺范围（续）

二、车床

1. 车床的种类

车床的种类很多，主要有普通车床、六角车床、立式车床、半自动及自动车床以及数控车床等，使用较多的是卧式车床。有代表性的卧式车床有 C6132A、CA6140。图Ⅰ-2为 CA6140 卧式车床外形图。

卧式车床的纵向与横向如图Ⅰ-3 所示。

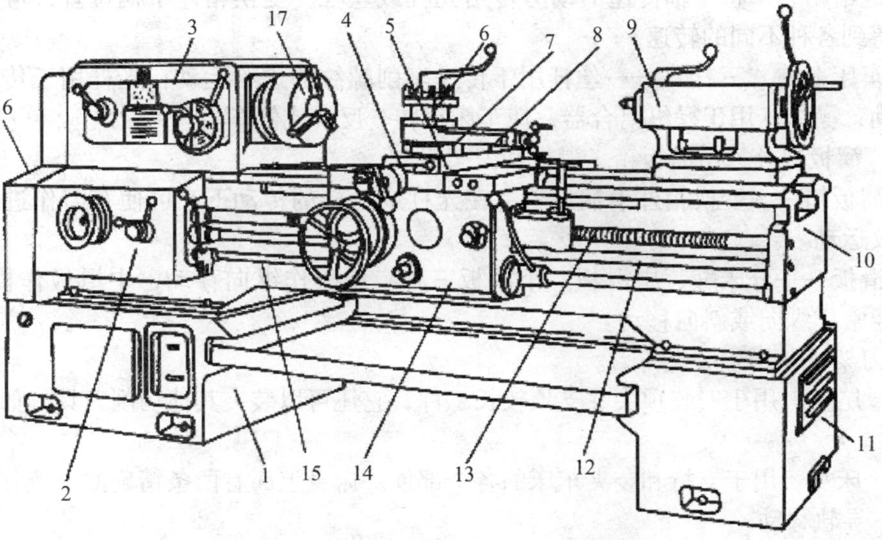

图Ⅰ-2　CA6140 卧式车床外形图

1. 前床腿；2. 进给箱；3. 主轴箱；4. 溜板（也称大拖板）；5. 中拖板；6. 刀架；7. 回转盘；8. 小拖板；9. 尾座；10. 床身；11. 后床腿；12. 光杆；13. 丝杆；14. 溜板箱；15. 操纵杆；16. 挂轮箱；17. 三爪卡盘

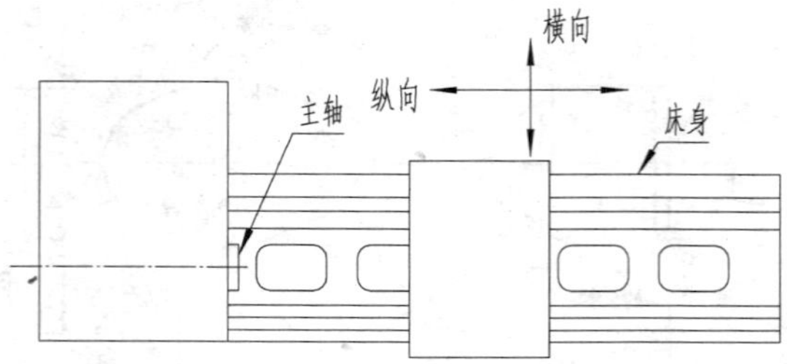

图Ⅰ-3　卧式车床的纵向与横向（车床俯视图）

2. 卧式车床的主要组成部分

（1）主轴部分：由主轴箱和卡盘组成。

① 主轴箱——内有多组齿轮和变速机构。变换箱外手柄位置，可以使主轴得到各种不同的转速。

② 卡盘——用于夹持工件，带动工件一起旋转。

（2）挂轮箱部分：将主轴的旋转运动传送给进给箱。变换箱内齿轮啮合关系，可以获得不同进给量和螺纹导程。

（3）进给部分：由进给箱和车床上的“三杆”组成。

① 进给箱——将主轴传递的动力传给光杠或丝杠。变换箱外手柄位置，可以使光杆或丝杆得到各种不同的转速。

② 车床上的“三杆”——丝杆用于传递车削螺纹的进给运动；光杆用于传递纵横向进给运动；操纵杆用于操纵离合器，使车床正转、反转或停车。

（4）溜板部分：由溜板箱、滑板和刀架组成。

① 溜板箱——变换箱外手柄位置，在光杠或丝杠的传动下，可使车刀作进给运动或作车螺纹运动。

② 滑板——分床鞍、中滑板、小滑板三种。床鞍作纵向移动，中滑板作横向移动，小滑板通常作纵向或斜向移动。

③ 刀架——用于装夹车刀。

（5）尾座：用于安装顶尖、支顶较长工件，它还可以装夹其他切削刀具，如钻头、铰刀等。

（6）床身：用于支持和装夹车床的各个部件。床身上面有两条精确的导轨，床鞍和尾座可沿着导轨移动。

（7）机床附件：三爪卡盘、四爪卡盘、花盘、拨盘、中心架、跟刀架、前后顶尖等。

三、切削运动、工件上的表面及切削用量（车削用量）三要素

1. 切削运动

（1）主运动：进行切削时最基本、最主要的运动，也称切削运动。通常其速度最高，消耗机床动力最多。机床的主运动只有一个。车床的主运动是工件的回转运动。

（2）进给运动：进给运动与主运动配合，使切削工作能够继续进行。通常它消耗的动力较少，进给运动可由一个或多个运动组成。

（3）切入运动：切入运动是一个辅助运动，作用是保证加工表面能获得所需尺寸，刀具与工件沿尺寸方向所进行的运动，一般也叫吃刀运动。

2. 工件上的表面

如图Ⅰ-4所示，由于切削运动，在工件上形成三种表面，即：待加工表面、（正在）加工表面和已加工表面。

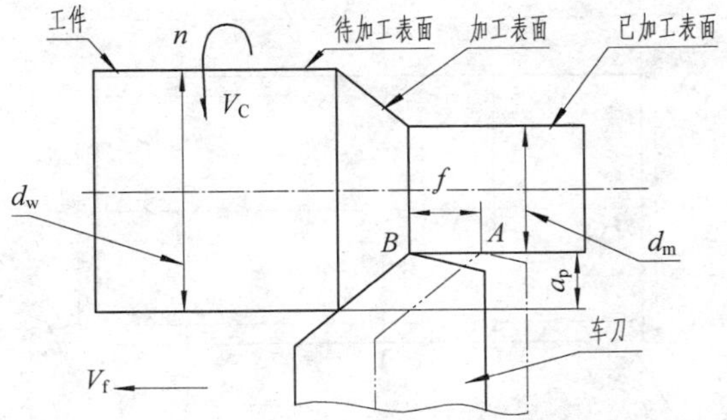

图Ⅰ-4　工件上的表面及切削用量

3. 切削用量

（1）切削速度 v：切削速度是主运动的线速度，单位是m/min，由下式计算：

$$v = \pi dn / 1000$$

式中：d—做主运动的回转体上某一点的回转直径，单位是mm；

n—做主运动的回转体的转速，单位是r/min。

当转速一定时，选定点不同，其切削速度也不相同，计算时取最大切削速度。如车外圆时取待加工表面速度，钻削时取钻头外径处的速度。

（2）进给量 f：普通车床采用每转进给量，即工件或刀具旋转一周时，两者之间沿进给运动方向的相对位移量，单位是mm/r。

（3）背吃刀量 a_p：背吃刀量是在与主运动和进给运动方向相垂直的方向上测量的工件上已加工表面与待加工表面间的距离，单位为 mm。

$$a_p = \frac{(d_w - d_m)}{2}$$

式中：d_w—工件待加工表面直径，单位为 mm；

d_m—工件已加工表面直径，单位为 mm。

钻孔时：$a_p = d_m/2$。（d_m 为钻头直径）

四、切削用量与生产率的关系

如图Ⅰ-5 所示为纵车外圆时车刀的进给行程。一次行程的机动工时可用下式计算：

$$t_m = \frac{L}{n \times f} \qquad \text{（式 Ⅰ-1）}$$

式中：L 为总的进给行程，$L = l_w + x + y$，l_w 为工件长度，x 为切入备量，y 为切出备量。

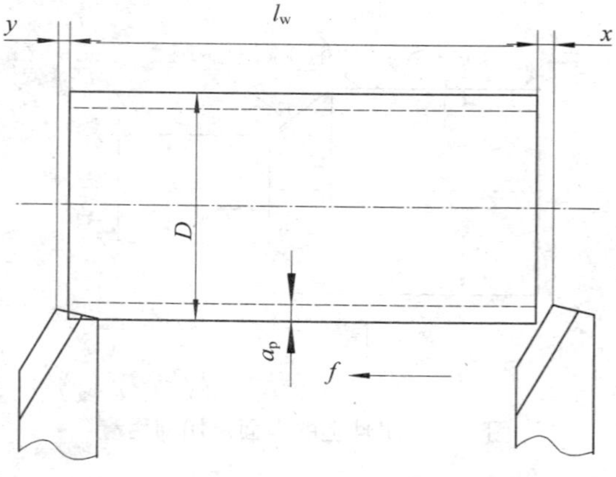

图Ⅰ-5　外圆纵车的进给行程长度

设工件直径为 D，加工余量为 h，则多次进给的机动工时为：

$$t_m = \frac{L}{n \times f} \times \frac{h}{a_p} \qquad \text{（式 Ⅰ-2）}$$

切削加工生产率可用单位时间内加工的工件数量 Q 表示。

$$Q = \frac{1}{t_m} = \frac{n \times f \times a_p}{L \times h} = \frac{10^3 \times v \times f \times a_p}{\pi \times D \times L \times h} \qquad \text{（式 Ⅰ-3）}$$

因为 D、L、h 均为给定值，故令：

$$A_0 = \frac{10^3}{\pi \times D \times L \times h}$$

则：

$$Q = A_0 \times v \times f \times a_p \quad (式 Ⅰ-4)$$

另外，也可以用单位时间金属切除量 Z 表示生产率：

$$Z = 10^3 \times v \times f \times a_p (mm^3/s) \quad (式 Ⅰ-5a)$$

式Ⅰ-4 和式Ⅰ-5 具有完全相同的特性，即切削用量三要素同生产率均保持线性关系，提高切削速度、增大进给量和背吃刀量，都能“同样地提高”劳动生产率。实际上，为了确保刀具具有合理的耐用度，提高切削用量中的任何一用量，都必须相应地降低其他两个用量。因此，选择切削用量归根到底是选择切削用量三者的最佳组合。

在生产中，其他条件不变的情况下，判断生产率高低的简便方法是计算进给速度，即：

$$v_f = nf (mm/min) \quad (式 Ⅰ-5b)$$

在常用切削用量范围内，切削用量与刀具耐用度的关系可用下式表示：

$$T = \frac{C_{vT}}{v^{\frac{1}{m}} a_p^{\frac{1}{p}} f^{\frac{1}{n}}} \quad 或 \quad v = \frac{C_{vT}^m}{T^m a_p^{\frac{m}{p}} f^{\frac{m}{n}}} \quad (式 1-6)$$

式中：T—刀具耐用度；

v—切削速度；

a_p—背吃刀量；

f—进给量；

C—各种条件所决定的系数；

m、p、n—各种条件所决定的指数。

令 $x_v = \frac{m}{p}$，$y_v = \frac{m}{n}$，并在刀具耐用度 T 已经选定的情况下，令所有常数项为 C_v，则：

$$v = \frac{C_v}{a_p^{x_v} f^{y_v}} \quad (式 1-7)$$

式（1-7）表明：为保持刀具合理的耐用度 T，增大背吃刀量或进给量时，都必须相应降低切削速度。

在外圆纵车碳素结构钢使用 YT15 硬质合金车刀，不加切削液时：

$$x_v = 0.15, y_v = 0.35, m = 0.2$$

如果将背吃刀量增加 3 倍，进给量不变，则：

$$v_{3a_p} = \frac{C_v}{3^{0.15} a_p^{0.15} f^{0.35}} \approx 0.85 \frac{C_v}{a_p^{0.15} f^{0.35}} \approx 0.85 v$$

即切削速度须降低 15%，此时的生产率为：

$$Q_{3a_p}=A_0\times 0.85v\times 3a_p\times fQ_{3a_p}\approx 2.6Q$$

即生产率只提高2.6倍。

如果将进给量增大至3倍，背吃刀量不变，则：

$$v_{3f}=\frac{C'_v}{3^{0.35}a_p^{0.15}f^{0.35}}\approx 0.68\frac{C'_v}{a_p^{0.15}f^{0.35}}\approx 0.68v$$

即切削速度必须降低32%。此时生产率为：

$$Q_{3f}=A_0\times 0.68v\times a_p\times 3fQ_{3f}\approx 2Q$$

即生产率只提高2倍。

由此可以看出：增大背吃刀量比增大进给量更有利于提高生产率。但是，背吃刀量受加工余量的限制，当背吃刀量最大限度地增加到某一数值之后，a_p = 常数，则式Ⅰ-4为：

$$Q=A'_0vf,$$

式Ⅰ-7为：

$$v=\frac{C'_v}{f^{y_v}}。$$

式中 $A'_0=A_0a_p$，$C'_v=\frac{C_v}{a_p^{x_v}}$。这时：

$$Q=A'_0C'_v\frac{f}{f^{y_v}}=C_1f^{1-y_v} \qquad (式Ⅰ-8)$$

或者

$$f=\frac{C_v'^{\frac{1}{y_v}}}{v^{\frac{1}{y_v}}}$$

$$Q=A'_0C_v'^{\frac{1}{y_v}}\times\frac{v}{v^{\frac{1}{y_v}}}=\frac{C_2}{v^{\frac{1}{y_v}-1}} \qquad (式Ⅰ-9)$$

式中 C_1、C_2 均为合并后的常系数。

同上，取 $y_v=0.35$，当进给量增大至3倍时：

$$Q_{3f}=C_1\times 3^{1-0.35}f^{1-0.35}\approx 2Q$$

当切削速度提高3倍时：

$$Q_{3v}=\frac{C_2}{3^{\frac{1}{0.35}-1}\times v^{\frac{1}{0.35}-1}}\approx 0.13\times\frac{C_2}{v^{\frac{1}{0.35}-1}}\approx 0.13Q$$

这就是说，切削速度提高3倍反而会使生产率降低87%。

上述分析着眼于切削条件，不论是最低成本切削条件还是最大利润切削条件，切削用量三要素对评价目标的影响程度都与最高生产率切削条件的分析结果相类似。

因此，切削用量的选择原则总结如下。

1. 切削用量选择的基本原则

切削用量的合理选择，直接关系到优质、高产和低耗。

切削用量三要素 v、f 和 a_p 虽然对优质、高产和低耗都会产生影响，但三者的影响程度不尽相同，而且在不同场合的影响也不一样。因此，选择时存在着一个从不同角度出发，优先将某一个要素选择为最大的问题。具体的切削条件和加工要求是多种多样的，因此切削用量的选择一定要具体问题具体分析。

2. 粗加工时的切削用量选择原则

粗加工时，“高产”是追求的基本目标。限制粗加工时切削用量提高的主要约束条件是刀具的耐用度。对刀具耐用度影响最大的切削用量是切削速度 v，其次是进给量 f，影响最小的是背吃刀量 a_p。因此，为了保证合理的刀具耐用度，在选择切削用量时，应首先选取尽可能大的背吃刀量 a_p；其次要根据机床动力和刚性条件或已加工表面粗糙度的规定，选取尽可能大的进给量 f；最后才根据确定的刀具耐用度选择尽可能大的切削速度 v。

3. 精加工时切削用量的选择原则

精加工时首先应该确保加工精度和表面质量，同时兼顾必要的刀具耐用度和生产率。因此，精加工时切削用量的选择原则是：选择较小的背吃刀量 a_p 和进给量 f，以减小切削力及工艺系统的弹性变形、减小工件已加工表面的残留面积高度；a_p 的选择根据加工余量的大小确定，进给量 f 的提高则受表面粗糙度的限制；a_p 和 f 确定以后，在保证合理的刀具耐用度的前提下，确定合理的切削速度 v。

五、车刀

1. 车刀常用材料

车刀切削部分常用材料如下：

(1) 高速钢：常用 W18Cr4V。

(2) 硬质合金：常用的硬质合金包括：

① YG 类，主要用于加工铸铁等脆性材料；

② YT 类，主要用于加工碳钢等塑性材料；

③ YW 类，通用硬质合金，可加工各种金属材料。

2. 刃磨车刀常用的砂轮

(1) 白刚玉类：主要磨削碳素钢和高速钢。

（2）碳化硅类：主要磨削铸铁和硬质合金。

3. 车刀的种类

按车刀的结构可将车刀分为以下四类：焊接车刀、整体车刀、装配式车刀（也称机械夹固车刀）和可转位车刀。

按车刀的用途可将之分为一般内外圆车刀和成型车刀。

按工艺内容可将之分为：切断、切槽、倒角、粗车、精车等。

常见车刀如图Ⅰ-6 所示。

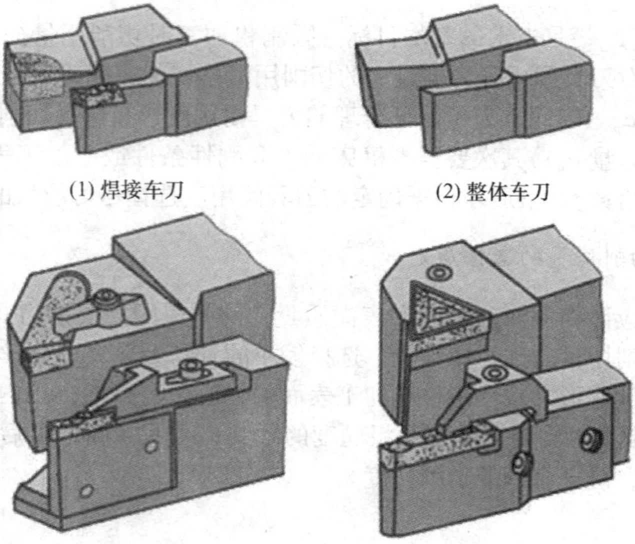

(1) 焊接车刀　(2) 整体车刀　(3) 装配式车刀　(4) 可转位车刀

图Ⅰ-6　车刀按结构分类

4. 车刀的几何角度

（1）车刀的组成：车刀由切削部分和刀柄组成。

（2）车刀切削部分的组成如图Ⅰ-7 所示。

① 前刀面 A_γ：切屑流过的刀面。

② 主后刀面 A_α：与加工表面相对的刀面。

③ 副后刀面 A'_α：与工件已加工表面相对的刀面。

④ 主切削刃 S：担任主要切削工作，由前刀面与主后刀面相交的棱边形成。

⑤ 副切削刃 S'：担任少量切削工作，由前刀面与副后刀面相交的棱边形成。

⑥ 刀尖：主、副切削刃连接处的一部分切削刃，常指它们的实际交点。

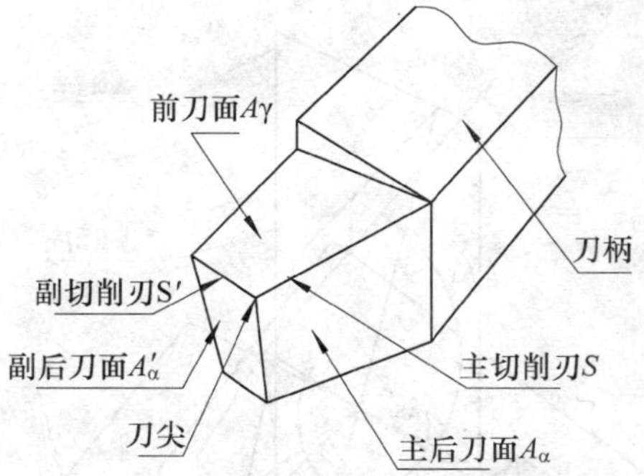

图Ⅰ-7　车刀切削部分的组成

(3) 车刀几何角度的参考坐标系。

车刀几何角度的参考坐标系常用的有正交剖面坐标系和法剖面坐标系，分别如图Ⅰ-8和图Ⅰ-9所示。

① 基面 $P\mathrm{r}$：通过切削刃上选定点垂直于切削运动方向的平面。

② 切削平面 $P\mathrm{s}$：通过切削刃上选定点，与切削刃相切并垂直于基面的平面。

③ 正交剖面 $P\mathrm{o}$：通过切削刃上选定点，同时垂直于基面和切削平面的平面。

④ 法剖面 $P\mathrm{n}$：通过切削刃上选定点，垂直于切削刃在该点的切线方向的平面。

(4) 车刀的几何角度。

车刀的几何角度如图Ⅰ-10所示。

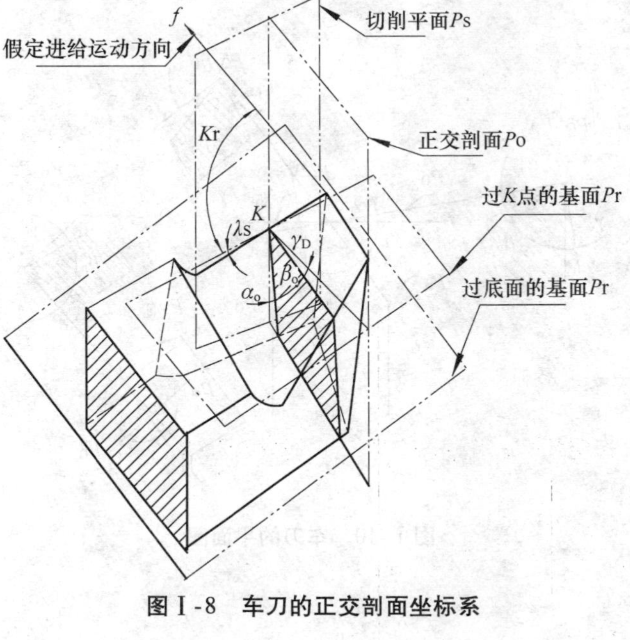

图Ⅰ-8　车刀的正交剖面坐标系

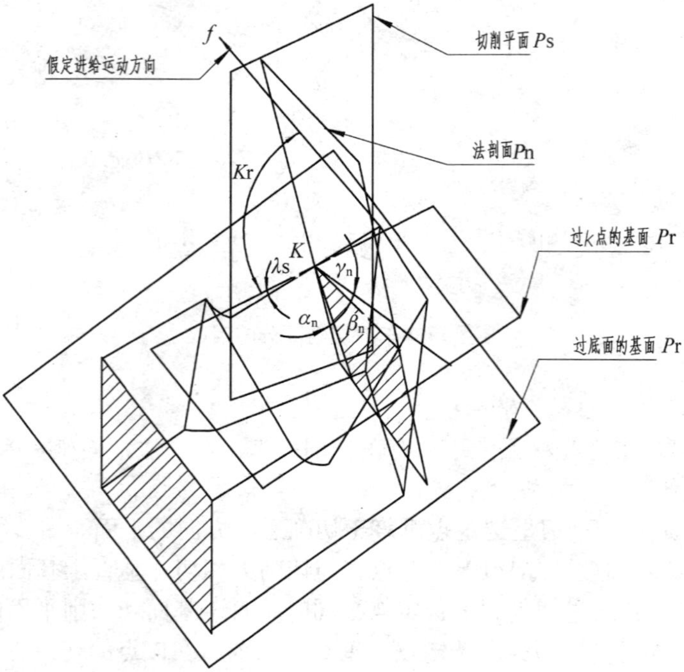

图Ⅰ-9 车刀的法剖面坐标系

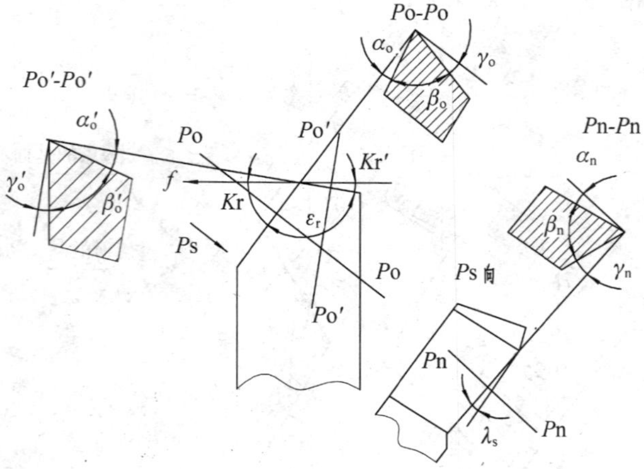

图Ⅰ-10 车刀的平面图

① 主偏角 Kr：通过主切削刃上选定点，在基面内测量到的主切削刃在基面上的投影与进给运动方向之间的夹角。

② 副偏角 Kr'：通过副切削刃上选定点，在基面内测量到的副切削刃在基面上的投影与进给运动方向之间的夹角。

③ 前角 γ_o：过主切削刃上选定点在正交剖面内测量到的前刀面与基面之间的夹角。

④ 后角 α_o：过主切削刃上选定点在正交剖面内测量到的后刀面与切削平面之间的夹角。

⑤ 副后角 α_o'：过副切削刃上选定点在副正交剖面内测量到的副后刀面与副切削平面之间的夹角。

⑥ 刃倾角 λ_s：通过主切削刃上选定点，在切削平面内测量到的主切削刃与基面之间的夹角。

车刀的楔角 β_o 和刀尖角 ε_r 可计算获得：

$$\beta_o = 90° - \gamma_o - \alpha_o$$

$$\varepsilon_r = 180° - Kr - Kr'$$

以上 6 个角称为车刀的独立几何参数，是通过刃磨获得的，车刀其他测量平面所测量的角度可以通过换算获得。如：

$$\mathrm{tg}\gamma_n = \mathrm{tg}\gamma_o \times \cos\lambda_s$$

$$\mathrm{ctg}\alpha_n = \mathrm{ctg}\alpha_o \times \cos\lambda_s$$

六、CA6140 普通车床的传动系统

1. 传动链

机床加工零件时，为获得所需表面，需要工件与刀具做相对运动。这一相对运动称为表面成形运动，是机床最重要的运动。

为了获得机床所需的运动，必须用相关的传动件进行合理组合，按一定顺序排列，从运动的起点到运动的终点首尾相连，形成一个传递运动的通道，这就是传动链。

运动的起点称为动力源，可以是各种电机或机床的某一部件，如车床主轴。

运动的终点称为执行件，可以是机床的某一部件，如主轴或刀架。

动力源与执行件是相对的，某一部件可能是某条传动链的动力源，但也有可能是另一条传动链的执行件。如车床的主轴是主运动的执行件（运动的终点），但它却是进给运动的动力源（运动的起点）。

2. 主运动传动链

运动的起点：主电机。

运动的终点：车床主轴。

主运动传动链一共有两条：主轴正转高、低速，共 24 级转速；主轴反转高、低速，共 12 级转速。

3．车螺纹传动链

运动的起点：车床主轴。

运动的终点：车床刀架。

车螺纹传动链一共有四条：米制螺纹传动链、英制螺纹传动链、模数螺纹传动链和径节螺纹传动链。

4．进给运动传动链

运动的起点：车床主轴。

运动的终点：车床刀架。

进给运动传动链一共有四条：正常进给、较大进给、加大进给和细进给。加大进给量用于强力切削；细进给量用于高速细车。CA6140 普通车床传动系统图如图Ⅰ-11 所示。

七、金属材料切削加工性

1．金属材料切削加工性的概念

材料的切削加工性是指对某种材料进行切削加工的难易程度。对于同一种被加工材料，如果零件的技术要求和加工条件不同，那么它的加工难易程度也有着很大的差别，但这是零件的加工性问题，本书只讨论材料的加工性。

切削加工性是一个相对概念。所谓某种材料的切削加工性好坏，是相对于另一种材料而言。一般讨论钢料的切削加工性时，习惯以 45 号碳素结构钢为基准。

刀具材料的性能与切削加工性的关系最为密切，不能脱离刀具材料的性能孤立讨论被加工材料的切削加工性，而应将两者结合起来进行讨论。

2．衡量切削加工性的指标

（1）以刀具耐用度 T 或一定耐用度下的切削速度 v_T 衡量加工性。

在相同切削条件下加工不同材料时，显然，在一定切削速度下刀具耐用度 T 较长或一定耐用度下的切削速度 v_T 较大的材料，其加工性较好；反之，T 较短或 v_T 较小的材料，其加工性较差。一般以切削正火状态的 45 号钢，$T = 60\ \text{min}$ 时的切削速度 v_{60} 作为基准［写作 $(v_{60})_j$］，而把其他材料的 v_{60} 同它相比，得到的这个比值 Kr 称为相对加工性，即：

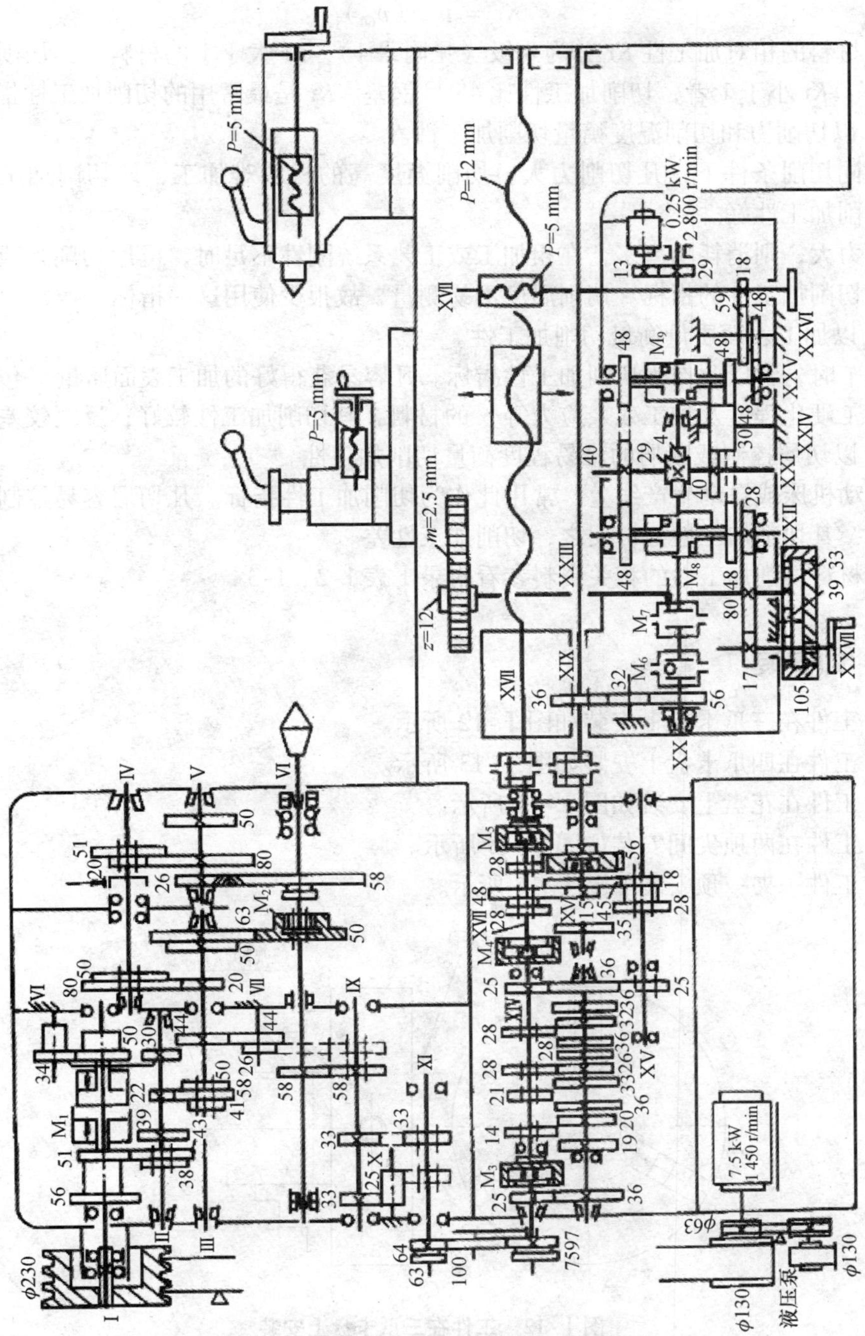

图 I-11　CA6140 型卧式车床传动系统图

$$Kr = v_{60}/(v_{60})_j$$

常用材料的相对加工性 Kr 分为 8 级（见附录 1），Kr 大于 1 的材料，其切削加工性比 45 号钢好；Kr 小于 1 者，切削加工性比 45 号钢差。Kr 是最常用的切削加工性指标。

（2）以切削力和切削温度衡量切削加工性。

在相同切削条件下，凡切削力大、切削温度高的材料难加工，即切削加工性差；反之，则切削加工性好。

切削力大，则消耗功率多，在粗加工或工艺系统刚性不足时，可用切削力或切削功率作为衡量切削加工性的指标。切削温度不易测量，故很少使用这一指标。

（3）以加工表面质量衡量切削加工性。

精加工时，常以此作为切削加工性指标。凡容易获得好的加工表面质量（包括表面粗糙度、加工硬化程度及加工残余应力等）的材料，其切削加工性较好；反之较差。

（4）以切屑控制或断屑的难易程度衡量切削加工性。

在自动机床或自动生产线上，常用此作为切削加工性指标。凡切屑容易控制或容易断屑的材料，其切削加工性好；反之，切削加工性差。

金属材料切削加工性的相关资料参看附录 1 表 1-2、1-3。

八、工件的安装

（1）工件在三爪卡盘上安装如图Ⅰ-12 所示。

（2）工件在四爪卡盘上安装如图Ⅰ-13 所示。

（3）工件在花盘上安装如图Ⅰ-14 所示。

（4）工件在两顶尖间安装如图Ⅰ-15 所示。

（5）工件一夹一顶安装如图Ⅰ-16 所示。

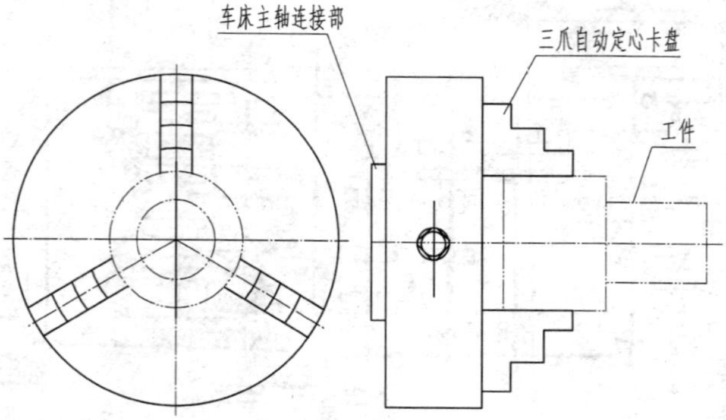

图Ⅰ-12　工件在三爪卡盘上安装

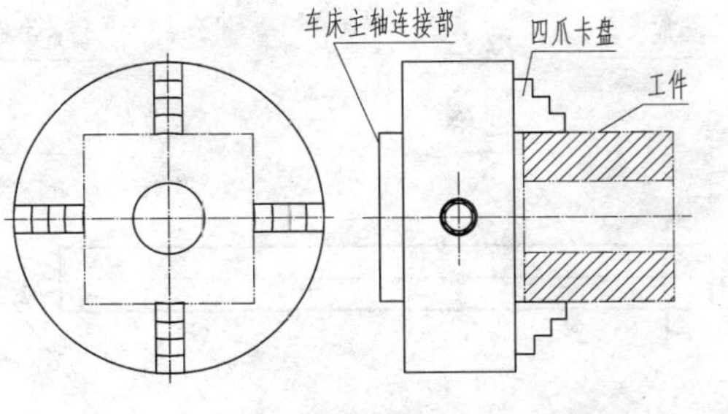

图Ⅰ-13　工件在四爪卡盘上安装

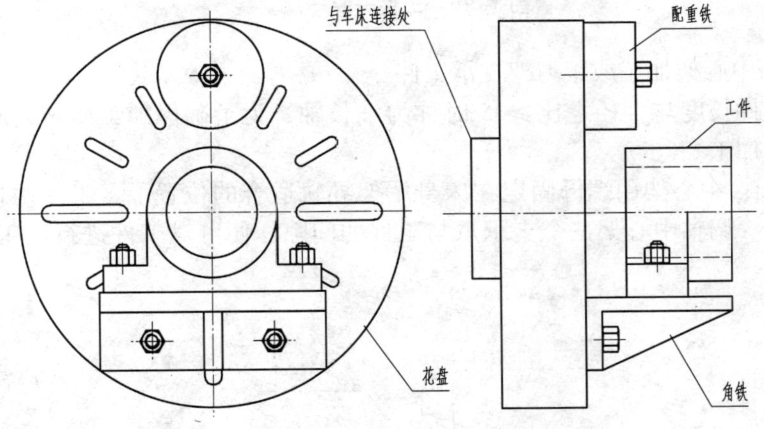

图Ⅰ-14　工件在花盘上安装

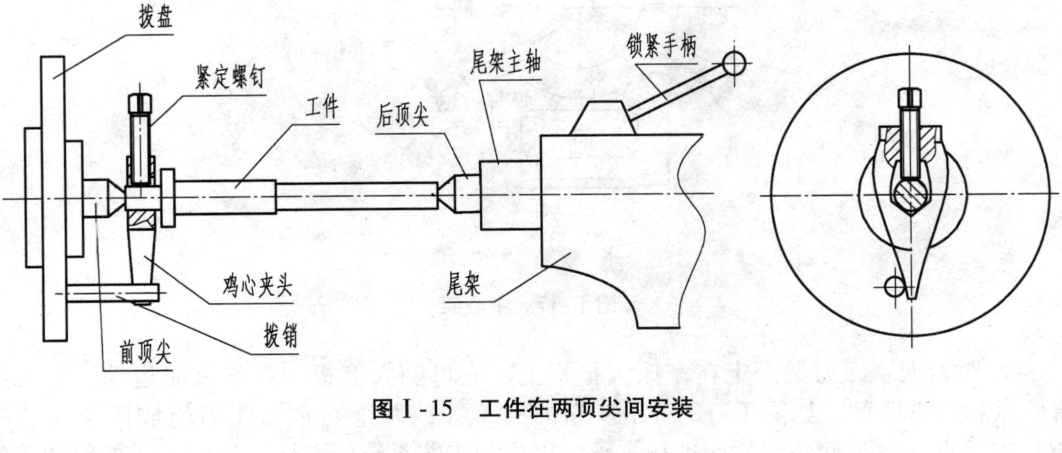

图Ⅰ-15　工件在两顶尖间安装

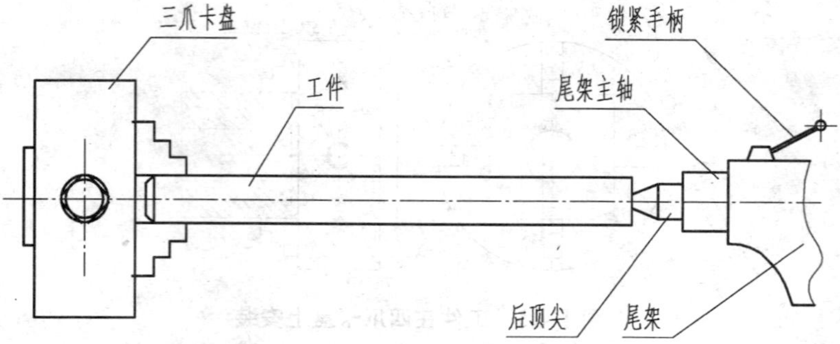

图Ⅰ-16　工件一夹一顶安装

（6）利用中心架加工或跟刀架支承工件。

当轴类零件长度与直径之比≥25 时称为细长轴，为了确保加工质量，应采用中心架或跟刀架进行加工。

① 中心架：中心架用螺母固定在床身尾架导轨适合的位置上，工件两顶尖间装夹或一夹一顶装夹。调整中心架三个支承爪与工件的间隙，便可对工件进行加工。如图Ⅰ-17 所示。

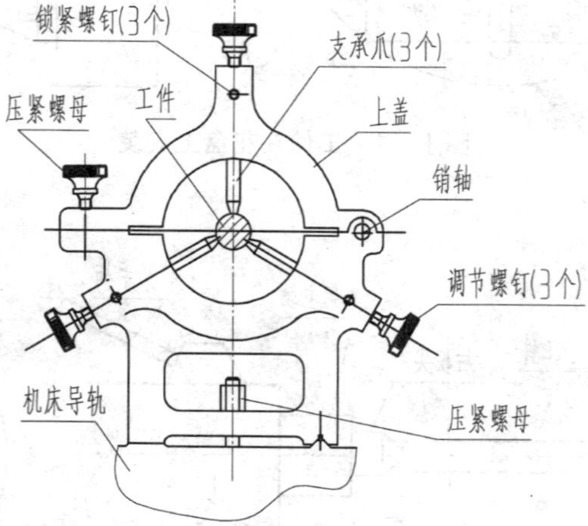

图Ⅰ-17　中心架

② 跟刀架：跟刀架固定在车床大拖板上，它可随大拖板一起作纵向运动。跟刀架有两爪和三爪两种，如图Ⅰ-18 所示。它的三个（或两个）爪与车刀组成四个（或三个）支承点，对工件外圆柱面进行支承，以增加工艺系统的刚性。使用前，也须调整好

支承爪与工件之间的间隙。除此之外，工件在机床上的安装还有其他一些形式，请参见本书附录2。

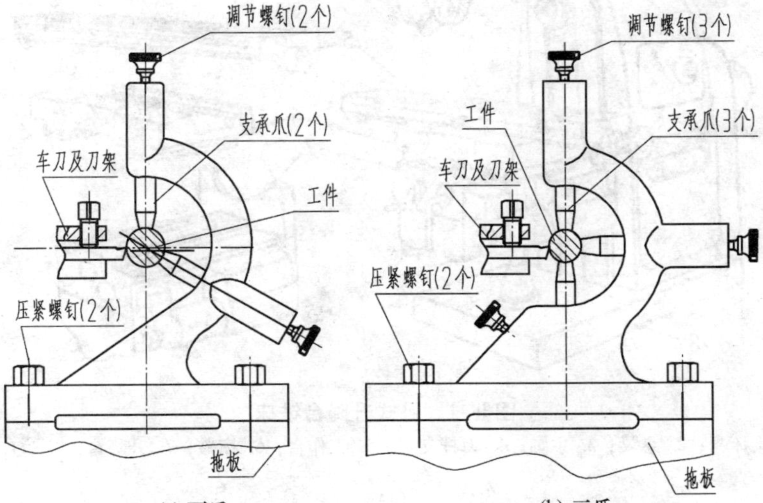

(a) 两爪　　(b) 三爪

图Ⅰ-18　跟刀架

Ⅱ　铣工概述

一、铣工相关知识

1. 铣床

(1) 铣床的种类。

铣床可分为立式铣床、卧式铣床、工具铣床、专用铣床（花键、曲轴、凸轮轴等）、仿形铣床和龙门（镗）铣床等。图Ⅱ-1所示为卧式升降台铣床。铣床的纵向与横向如图Ⅱ-2所示。

(2) 铣床的组成。

以X62为例，其组成包括：主轴、主轴变速机构（18种速度：30～1 500 r/min）、横梁及挂架、纵向工作台（1 250×320）、横向工作台、升降台（进给量为纵横的1/3）、进给变速机构（18种速度：23.5～1 180 mm/min）、床身和底座、电气系统等。

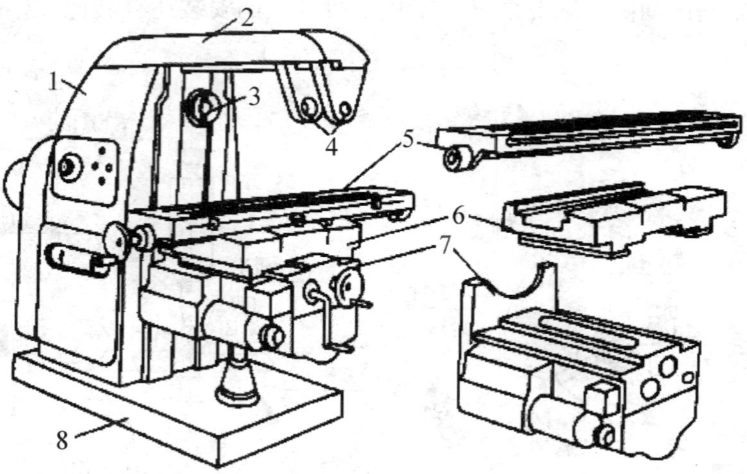

图Ⅱ-1　卧式升降台铣床

1. 床身；2. 悬梁；3. 主轴；4. 刀杆支架；5. 工作台；6. 床鞍；7. 升降台；8. 底座

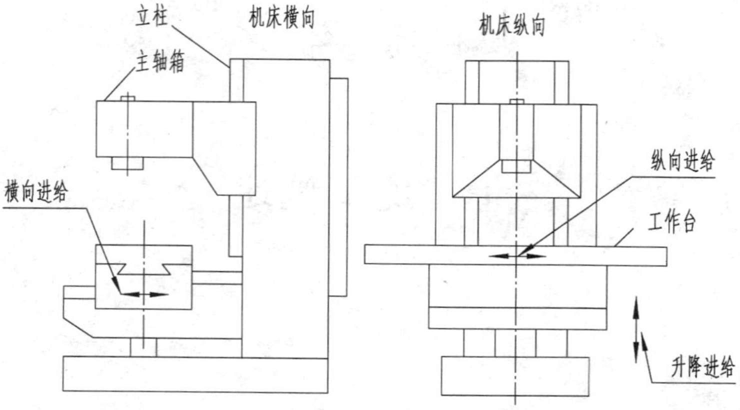

图Ⅱ-2　铣床的纵向与横向

2. 铣床的工艺范围

(1) 加工对象。

铣削加工主要对象是平面、沟槽（键槽、T形槽、角度槽、燕尾槽等）、割断、齿轮齿面、花键轴、角度平面、特型面等。如图Ⅱ-3所示。

(2) 精度及表面粗糙度。

一般情况下，铣削主要用于粗加工和半精加工。铣削可达到的精度等级为IT11～IT8；

表面粗糙度为 $Ra1.6 \sim 6.3\ \mu m$。

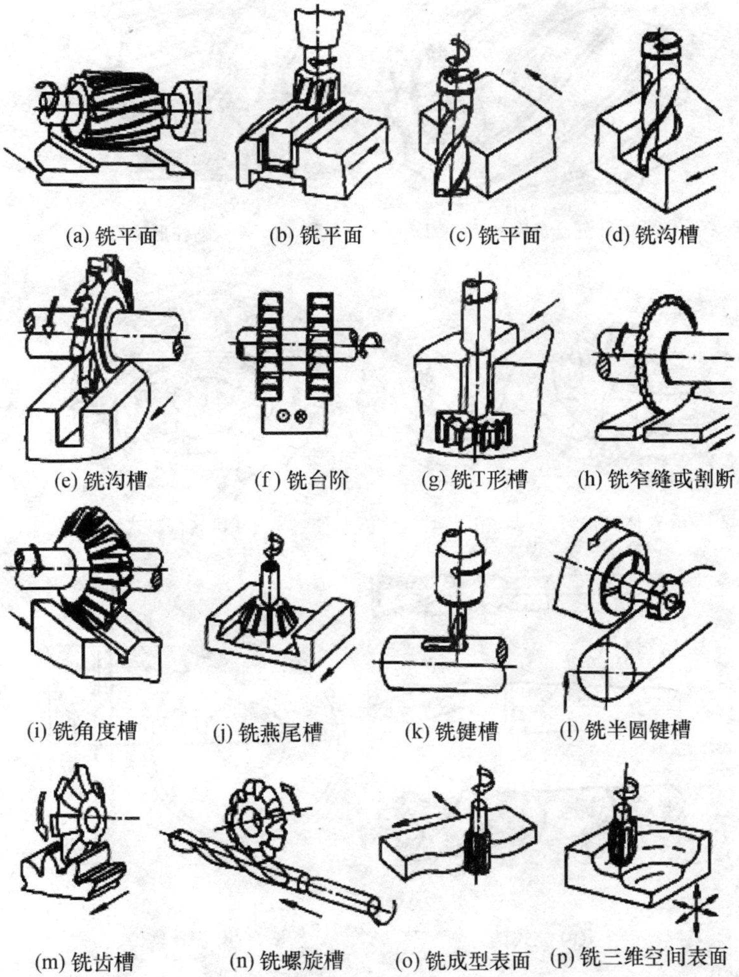

(a) 铣平面　(b) 铣平面　(c) 铣平面　(d) 铣沟槽
(e) 铣沟槽　(f) 铣台阶　(g) 铣T形槽　(h) 铣窄缝或割断
(i) 铣角度槽　(j) 铣燕尾槽　(k) 铣键槽　(l) 铣半圆键槽
(m) 铣齿槽　(n) 铣螺旋槽　(o) 铣成型表面　(p) 铣三维空间表面

图Ⅱ-3　铣床的加工范围

3. 铣刀

(1) 铣刀的种类包括：端面铣刀、圆柱形铣刀、立铣刀、三面刃铣刀、镶齿三面刃铣刀、键槽铣刀、T 形槽铣刀、燕尾槽铣刀、角度铣刀、锯片铣刀、指状铣刀、齿轮铣刀、花键铣刀和特型铣刀（球形铣刀）等。图Ⅱ-4 所示为常用铣刀。

(2) 铣刀的材料包括：硬质合金和高速钢。

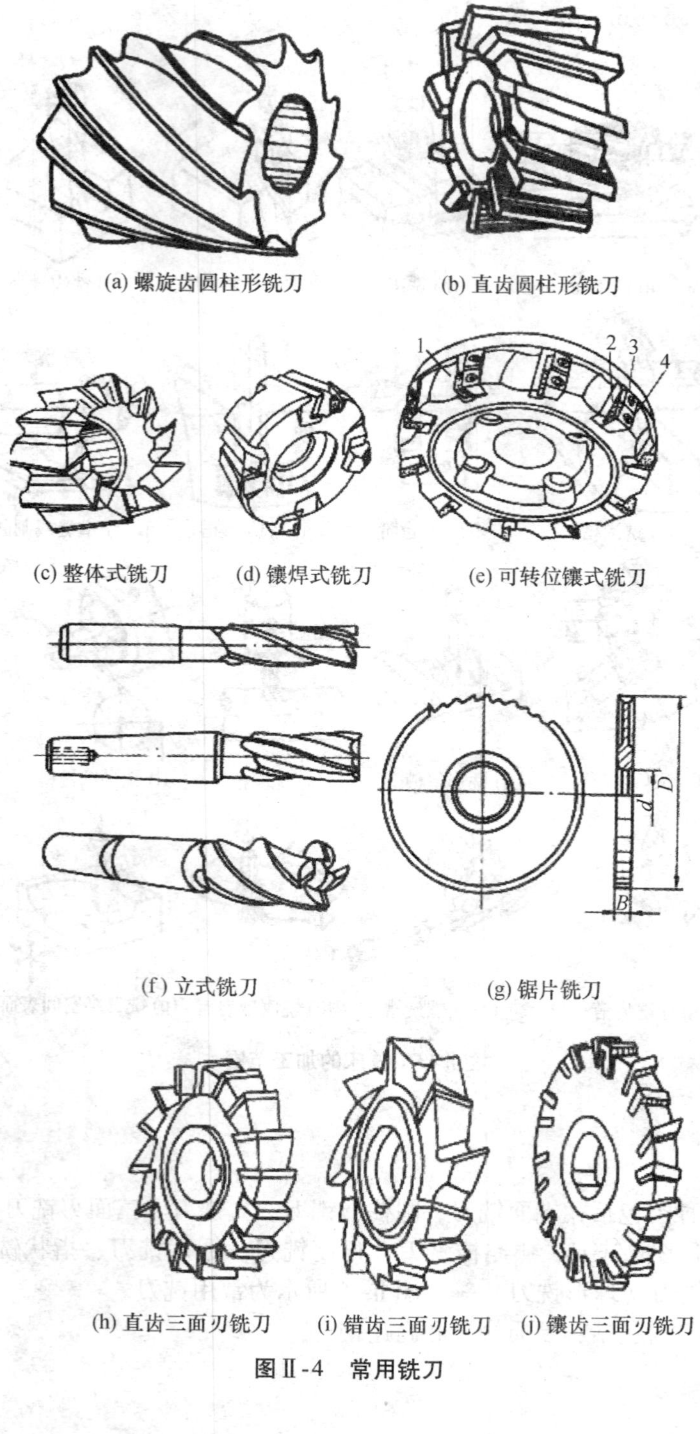

(a) 螺旋齿圆柱形铣刀
(b) 直齿圆柱形铣刀
1
2
3
4
(c) 整体式铣刀
(d) 镶焊式铣刀
(e) 可转位镶式铣刀
D
d
B
(f) 立式铣刀
(g) 锯片铣刀
(h) 直齿三面刃铣刀
(i) 错齿三面刃铣刀
(j) 镶齿三面刃铣刀

图Ⅱ-4 常用铣刀

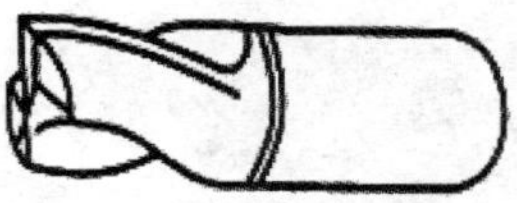

(k) 键槽铣刀

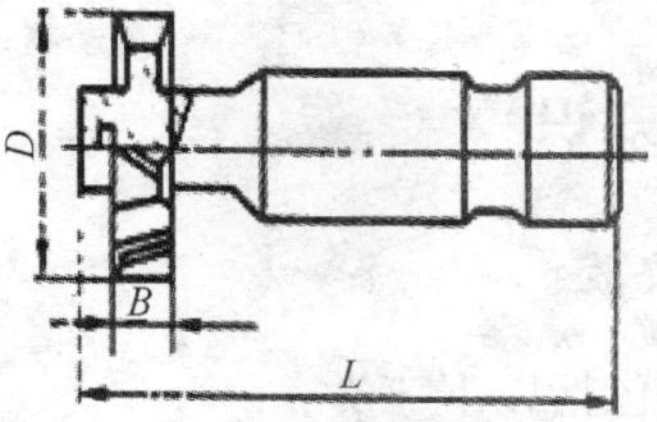

(l) 半圆键铣刀

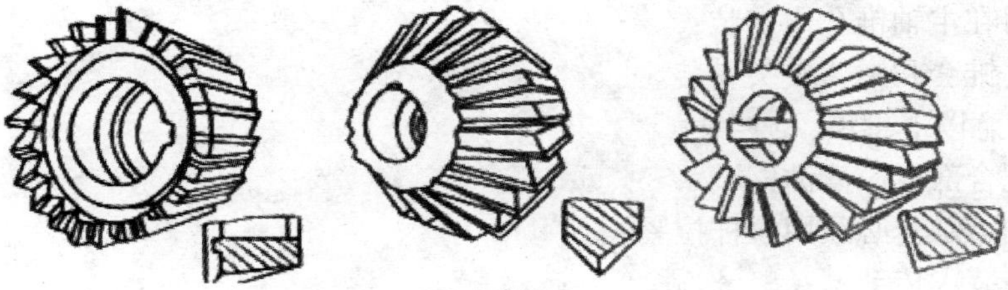

(m) 角度铣刀

(n) 圆弧铣刀

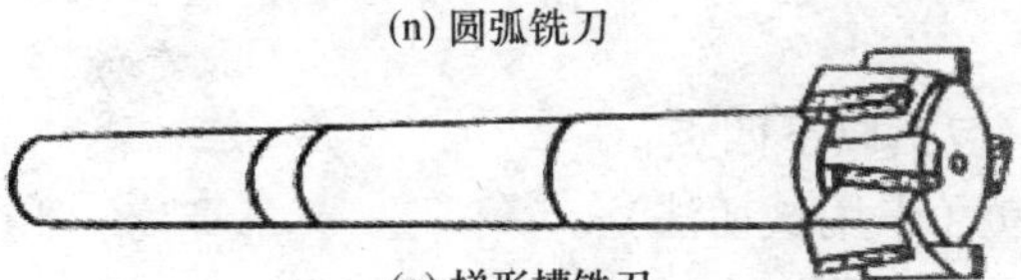

(o) 梯形槽铣刀

(p) 燕尾槽铣刀

(q) 指状铣刀

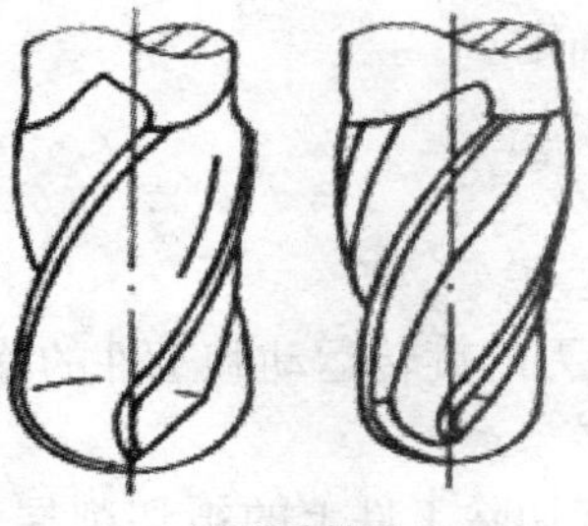

(r) 球头铣刀

图Ⅱ-4　常用铣刀（续）

二、铣削加工知识

1. 铣刀的安装

铣刀的安装包括以下三类：
(1) 铣刀在刀轴上安装；
(2) 铣刀在主轴锥孔内安装；
(3) 通过锥套和弹簧夹头安装。
装刀应注意以下事项：
(1) 各配合部位应清洁；
(2) 刀轴、锥套必须用拉杆拉紧；
(3) 必须装入传动键；
(4) 铣刀尽量靠近床身；
(5) 托架尽量靠近铣刀；
(6) 铣刀刀齿方向应与其旋转方向相同；
(7) 安装完毕应检查铣刀外圆及端面的跳动；
(8) 注意装卸铣刀的顺序。

2. 工件的安装

(1) 工件正确定位，包括以下四点：
① 工件在虎钳上定位（采用试切法）；
② 工件在分度头（三爪卡盘）上定位（采用试切法）；
③ 工件直接在工作台上定位（采用试切法）；
④ 工件在专用夹具上定位（采用对刀法）。
(2) 工件正确夹紧，应注意以下两点：
① 夹紧力方向和作用点的确定；
② 夹紧力大小的确定。

3. 铣削用量

(1) 铣削的基本运动。

在铣削过程中，铣刀的旋转运动和工件的移动（或转动）是铣削的基本运动，即主运动和进给运动。

① 主运动：指直接切除工件上的被切削层，使之变为切屑的主要运动。在铣削过程中，铣刀的旋转运动是主运动。它消耗的功率最多。

② 进给运动：指不断地把切削层投入切削，以逐渐切出整个工件表面的运动。进给运动又分为吃刀运动（控制刀刃切入深度的运动，在多数情况下是间歇的）和走刀运动（沿着需要形成工件表面的进给运动，用进给速度或进给量来表示）。

（2）铣削用量的四个基本概念。

① 背吃刀量 a_p（单位：mm）：平行于铣刀轴线测量的切削层尺寸，也称为铣削深度。端铣时为切削层深度，周铣时为被加工面的宽度。

② 侧吃刀量 a_c（单位：mm）：垂直于铣刀轴线测量的切削层尺寸，也称为铣削宽度，端铣时为被加工表面宽度，周铣时为切削层深度。如图Ⅱ-5 所示。

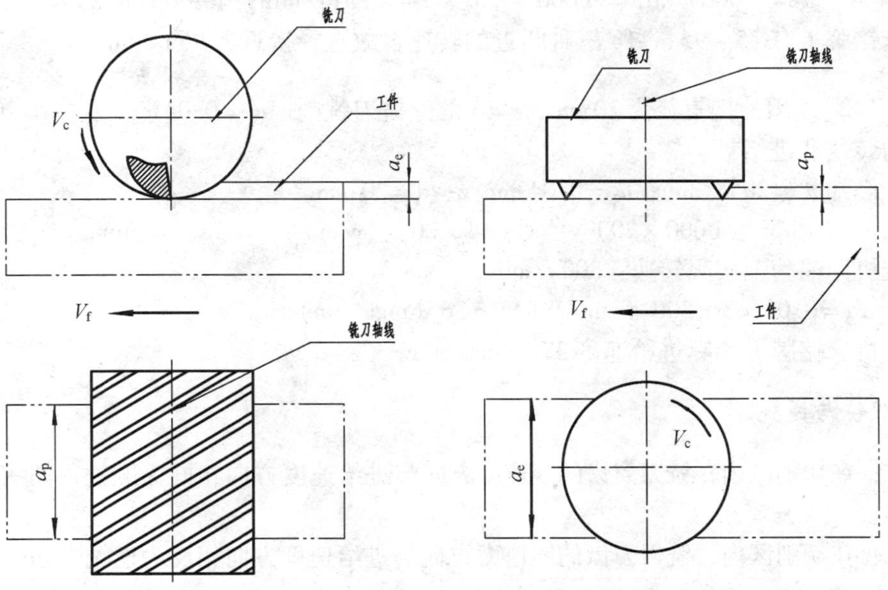

(a) 周铣　(b) 端铣

图Ⅱ-5　铣削用量

③ 铣削速度 v_c（单位：m/min）：铣削速度为铣刀主运动的线速度，其计算公式为：

$$v_c = \pi dn/1\,000$$

式中：d—铣刀直径，单位为 mm；

　　n—铣刀转速，单位为 r/min。

④ 进给量：进给量是铣刀与工件在进给方向上的相对移动量。它有以下三种表示方法。

A. 每齿进给量 a_f：指铣刀每转过一个刀齿时，工件与铣刀沿进给方向的相对位移量，单位为 mm/z（z 为铣刀刀齿数）。

B. 每转进给量 f：指铣刀每转一转时，工件沿进给方向的相对位移，单位为 mm/r。

C. 进给速度 v_f：指单位时间内工件与铣刀沿进给方向的相对位移，单位为 mm/min。

三者的关系为：$v_f = f \times n = a_f z n$

铣床铭牌上给出的是进给速度。调整机床时，首先根据加工条件选择 a_f 或 f，然后计算出 v_f，并按照 v_f 调整机床。

[例Ⅱ-1] 用一把直径为 ϕ80 mm 的铣刀，以 25 m/min 的铣削速度进行铣削。请问铣削时机床主轴的转速应调整到多少？

解：已知 $d = 80$ mm；$v_c = 25$ m/min。根据公式：

$$n = 1\,000v/\pi d = 1\,000 \times 25/3.14 \times 25(\text{r/min}) = 99(\text{r/min})$$

机床铭牌上有 75、95、118 三种相近的转速，故选择接近者 95 r/min。

[例Ⅱ-2] 用一把直径为 20 mm，$z = 3$ 的立铣刀铣削。$a_f = 0.04$ mm/z，$v_c = 20$ m/min。求机床的转速和进给量。

解：已知 $v_c = 20$ m/min；$a_f = 0.04$ mm/z；d = 20 mm。

根据公式：$n =$ （1 000 × 20） ÷ （3.14 × 20）（r/min） = 318 （r/min）。

所选机床铭牌上实际转速：300 r/min。

$v_f = a_f z n = 0.04 \times 3 \times 300$ （mm/min） = 36 （mm/min）。

所选机床铭牌上实际进给速度 37.5 mm/min。

4. 顺铣与逆铣

顺铣：在切削区内，铣刀刀齿的线速度方向与进给速度方向相同为顺铣，如图Ⅱ-6（a）所示。

逆铣：在切削区内，铣刀刀齿的线速度方向与进给速度方向相反为逆铣。如图Ⅱ-6（b）所示。

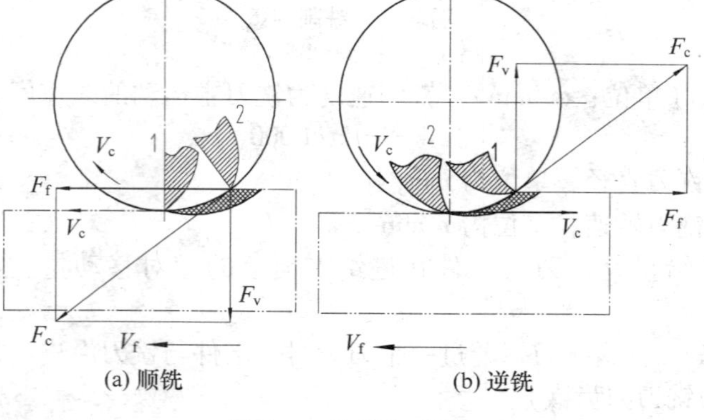

图Ⅱ-6 顺铣与逆铣

顺铣与逆铣的优缺点分别介绍如下。

（1）顺铣的优缺点。

① 铣刀以最大每齿进给量 a_f 切入工件、最小 a_f 离开工件，铣刀不在工件表面滑行，减少了刀具磨损，加工表面质量较高，但不能切削带硬皮的工件，故宜进行精加工，不宜粗加工。

② 铣削垂直分力方向向下，将工件压紧在工作台上，不易产生振动。

③ 铣削水平分力方向与进给运动方向同向，当水平分力大于工作台摩擦力时，会使机床工作台丝杆产生轴向窜动，使切削过程不平稳，产生振动。

（2）逆铣的优缺点。

① 铣刀以最小 a_f 切入工件，刀具在工件表面滑行，擦伤工件表面，也加速了刀具的磨损。铣刀以最大 a_f 离开工件，此时切削力由最大突然变为零，使切削过程不平稳，故不宜进行精加工。

② 铣削垂直分力方向向上，有将工件抬起的趋势，容易引起振动。

③ 铣削水平分力方向与进给运动方向相反，使机床丝杆与螺母侧面紧贴，机床丝杆不会产生窜动，切削过程平稳。

三、分度头

分度头是铣床的主要附件。分度头能将工件作任意的圆周等分或直线移距分度；可将工件轴线装置成水平、垂直或倾斜的位置；通过配换齿轮，可使分度头主轴随纵向工作台的进给运动作连续旋转，以铣削螺旋面和等速凸轮的型面。

通常使用的分度头有直接分度头（等分分度头）、简单分度头和万能分度头。其中以万能分度头使用最多。

分度头可表示为：FW250。其中，F 表示分度头，W 表示万能型，250 表示夹持工件的最大直径，单位 mm。

1. 分度头的结构和传动系统

分度头的结构外形见图Ⅱ-7，分度头的传动系统图见图Ⅱ-8。

2. 分度头的附件及工件在分度头上的安装

分度头的附件及工件在分度头上的安装可分为以下四种方式：

（1）工件直接安装在分度头的三爪卡盘上，可水平、直立或倾斜；

（2）工件安装在两顶尖间；

（3）工件一头用三爪卡盘夹住，另一头用尾架顶尖顶住；

（4）工件先安装在一根心轴上，再将心轴以不同形式（两顶、一夹一顶、单夹或分

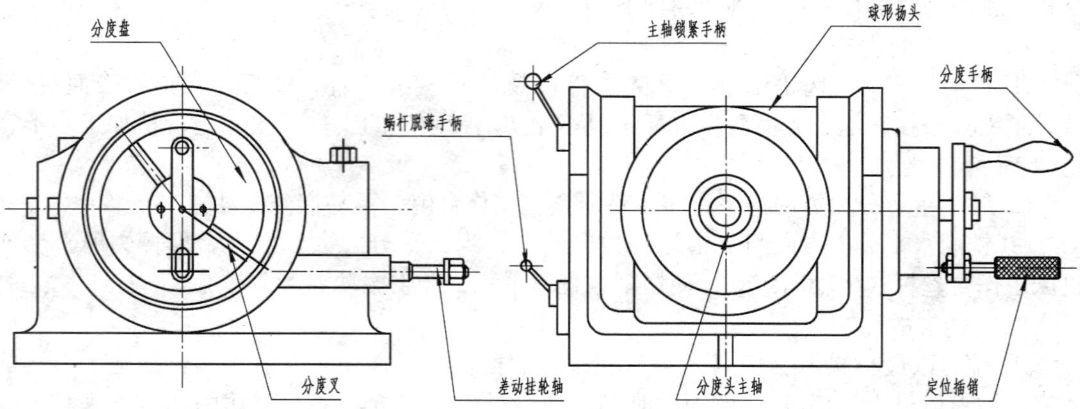

图Ⅱ-7　分度头外形图

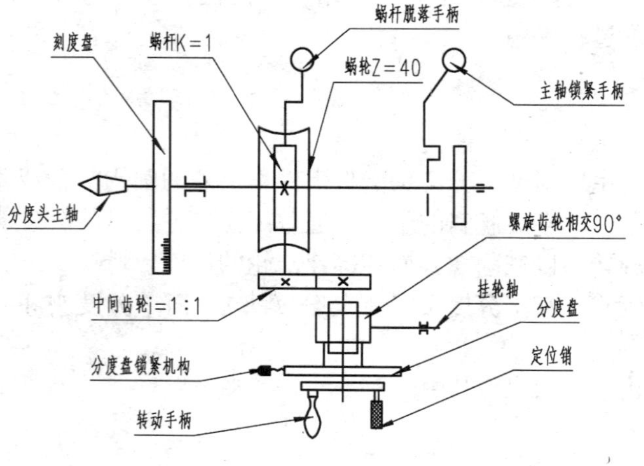

图Ⅱ-8　分度头传动系统图

度头主轴锥孔内）安装在分度头上。

工件在分度头上的安装见图Ⅱ-9。

3．分度盘和分度叉的使用

（1）分度盘。分度盘是解决分度手柄的转数不是整数时的分度专用工具。FW250 分度头备有两块分度盘，正反面都有数圈均匀分布的孔圈。常用分度盘的规格见表Ⅱ-1。

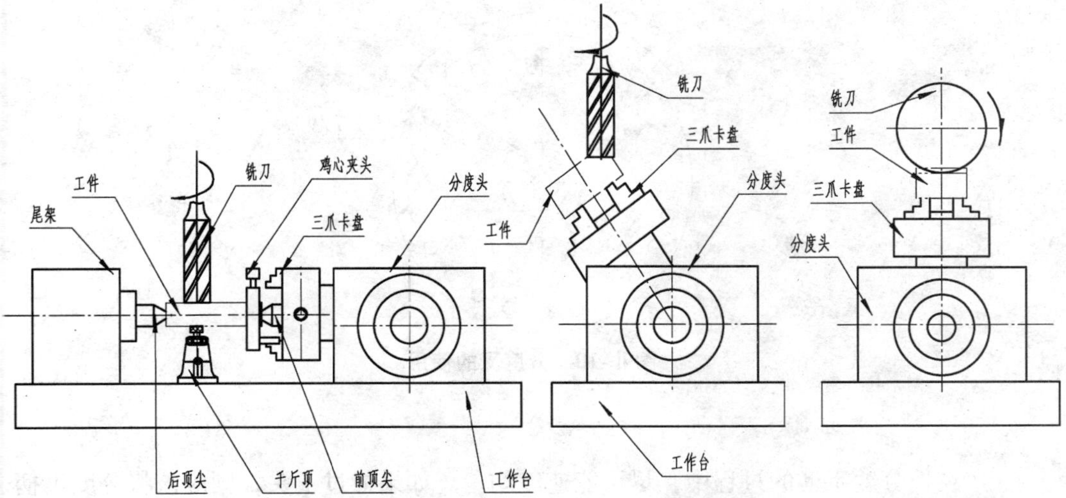

(a) 水平安装　(b) 倾斜安装　(c) 垂直安装

图Ⅱ-9　工件在分度头上的安装

表Ⅱ-1　常用分度盘规格

分度头型式	分度盘的孔数	
带 1 块分度盘	正面	24、25、28、30、34、37、38、39、41、42、43
	反面	46、47、49、51、53、54、57、58、59、62、66
带 2 块分度盘	第一块	正面：24、25、28、30、34、37
		反面：38、39、41、42、43
	第二块	正面：46、47、49、51、53、54
		反面：57、58、59、62、66

（2）交换齿轮齿数：25、25、30、35、40、50、55、60、70、80、90、100。

（3）分度叉。为了避免每次分度要数一次孔数的麻烦，同时为了防止摇错，所以在分度盘上附设一对分度叉（也称扇形股）。

分度叉两之间的夹角，可以松开螺钉进行调节，使两叉之间的孔数比需要的孔数多一个孔，因为第一个孔是作零来计数的。图Ⅱ-10 中是每次摇 6 个孔距的情况，而分度叉间的孔数是 7。分度叉受到弹簧的压力，可以紧贴在分度盘上而不致走动。在第二次摇分度手柄前，拔出定位销转动分度手柄，使定位销插入靠近分度叉 2 的第 7 孔内，然后再将分度叉 1 的内侧拨来紧靠定位销即可。

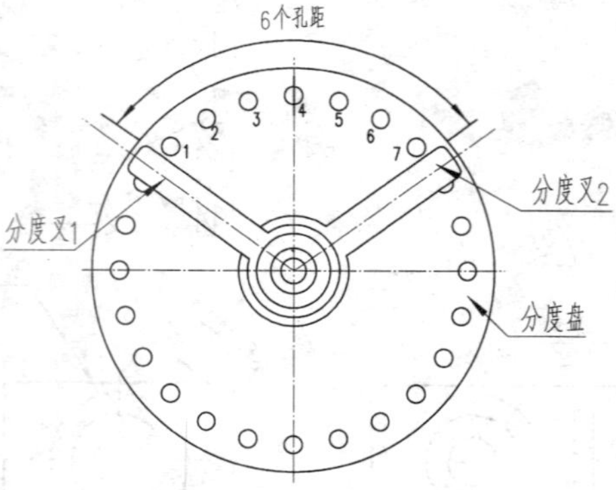

图Ⅱ-10 分度叉的使用

4. 分度时注意事项

（1）在摇分度手柄的过程中，尽可能速度均匀。如果摇过了头，则应该将分度手柄退回半圈以上以消除间隙，然后再按原来方向摇到规定位置。

（2）分度时，预先松开主轴锁紧手柄，分度结束后再重新锁紧。但在加工螺旋表面时，因分度头主轴要连续旋转，所以不能锁紧主轴。

（3）分度时，柄上的定位销应慢慢地插入分度盘的孔内，切勿突然撒手使定位销自动弹入，以免损坏分度盘的孔眼精度。

四、分度种类及其计算

1. 简单分度

简单分度又叫单式分度，是最常用的分度方法。

简单分度时，应先将分度盘固定，通过手柄的转动，使蜗杆带动蜗轮旋转，从而带动主轴和工件旋转。

由分度头传动系统可知，分度手柄转过 40 转，主轴转 1 转，即传动比为 1∶40，“40”叫做分度头的定数。

例如要分度头主轴转过$\frac{1}{2}$转（即对圆周作 2 等分，$z=2$），分度手柄就要转过 20 转（即 $n=20$）。如果要主轴转$\frac{1}{5}$转（即 $z=5$），分度手柄要转过 8 转（即 $n=8$）。由此可知分度手柄的转数 n 和工件等分数 z 的关系如下：

$$1:40=\frac{1}{z}:n$$

即：$n=\frac{40}{z}$

式中：n—分度手柄转数；

40—分度头定数；

z—工件的等分数（或齿数、等边数）。

［**例Ⅱ-3**］ 在FW250分度头上铣削一个八边形工件，求每铣一面时分度手柄的转数。

解：以$z=8$带入公式得：

$$n=\frac{40}{z}=\frac{40}{8}=5(\text{转})$$

即每铣完一面后，分度手柄应转过5转。

［**例Ⅱ-4**］ 在FW250分度头上铣削一个六角螺钉，问每铣一面时，分度手柄应转过多少转？

解：以$z=6$带入公式得：

$$n=\frac{40}{z}=\frac{40}{6}=6\ \frac{2}{3}(\text{转})$$

即分度手柄应摇$6\ \frac{2}{3}$转，这时工件转过$\frac{1}{6}$转。

$\frac{2}{3}$转：将其分子分母同时扩大22倍得$\frac{44}{66}$，即选用66孔板数，分度叉内44+1=45孔数。

［**例Ⅱ-5**］ 今要铣一个64齿的齿轮，分度手柄应摇几转后再铣第二齿？

解：以$z=64$带入公式得：

$$n=\frac{40}{z}=\frac{40}{64}=\frac{5}{8}=\frac{15}{24}(\text{转})$$

即选用24孔板数，分度叉内15+1=16孔数。

2. *角度分度法*

角度分度法实际上就是简单分度法的另一种形式，只是计算的依据不同而已。简单分度法是以工件的等分数作为计算依据，而角度分度法则以工件所需的角度θ作为计算依据。因此在具体计算方法上有些不同。

从分度头结构可知，分度手柄摇40转，分度头主轴带动工件转一转，即转了360度。所以，分度手柄转一转，工件只转过9度。根据这一关系可以得出下面的公式：

$$n=\frac{\theta}{9^{\circ}}(\text{转}) \quad \text{或} \quad n=\frac{\theta'}{540'}(\text{转})$$

式中：n—分度手柄的转数；

θ—工件所需要的角度（度或分）。

［例Ⅱ-6］ 在圆形工件上，铣两条夹角为116°的槽，求分度手柄的转数。

解：根据公式：

$$n = \frac{\theta}{9°} = \frac{116°}{9°} = 12\frac{8}{9} = 12\frac{48}{54}(\text{转})$$

式中12为12个整圈，分母54表示选54孔板数，分子48表示转过48孔（分度叉间为49个孔）。

如果工件所需的角度带有分或秒数值时，可借助角度分度表，采用计算与查表相结合的办法。查表法还可知道分度误差。

［例Ⅱ-7］ 如果两条槽的夹角 $\theta = 38°9'6''$，求分度手柄转数。

解：根据公式：$n = \frac{\theta}{9°} = \frac{38°9'6''}{9°} = 4$ 转余 $2°9'6''$。

余下的 $2°9'6''$ 可以从角度等分表中查得与之相接近的角度数值，即 $2°9'8''$ 对应的分度盘孔数为46，孔距数为11。即 $n = 4$ 又 11/46 转。误差为：$2°9'8'' - 2°9'6'' = 2''$。

3. *差动分度*

简单分度虽然解决了大部分的分度问题，但有时会遇到工件的等分数 z 不能与40相约，如 $z = 109$，$n = 40/109$，或者工件的等分数 z 与40相约后，分度盘上没有所需要的孔圈数，如 $z = 126$，$n = 40/126 = 20/63$。诸如61、63、79、101、109、126、127这一类数，由于受到分度盘孔圈数的限制，就不能用简单分度法，此时可以用差动分度法加以解决。

在学习差动分度之前，应先学习一些有关轮系和配换齿轮的预备知识。

（1）轮系和配换齿轮。

在齿轮传动中，由两个以上的齿轮组成的传动系统叫做轮系。根据传动轮的啮合方式又可以分为单式轮系和复式轮系两种。

① 单式轮系：单式轮系由一个主动轮、一个被动轮和若干个中间轮组成，如图Ⅱ-11所示。

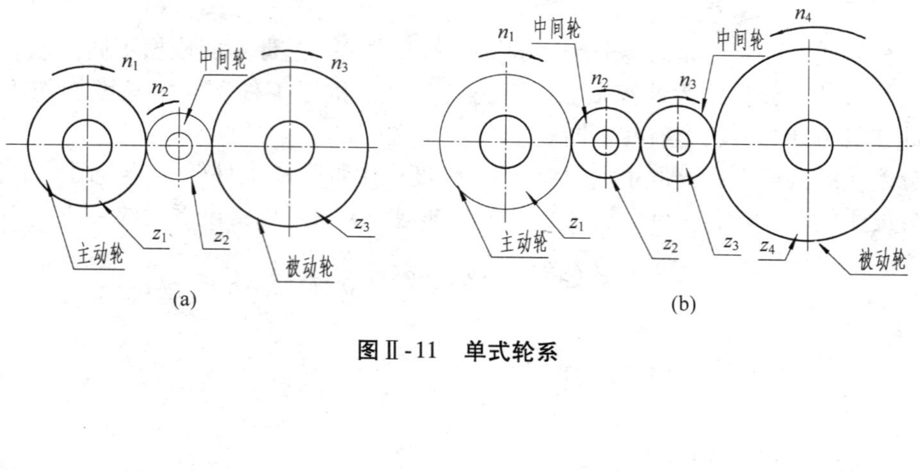

图Ⅱ-11 单式轮系

在轮系传动中，最重要的是判断出主动轮和由它带动的任一被动轮（或轴）的旋转方向，并计算出各轮或轴的转速。当主动轮与被动轮直接啮合时，它们的旋转方向相反。主动轮与被动轮通过中间轮啮合时，中间轮的个数是单数时，它们的旋转方向相同；中间轮的个数是偶数时，则旋转方向相反。

当主动轮 z_1（假若齿数为 20）转一整转时，在两个齿轮的啮合处，被动轮（图Ⅱ-11（a）的 z_3，图Ⅱ-11（b）的 z_4）转过的齿数等于主动轮的齿数（20 齿）。显然，当主动轮转两转时，被动轮在啮合处就转过 40 齿。因此，在啮合处转过的齿数应该等于该齿轮的齿数与转数的乘积。由此可知两个啮合齿轮（图Ⅱ-11（a）），它们的齿数与转数的乘积也相等：$n_1 z_1 = n_3 z_3$，即$\frac{n_3}{n_1} = \frac{z_1}{z_3}$或 $n_3 = \frac{n_1 \times z_1}{z_3}$（式中：$n_1$：主动轮转数；$z_1$：主动轮齿数；$n_3$：被动轮转数；$z_3$：被动轮齿数）。从公式可知两啮合齿轮的转速比等于它们齿数的反比。

被动轮与主动轮转数之比称为传动比，用 i 表示。被动轮转的转数比主动轮越多，传动比越大，反之，则传动比小。中间轮（z_2）对传动比没有影响。

② 复式轮系：在轮系传动中，除了第一根主动轴和最后一根被动轴以外，其他各轴中至少有一根轴上有两个齿轮，一个为主动齿轮，一个为被动齿轮，这样的轮系叫做复式轮系。如图Ⅱ-12 所示。

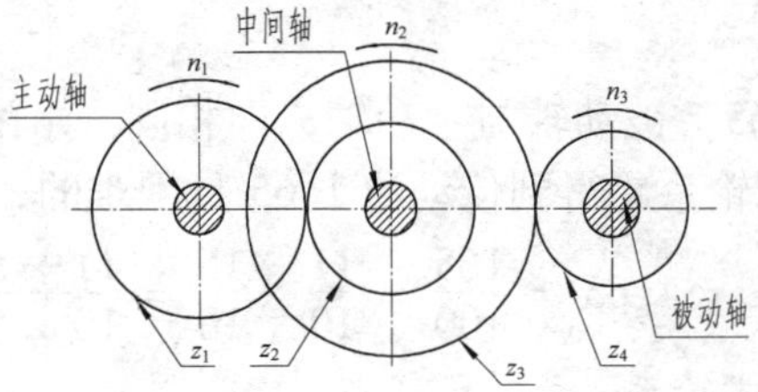

图Ⅱ-12　复式轮系

图中，首先传递运动的 z_1 轮的轴叫主动轴，最末一个齿轮 z_4 的轴叫被动轴，z_1 与 z_4 间的轴叫中间轴。传动结果表明：当中间轴的根数为奇数时，主动轴与被动轴的转向相同；中间轴的根数为偶数时，主动轴与被动轴的转向相反。

复式轮系的传动比 i 和被动轴转数 $n_{被}$ 可按下式计算：

$$i = \frac{Z_{被}}{Z_{主}} = \frac{Z_1 \times Z_3 \times Z_5 \cdots \times Z_{n-1}}{Z_2 \times Z_4 \times Z_6 \cdots \times Z_n} = n_{主} \times i_1 \times i_2 \times i_3 \cdots \times i_{\frac{n}{2}}$$

$$n_{被} = n_{主} \frac{z_1 \times z_3 \times z_5 \cdots \times z_{n-1}}{z_2 \times z_4 \times z_6 \cdots \times z_n} = n_{主} \times i_1 \times i_2 \times i_3 \cdots \times i_{\frac{n}{2}}$$

③ 配换齿轮：铣工在做比较复杂的分度和铣螺旋线等比较复杂的工件时，需要根据已知的传动比来确定齿轮的齿数。

为了使齿轮在传动时情况良好，一般齿轮的传动比不应大于6。因此，当传动比大于6时，应采用复式轮系。可根据以上公式计算配换齿轮。

［**例**Ⅱ-8］ 已知$i=3$，被动轴旋转方向要与主动轴旋转方向相同。求配换齿轮的齿数和中间轴数。

解：根据公式：$i=\frac{Z_{主}}{Z_{被}}=\frac{3}{1}=\frac{3}{1}\times\frac{30}{30}=\frac{90}{30}$

其中乘以30/30是为了得到铣床上所带的齿轮齿数。现在的主动轮为90齿，被动轮为30齿。被动轮要求与主动轮旋转方向相同，因此用一根中间轴，从而得到如图Ⅱ-13所示的只有一个中间轮的单式轮系。

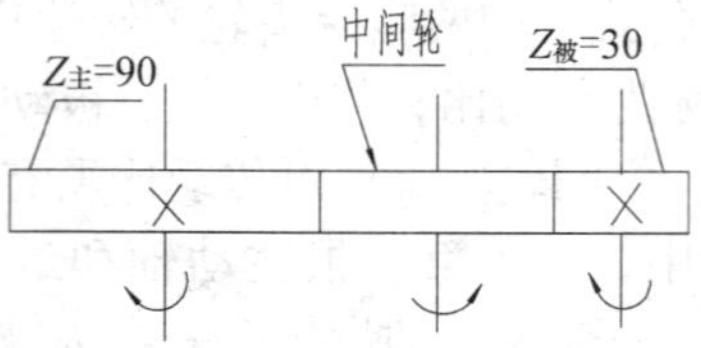

图Ⅱ-13 $i=3$ 同向齿轮配换

［**例**Ⅱ-9］ 已知$i=1.65$，被动轴与主动轴方向相同，求配换齿轮。

解：根据分析，用单式轮系要得到传动比1.65是困难的，故采用复式轮系。

$$i=i_1\times i_2=\frac{A}{B}\times\frac{C}{D}=1.65=\frac{165}{100}=\frac{11}{10}\times\frac{15}{10}=\frac{11\times5}{10\times5}\times\frac{15\times4}{10\times4}=\frac{55}{50}\times\frac{60}{40}$$

得到如图Ⅱ-14所示复式轮系。

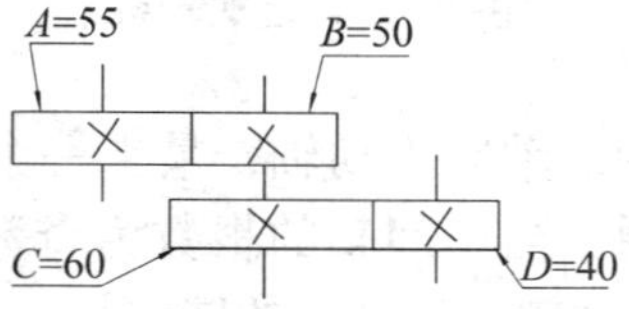

图Ⅱ-14 $i=1.65$ 同向复式轮系

［**例**Ⅱ-10］ 已知$i=1.35$ 被动轴与主动轴要求反向。

解：由公式得：$i=i_1\times i_2=1.35=\frac{135}{100}=\frac{9\times15}{10\times10}=\frac{90}{100}\times\frac{60}{40}$

得到如图Ⅱ-15所示复式轮系。

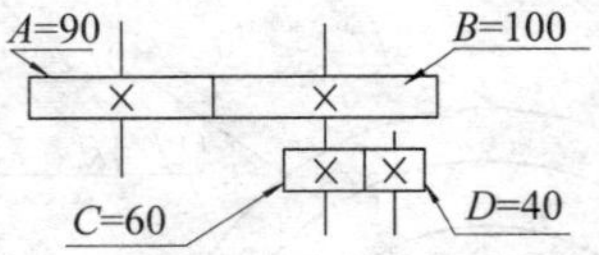

图Ⅱ-15　$i=1.35$ 反向复式轮系

计算出来的轮系必须符合下列关系，否则装配时会发生干涉现象：

$$z_1+z_2>z_3+15\sim20$$

$$z_3+z_4>z_2+15\sim20$$

如不符合此条件则要重新进行计算。

如果现场没有计算出来的齿轮，可运用下列方法之一灵活调整：

A. 主动轮与被动轮可同时扩大或缩小数倍；

B. 主动轮与主动轮、被动轮与被动轮可互借倍数；

C. 主动轮与主动轮、被动轮与被动轮可以互换。

总原则是传动比 i 不变。

(2) 差动分度的原理。

差动分度是用配换齿轮把分度头主轴和侧轴连接起来（图Ⅱ-16），然后松开分度盘紧固螺钉。这样，当分度手柄转动时，分度盘随着分度手柄以相同或相反方向转动，因此分度手柄的实际转数是分度手柄相对分度盘的转数与分度盘本身转数之和或差。

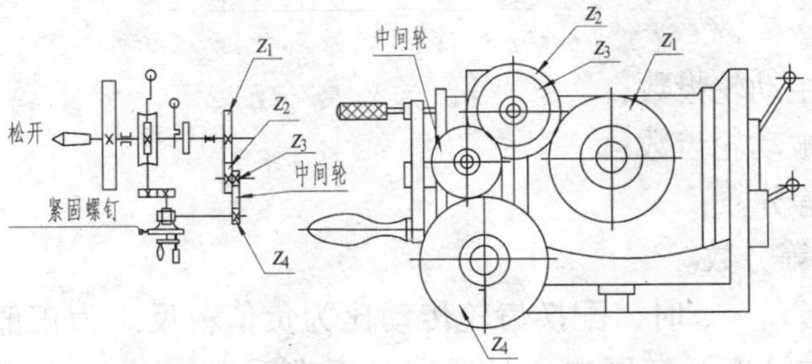

图Ⅱ-16　差动分度的传动系统及齿轮配换安装

例如，设工件等分数 $z=109$，按简单分度公式，分度手柄应转过 $n=\frac{40}{z}=\frac{40}{109}$，但此时既不能约简，分度盘也无 109 孔圈数。故要用差动分度。方法是先取一个与 z 接近而又能作简单分度的假定等分数 z_0（此例可取 $z_0=105$），然后按 z_0 选择孔圈，并使分度手柄相对分度盘转过 $n_0=\frac{40}{z_0}$。此时，工件应转过 $\frac{1}{z}$ 转，其差值可由主轴经配换齿轮传动分度盘，使其倒转“$n_{盘}$”转得到。如图Ⅱ-17 所示。

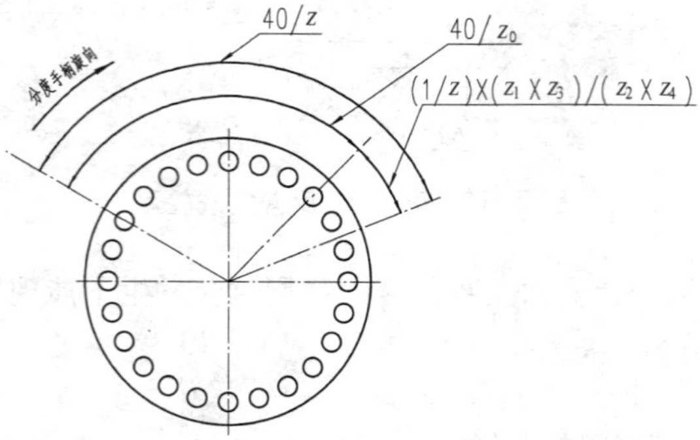

图Ⅱ-17　差动分度原理

$n_{盘}=\frac{1}{z}\times\frac{z_1\times z_3}{z_2\times z_4}$（转）。此时，分度手柄的实际转数 n 应该是 n_0 与“$n_{盘}$”的之和，由此可得等式：

$$n = n_0 + n_{盘}$$

$$\frac{40}{z} = \frac{40}{z_0} + \frac{1}{z} \times \frac{z_1 \times z_3}{z_2 \times z_4}$$

整理后得配换齿轮传动比：

$$i = \frac{z_1 \times z_3}{z_2 \times z_4} = \frac{40(z_0 - z)}{z_0}$$

式中：z_1、z_3—主动轮齿数；

z_2、z_4—被动轮齿数；

z—实际等分数；

z_0—假定等分数。

由上式可知，当 $z_0 < z$ 时，配换齿轮传动比为负值；反之为正值。式中的正负号仅说明分度盘的转向与分度手柄同向还是反向。不难看出，当 $z_0 < z$ 时，两者转向相反，而 $z_0 > z$ 时，则转向相同。转向的调整决定于配换齿轮中是否加中间轮，中间轮的齿数并不影响转向，而中间轮的个数则能影响分度盘的转向。

(3) 差动分度的计算。

A. 选取假定等分数 z_0。原则上讲，不论 z_0 大于还是小于实际等分数 z，只要能进行简单分度都可以。实践证明，当采用 $z_0 < z$ 时，分度盘和分度手柄旋向相反，可避免分度头传动副间隙的影响，可以提高分度精度。

B. 根据 z_0 按公式计算分度手柄相对分度盘的转数 n_0，并选择分度盘孔圈数。

C. 按公式计算配换传动比，确定配换齿轮齿数。

［**例Ⅱ-11**］　现需要把工件分成109等份，试选取配换齿轮和分度盘孔圈数，并决定手柄转数。

解：设假定等分数 $z_0=105$

则：$n_0=\frac{40}{z_0}=\frac{40}{105}=\frac{8}{21}=\frac{16}{42}$

即每分度一次，分度手柄相对分度盘在42孔的孔圈上转过16个孔距（分度叉之间包括17个孔）。

计算差动分度：

$$\frac{z_1\times z_3}{z_2\times z_4}=\frac{40(z_0-z)}{z_0}=\frac{40(105-109)}{105}=-\frac{160}{105}=-\frac{40\times 80}{70\times 30}$$

即：主动轮 $z_1=40$，$z_3=80$；被动轮 $z_2=70$，$z_4=30$。负号表示分度盘与分度手柄旋向相反。

［**例Ⅱ-12**］　现需要将工件83等分，试决定配换齿轮和分度盘孔圈数，并决定手柄转数。

解：设假定等分数 $z_0=80$

$$n_0=\frac{40}{n_0}=\frac{40}{80}=\frac{27}{54}$$

即：每分度一次，分度手柄相对分度盘在54孔的孔圈上转过27个孔距（分度叉中包含28个孔）。

$$\frac{z_1\times z_3}{z_2\times z_4}=\frac{40(z_0-z)}{z_0}=\frac{40(80-83)}{80}=-\frac{120}{80}=-\frac{3}{2}=-\frac{90}{60}$$

即：主动轮 $z_1=90$，被动轮 $z_4=60$。负号表示分度盘与分度手柄转向相反。

在实际生产中，差动计算可查“差动分度表”。查表请参见本书附录3。

单元 1　轴类零件加工

一、轴类零件概述

1. 轴类零件功用及结构特点

轴是机械设备中重要的零件之一，其功能主要是承载和传递扭矩。轴类零件一般为回转体零件，其长度大于直径。轴类零件的结构复杂，种类繁多，加工精度高，表面粗糙度低，同时具有较高的形状和位置精度要求。图 1-1 是常见的轴类零件。

轴类零件上通常有沟槽、圆柱、台阶、内外锥面、内外螺纹、键槽、销孔、偏心、横向孔等结构。

根据轴的长径比大小，可分为刚性轴和细长轴。当轴的长度 L 与直径 d 之比大于 15 时，称为细长轴。细长轴是一种难加工的轴。

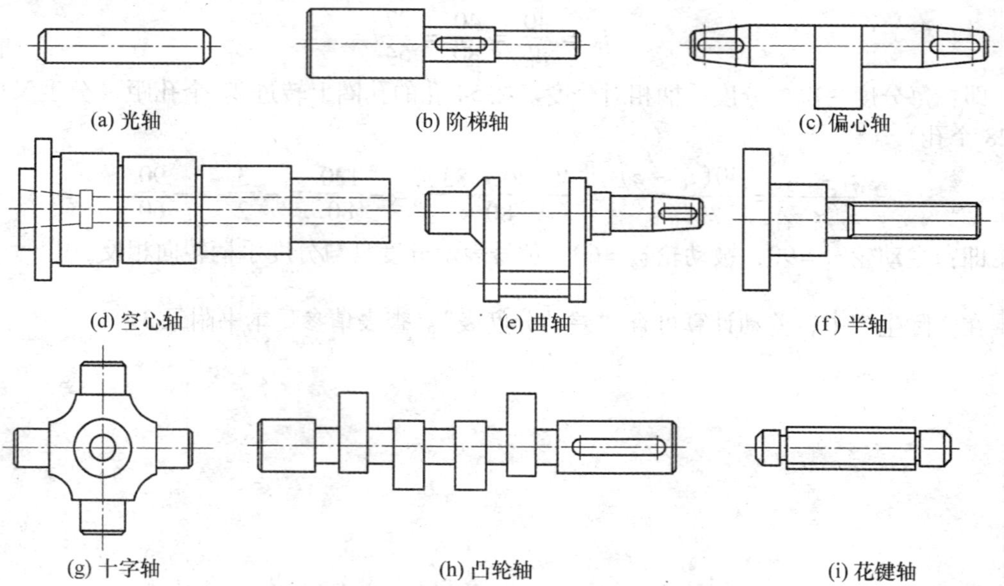

图 1-1　轴类零件

2. 轴类零件的技术要求

(1) 尺寸精度。

在轴类零件中，安装轴承的轴颈精度要求较高，一般为IT5～IT7。装配传动件和其他零件的轴颈精度要求较低，一般为IT7～IT9。台阶长度的精度一般视需要而定，没有特殊要求时可为IT10～12，一般不标出。

（2）形状精度。

轴类零件的支承轴颈和有特殊配合要求的轴颈有形状精度要求。另外，内外锥面有时也会有形状精度要求。形状精度一般为圆度和柱度，公差控制在尺寸公差范围内，如有特殊要求，则应标出具体的公差值。

（3）位置精度。

轴类零件的位置精度主要指装配传动件的轴颈与支承轴颈的同轴度和台阶端面的跳动。一般要求0.01～0.03 mm，高精度轴通常要求0.001～0.005 mm。

（4）表面粗糙度。

一般与传动件配合的轴颈 *Ra* 为3.2～0.4 μm，与轴承相配合的轴颈 *Ra* 为0.8～0.1 μm。

3. 轴类零件的材料和毛坯

（1）轴类零件常用材料。

一般轴常用45号钢；中等精度、转速较高的轴可选用40Cr；精度较高的轴可用GCr15或65Mn；在高速重载下工作的轴可用20CrMnTi、20Mn2B、20Cr或38CrMnAlA等。

（2）轴类零件的毛坯。

结构简单且不重要的轴，可直接选用棒料做毛坯；重要的轴一般需要锻造获得毛坯，以改善其组织结构；结构复杂的轴一般需要经过铸造获得毛坯；大型且结构复杂的轴，可设计装配结构，毛坯即可单件制造（锻造、铸造或焊接）。

二、轴类零件的车削加工

轴类零件的车削加工一般分为荒车、粗车、半精车、精车和超精车。

1. 荒车

轴的毛坯是自由锻或大型铸件时，可先进行荒车，以减少毛坯形状误差的位置偏差，使后续工序的加工余量均匀。荒车可达到的精度为IT15～IT18。

2. 粗车

对一般棒料、铸锻件可直接进行粗车。粗车后的精度可达IT10～IT13，表面粗糙度 *Ra* 可达30～20 μm。粗车可作为低精度表面的最终加工手段。

3. 半精车

半精车是一般中等精度零件的最终加工手段，也可作为磨削和其他精加工工序的预加工。经过半精车的零件精度可达 IT9～IT10，表面粗糙度 *R*a 可达 6. 3～3. 2 μm。

4. 精车

精车可作为精度要求较高零件的最终加工手段，也可作超精车的预备工序。经过精车后，零件的精度可达 IT7～IT8，表面粗糙度 *R*a 可达 1. 6～0. 8 μm。

5. 超精车

超精车是一种光整加工手段，超精车后零件精度可达 IT6～IT7，表面粗糙度 *R*a 可达 0. 4～0. 2 μm。超精车一般适用于有色金属工件和大型零件要求较高的表面，使用高切削速度、小背吃刀量和小进给量的方法，必要时使用恰当的切削液。进行超精车时，对刀具的要求较高，要求刀具锋利，表面粗糙度较低，并且要求工艺系统刚性较高。

三、轴类零件的定位基准

轴类零件的定位基准一般是外圆和中心孔。在选择车削步骤时，一般先以一端外圆为粗基准，车出一段外圆、端面并打出一个中心孔；然后以这一加工过的外圆为精基准，车另一端端面和打另一端中心孔。这样，在接下来的各道工序中，都以两中心孔为精基准进行定位，加工所有表面。中心孔规格参见附录 4。

项目 1.1　短轴

一、短轴零件图

短轴的零件图如图 1-2 所示。

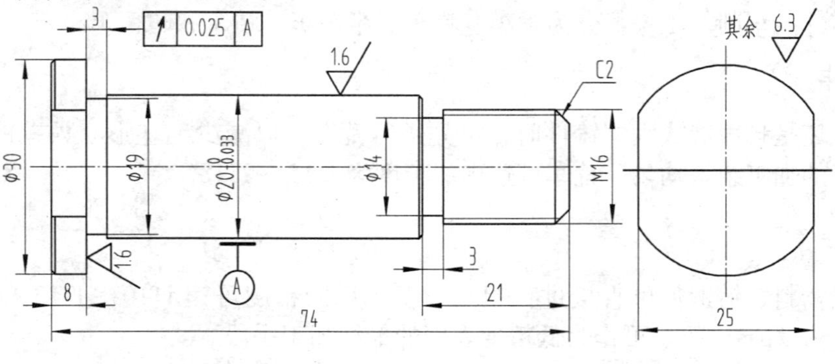

图 1-2　短轴零件图

零件图样分析如下。

（1）图中以 $\phi20^{0}_{-0.033}$ mm 外圆为最高精度要求，且表面粗糙度为 $Ra1.6$；

（2）图中以 $\phi20^{0}_{-0.033}$ mm 轴线为基准，台阶端面与其有跳动公差，公差值为 0.025 mm；

（3）工件材料为 45 号钢，零件尺寸变化不大，结构也不复杂，故采用棒料做毛坯；

（4）零件无热处理要求，故加工过程中不用转序。

二、短轴毛坯图

短轴毛坯图如图 1-3 所示。

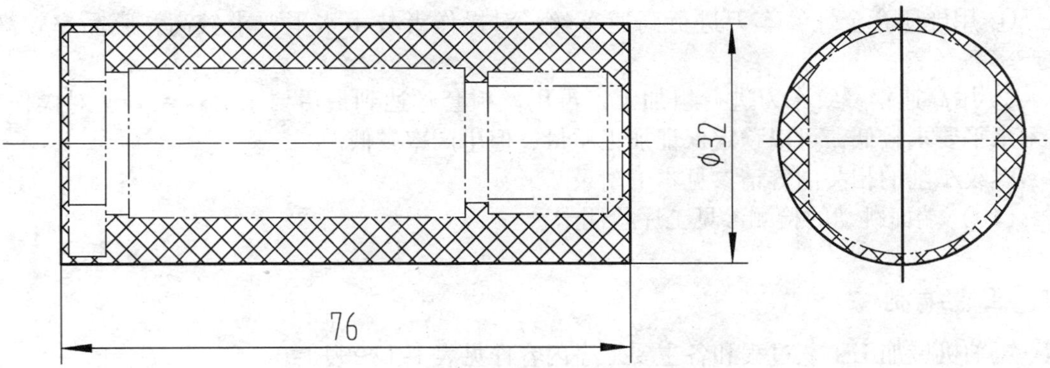

图 1-3　短轴毛坯图

三、工艺分析

（1）从短轴零件图可以看出，该零件上的 $\phi20^{0}_{-0.033}$ mm 及其端面用以装配其他零件，并用 M16 螺母压紧，因此必须保证台阶端面对轴线的跳动公差。一般可采用磨 $\phi20^{0}_{-0.033}$ mm 外圆时靠磨端面的方法解决。

（2）短轴属轴类零件，可用两顶尖孔定位的方法，以保证基准统一。因短轴最小端直径为 16 mm，且工艺过程不长，故顶尖孔不宜过大，选择 A2 即可。

（3）零件的长度 L 与直径 D 的比值较小，不属于细长轴，有较好的刚性，因此在加工中可以不采取增加刚性的措施，切削时可按常规进行操作。

（4）零件的最高精度和最高表面粗糙度为 $\phi20^{0}_{-0.033}$ mm 外圆柱表面（7 级精度和 $Ra1.6$），据此，加工阶段应划分为“粗车—半精车—磨”3 个加工阶段，用磨来确保加工质量。零件加工方案的选择请参阅附录 5。

（5）零件结构不复杂，且为中小批量生产，3 个加工阶段分别完成不同的加工内容，粗车后零件基本成型。

（6）零件的材料为 45 号钢，毛坯为棒料。45 号钢有良好的切削加工性，加工时不会出现难加工现象。棒料表面光滑，余量均匀，不会产生打刀。因此，该零件的加工对刀具没有特殊要求。

（7）半精加工完成 $\phi20^{0}_{-0.033}$ mm 外圆的精加工准备，并完成各倒角、沟槽及螺纹的加工。加工沟槽的车刀应按标准刃磨，以保证沟槽结构和尺寸符合国家标准。沟槽结构请参阅附录 6。

（8）铣扁方 25 mm 属半精加工，一般安排在车后磨前完成。忌讳工序倒流，如：“车—铣—车—磨”。

（9）M16 螺纹属普通粗牙螺纹，精度要求不高，可安排车削完成。一般可从以下两种方案中选择。

① 用硬质合金螺纹车刀进行高速车丝。对操作者技术水平要求较高，废品率较高，生产率高。

② 用高速钢螺纹车刀进行粗加工，再用丝板套丝达到最后要求。这一方法对操作者技术水平要求较低，可以稳定保证加工质量，但生产率较低。

螺纹车削的相关内容请参见本书附录 7。

（10）端面跳动的检测参见工序检测卡。

四、工艺编制

短轴机械加工工艺过程和各主要工序内容详见表 1-1～表 1-6。

表 1-1　短轴机械加工工艺过程卡片

<table>
<tr><td colspan="3" rowspan="2">机械加工工艺过程卡片</td><td>零件名称</td><td>图号</td><td>材料</td><td>件数</td><td>毛坯类型</td><td>毛坯尺寸</td></tr>
<tr><td>短轴</td><td>01</td><td>45</td><td>300 件/批</td><td>棒料</td><td>$\phi34\times76$</td></tr>
<tr><td>工序号</td><td>工序名称</td><td colspan="4">工序内容</td><td>机床</td><td colspan="2">工艺装备</td></tr>
<tr><td>1</td><td>下料</td><td colspan="4">下料 $\phi34$ mm × 76 mm 棒料</td><td></td><td colspan="2"></td></tr>
<tr><td>2</td><td>粗车</td><td colspan="4">车一端面见光即可，车外圆至 $\phi31$，长度保证 40 mm，打中心孔 A2；夹精基准，车另一端，保证总长 74 mm；表面粗糙度 6.3，打中心孔 A2</td><td rowspan="4">C6132</td><td colspan="2" rowspan="4">A2 中心钻
90°YT15 外圆车刀
45°YT15 端面车刀
M16 板牙
125 × 0.02 毫米游标卡尺
150 mm 钢板尺</td></tr>
<tr><td>3</td><td>粗车</td><td colspan="4">两顶尖装夹工件，车 $\phi30$ 外圆至图纸尺寸，倒角 C0.5；表面粗糙度 6.3</td></tr>
<tr><td>4</td><td>粗车</td><td colspan="4">两端顶车 $\phi20^{0}_{-0.033}$ mm 外圆至 $\phi20.5^{0}_{-0.1}$ mm，保证尺寸 8 mm；车 M16 外圆至 $\phi17$ mm，车 21 mm 至图纸尺寸</td></tr>
<tr><td>5</td><td>半精车</td><td colspan="4">两端顶车 M16 外圆至 $\phi15.8^{0}_{-0.05}$ mm；切 2 槽至图纸尺寸，倒角 C2 和 C0.5；
用螺纹车刀车 M16 螺纹，深度 1.6 mm（留有加工余量），然后用 M16 板牙套螺纹至图纸要求</td></tr>
</table>

（续表）

工序号	工序名称	工序内容	机床	工艺装备
6	铣	分度头立置，夹工件 $\phi20^{0}_{-0.033}$ mm 外圆，铣尺寸 25 至图纸要求	X62	分度头、两把三面刃铣刀 125×0.02 毫米游标卡尺
7	磨	两端顶磨 $\phi20^{0}_{-0.033}$ mm 外圆至图纸尺寸，表面粗糙度 1.6；靠磨左端面见火花即可	M1432	0～25 千分尺
8	检验	按图检查各部尺寸		详见检测工序图
9	入库	涂油入库		
贵州航天职业技术学院	工艺设计	日期		共 1 页　第 1 页

表 1-2　短轴机械加工工序卡片（第 2 工序①）

机械加工工序卡片	零件名称	图号	工序号	工序名称	共 6 页
	短轴	01	2	粗车	第 1 页

工序图		
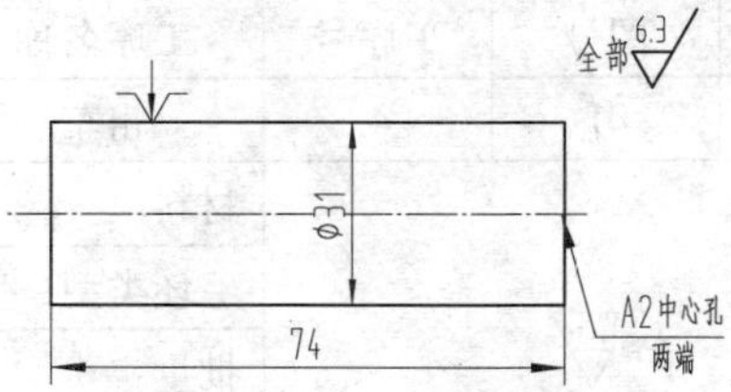	材料	45
	毛坯类型	棒料
	批量	300 件/批
	机床	C6132
	工序工时	
	工艺装备	
	A2 中心钻 90°YT15 外圆车刀 45°YT15 端面车刀 125×0.02 毫米游标卡尺	

工步号	工步内容	V（m/min）	f（mm/r）	a_p（mm）
1	车一端面见光即可，车外圆至 $\phi31$，长度保证 40 mm，打中心孔 A2	120	0.6	1.5
2	夹精基准车另一端，保证尺寸 74 mm，表面粗糙度 6.3，打中心孔 A2	24	手动进给	
贵州航天职业技术学院	工艺设计		日期	

① 第 1 工序为毛坯制造，毛坯制造与车铣加工无关，故第 1 工序省略。下同。

表 1-3　短轴机械加工工序卡片（第 3 工序）

机械加工工序卡片	零件名称	图号	工序号	工序名称	共 6 页
	短轴	01	3	粗车	第 2 页
工序图	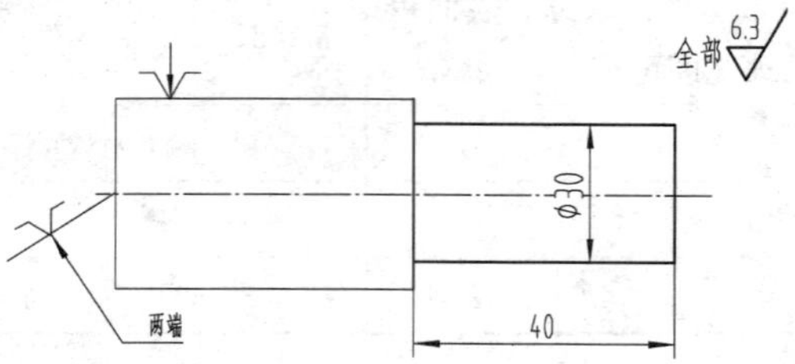			材料	45
				毛坯类型	棒料
				批量	300 件/批
				机床	C6132
				工序工时	
				工艺装备	
				125 × 0. 02 毫米游标卡尺 90°外圆车刀 150 mm 钢板尺	
工步号	工步内容		V（m/min）	f（mm/r）	a_p（mm）
1	车 $\phi30$ mm 外圆至图纸尺寸，倒角 C0. 5		120	0. 5	2. 5
贵州航天职业技术学院	工艺设计			日期	

表 1-4　短轴机械加工工序卡片（第 4 工序）

机械加工工序卡片	零件名称	图号	工序号	工序名称	共 6 页
	短轴	01	4	粗车	第 3 页
工序图	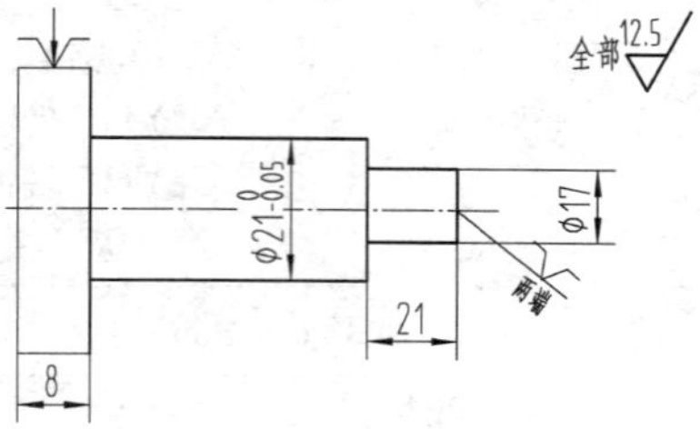			材料	45
				毛坯类型	棒料
				批量	300 件/批
				机床	C6132
				工序工时	
				工艺装备	
				125 × 0. 02 毫米游标卡尺 150 mm 钢板尺 90°YT15 外圆车刀	
工步号	工步内容		V（m/min）	f（mm/r）	a_p（mm）
1	车 $\phi20^{0}_{-0.033}$ mm 外圆至 $\phi20.5^{0}_{-0.05}$ mm 尺寸 8 mm 车至图纸要求		120	0. 3	3. 5 1. 25
2	车 M16 外圆至 $\phi17$ mm，长 21 mm 车至图纸要求		120	0. 3	2. 25
贵州航天职业技术学院	工艺设计			日期	

表 1-5　短轴机械加工工序卡片（第 5 工序）

<table>
<tr><td rowspan="2">机械加工工序卡片</td><td>零件名称</td><td>图号</td><td>工序号</td><td>工序名称</td><td>共　6　页</td></tr>
<tr><td>短轴</td><td>01</td><td>5</td><td>半精车</td><td>第　4　页</td></tr>
<tr><td rowspan="7">工序图</td><td colspan="3" rowspan="7">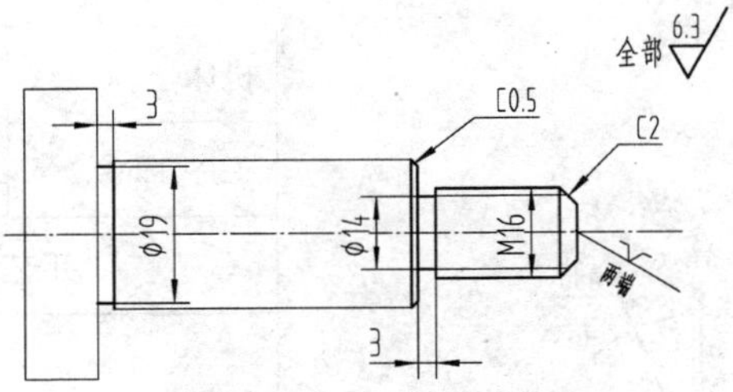
</td><td>材料</td><td>45</td></tr>
<tr><td>毛坯类型</td><td>棒料</td></tr>
<tr><td>批量</td><td>300 件/批</td></tr>
<tr><td>机床</td><td>C6132</td></tr>
<tr><td>工序工时</td><td></td></tr>
<tr><td colspan="2">工艺装备</td></tr>
<tr><td colspan="2">125×0.02 毫米游标卡尺
150 mm 钢板尺
90°YT15 外圆车刀
45°YT15 倒角车刀
60°螺纹车刀，M16 板牙</td></tr>
</table>

工步号	工步内容	V（m/min）	f（mm/r）	a_p（mm）
1	车 M16 外圆至 $\phi15.8^{0}_{-0.05}$ mm	120	0.3	2
2	切两道宽 3 mm 槽符合图纸要求	24	手动	
3	倒角 0.5×45°和 2×45°	120	手动	
4	用螺纹车刀车 M16，深 1.6 mm，然后用板牙套 M16 螺纹符合图纸要求	24	2	
贵州航天职业技术学院	工艺设计		日期	

表 1-6 短轴机械加工工序卡片（第 6 工序）

机械加工工序卡片	零件名称	图号	工序号	工序名称	共 6 页
	短轴	01	6	铣	第 5 页

工序图		
	材料	45
	毛坯类型	棒料
	批量	300 件/批
	机床	X62
	工序工时	
	工艺装备	
	分度头、两把三面刃铣刀 125×0.02 毫米游标卡尺	

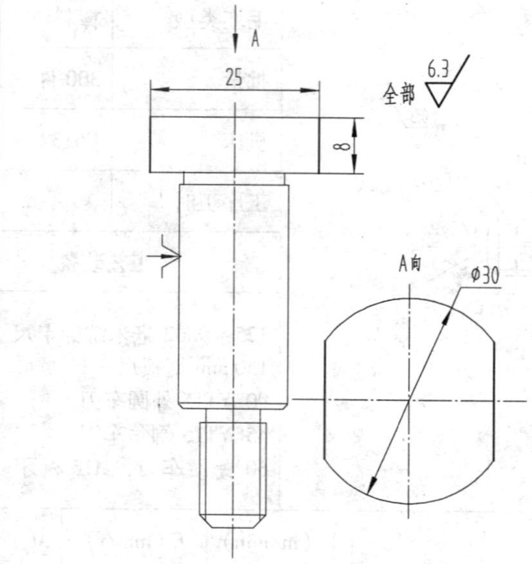

工步号	工步内容	V（m/min）	f（mm/r）	a_p（mm）
1	铣 25 mm 扁方至图纸要求	20	30 mm/min	2.5
贵州航天职业技术学院	工艺设计		日期	

第 7 道工序为磨，其工序卡从略。

五、第 5 道工序砂轮越程槽车刀

砂轮越程槽车刀切削部分如图 1-4 所示。其余几何参数参见本书附录 6。刀具材料使用高速钢。

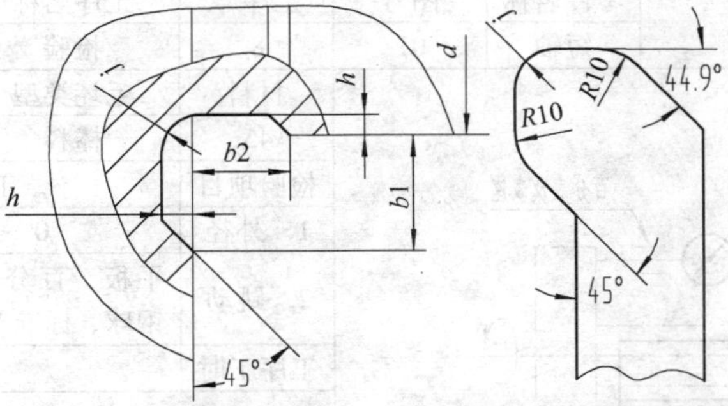

(a) e形砂轮越程槽　　(b) 砂轮越程槽切槽刀切削部分俯视图

图 1-4　砂轮越程槽及其车刀

六、第 6 道工序铣扁方加工示意图

1. 工件安装

分度头立置，夹工件 $\phi20^{0}_{-0.033}$ mm 外圆，如图 1-5 所示。

2. 使用刀具

两把三面刃铣刀组合安装，保证两把刀具之间尺寸，如图 1-5 所示。

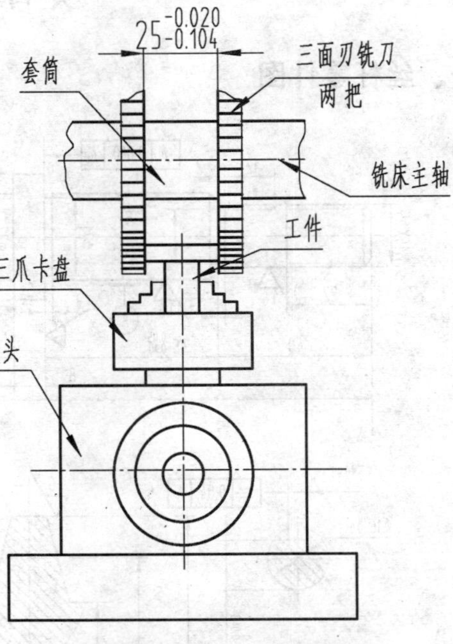

图 1-5　第 6 工序工件与铣刀的安装

七、工件的检测

关键工序的检测详见表 1-7。

表 1-7　第 8 道工序检测卡

<table>
<tr><td colspan="2" rowspan="2">检验工序卡片</td><td>零件名称</td><td>图号</td><td>工序号</td><td>工序名称</td><td>共 1 页</td></tr>
<tr><td>短轴</td><td>01</td><td>8</td><td>检验</td><td>第 1 页</td></tr>
<tr><td rowspan="7">工序图</td><td colspan="3" rowspan="7">1. 跳动
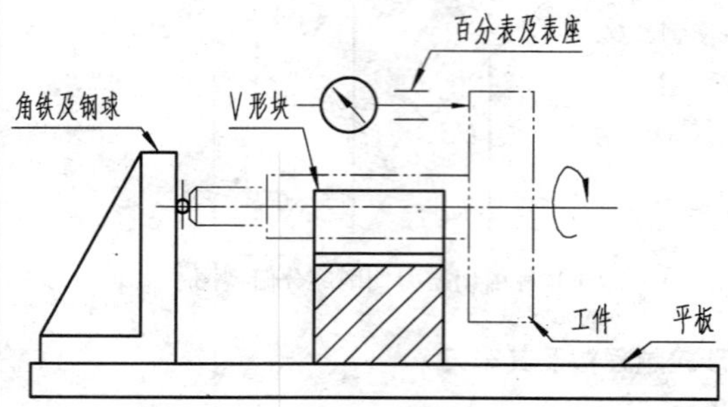
</td><td>材料</td><td>毛坯类型</td><td>批量</td></tr>
<tr><td>45</td><td>棒料</td><td>300 件/批</td></tr>
<tr><td>检验项目</td><td colspan="2">工艺装备</td></tr>
<tr><td>1. 外径</td><td colspan="2">0～25 千分尺</td></tr>
<tr><td>2. 跳动</td><td colspan="2">平板、百分表及表座、角铁、钢球、标准 V 型块</td></tr>
<tr><td>工序工时</td><td colspan="2">略</td></tr>
<tr><td>说明</td><td colspan="2">1. 外径及其他检验项目从略。
2. 跳动公差的检测方法如检测工序图所示：工件旋转一周，百分表最大与最小读数之差为所测公差值。</td></tr>
<tr><td colspan="3">贵州航天职业技术学院</td><td>设计</td><td></td><td>日期</td><td></td></tr>
</table>

项目 1.2　丝杆

一、丝杆零件图

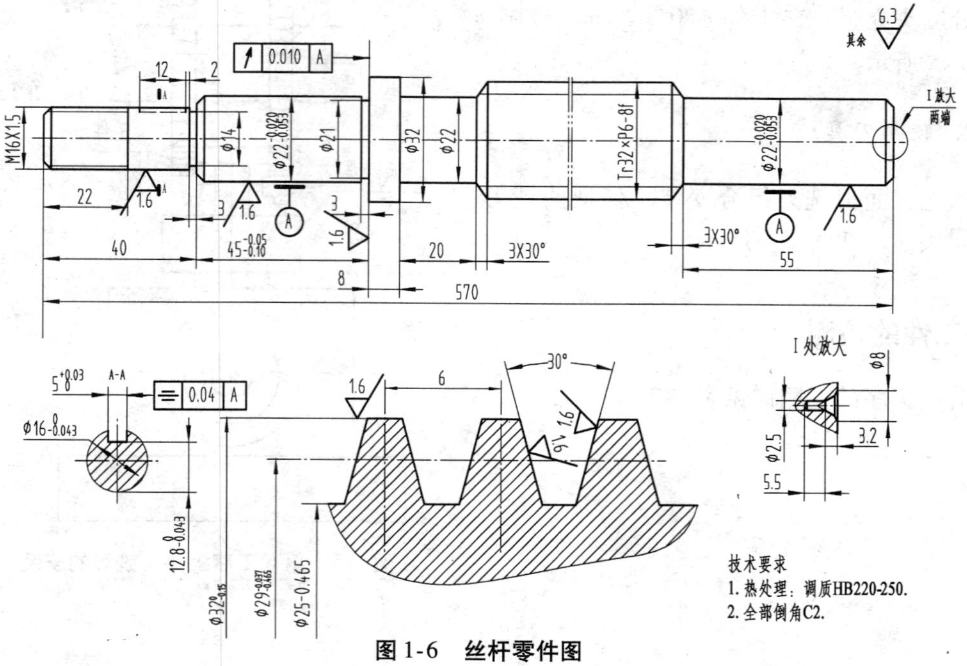

图 1-6　丝杆零件图

零件图样分析如下。

（1）图中以2-ϕ22f8mm轴线为基准，台阶端面与其有跳动公差，公差值为0.01 mm。

（2）工件材料为40Cr钢，零件尺寸变化不大，结构也不复杂，故采用棒料做毛坯。

（3）零件有调质要求，故加工过程中应适时转序。

（4）零件的主要加工表面为$P=4$ mm的梯形螺纹，而且精度和表面粗糙度要求较高，应予以高度关注。

二、丝杆毛坯图

丝杆毛坯图如图1-7所示。

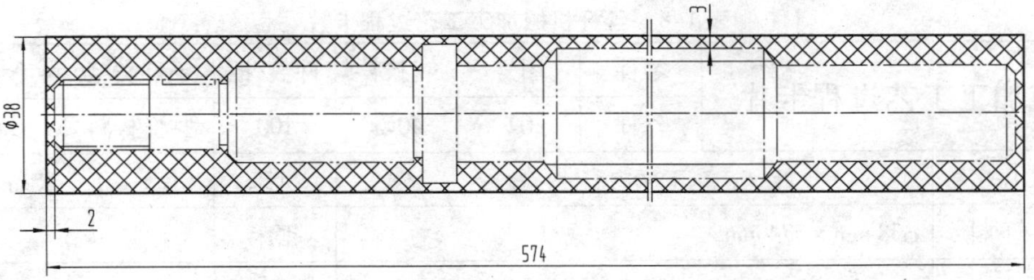

图1-7　丝杆毛坯图

三、工艺分析

（1）从丝杆零件图可以看出，该零件上的2-ϕ22f8mm外圆及端面是装配基准，用以装配其他零件，因此必须保证台阶端面对轴线的跳动公差。一般可采用磨ϕ22f8mm外圆时靠磨端面的方法解决。

（2）零件属轴类零件，可用两顶尖孔定位的方法，以保证基准统一。因短轴最小端直径为16 mm，且工艺过程不长，故顶尖孔不宜过大，选择A2.5即可。

（3）零件的长度L与直径D的比值较大，（$L/D=570/30=19$），属于细长轴，刚性较差，因此在加工中应采取有关措施增加刚性，切削时切削用量不宜过大。

（4）零件的最高精度为2-ϕ22f8mm和ϕ16g8外圆柱表面；最高表面粗糙度为Ra1.6。据此，加工阶段应划分为“粗—半精—精”3个加工阶段，用精加工来确保加工质量，精加工采用磨削的方法。零件的调质处理安排在粗加工之后。半精加工之前进行。

（5）零件结构不复杂，且为中小批量生产，3个加工阶段分别完成不同的加工内容：粗加工基本成形；半精加工完成2-ϕ22f8mm外圆和ϕ16g8的精加工准备，并完成各倒角；沟槽及M16×1.5螺纹的加工。

（6）铣5H9键槽属半精加工，一般安排在半精车后、磨前完成。

（7）M16×1.5螺纹的加工可参见项目1短轴的工艺分析。

（8）梯形螺纹的加工是此工件的重点加工部位，由于精度和表面粗糙度要求较高，应粗精分开，并安排在其他表面全部完成后进行精车。

（9）端面跳动的检验可参见项目1短轴的检验方案。

（10）梯形螺纹的加工与测量详见本书附录7。

四、工艺编制

丝杆零件的机械加工工艺过程和主要工序内容详见表1-8～表1-17。

表1-8　丝杆机械加工工艺过程卡片

机械加工工艺过程卡片		零件	图号	材料	件数/批	毛坯类型	毛坯尺寸
		丝杆	02	40Cr	100	型材（棒料）	ϕ38×574
序号	工序名称	工序内容			机床	工艺装备	
1	下料	ϕ38 mm×574 mm			锯床		
2	粗车	夹外圆车一端端面，车平即可；调头车另一端面，保证总长572 mm；两端打中心孔A2			CA6140	45°、90° YT15外圆车刀，125×0.02毫米游标卡尺，A2中心钻，1 m卷尺，中心架	
3	粗车	两顶尖定位，粗车ϕ32外圆和梯形螺纹外圆至ϕ34 mm，粗车2ϕ-22f8外圆至ϕ24 mm，粗车ϕ16g8至ϕ18 mm，分别保证尺寸40 mm，45 mm和55 mm			CA6140	同工序2	
4	热处理	调质HB220-250					
5	半精车	夹一端，中心架支承另一端，车端面，重打中心孔A2.5；调头车端面保证总长570 mm，重打中心孔A2.5；表面粗糙度Ra6.3			CA6140	45°、90° YT15外圆车刀，125×0.02毫米游标卡尺，A2.5中心钻，1 m卷尺，中心架	
6	半精车	两顶尖装夹工件，车ϕ22f8至$\phi22.3^{0}_{-0.052}$ mm，保证长度55mm，倒角C2； 将梯形螺纹外圆车至$\phi32.3^{0}_{-0.062}$ mm，长度车至400 mm			CA6140	90°、45° YT15外圆车刀，2 mm切槽刀，125×0.02毫米游标卡尺，150 mm钢板尺	

（续表）

序号	工序名称	工序内容	机床	工艺装备
7	半精车	（1）调头车，车 $\phi32$ 至图纸尺寸，车 $\phi16g8$ 外圆至 $\phi16.3^{0}_{-0.042}$ mm，保证长度 40 mm，车 $\phi22f8$ 外圆至 $\phi22.3^{0}_{-0.052}$ mm，将尺寸 $45^{-0.05}_{-0.10}$ mm 车至 $45.1^{0}_{-0.062}$ mm； （2）切槽 $\phi14\times3$，$\phi21\times3$ 和 $\phi22\times20$ 至图纸尺寸，将尺寸 8 车至 $8.1^{0}_{-0.062}$ mm，全部倒角至图纸尺寸	CA6140	90°、45° YT15 外圆车刀，125×0.02 毫米游标卡尺，3 mm 切槽刀，150 mm 钢板尺
8	半精车	粗车梯形螺纹，留 0.5 mm 加工余量； 车 M16×1.5 螺纹至图纸尺寸	CA6140	90°、45° YT15 外圆车刀，125×0.02 毫米游标卡尺，梯形螺纹车刀及磨刀样板，60° YT15 螺纹车刀，磨刀样板，M16×1.5 螺纹环规
9	铣	铣 5H9 键槽至图纸尺寸	X52	$\phi5H9$mm 键槽铣刀，5H9mm 键槽综合量规，150 mm 钢板尺
10	磨	磨 2-$\phi22f8$，$\phi16g8$，梯形螺纹外圆至图纸尺寸和表面粗糙度要求，靠磨端面见火花，保证尺寸 8 mm及跳动公差	M1432A	0～25 mm 千分尺
11	车	精车梯形螺纹各部及表面粗糙度至图纸要求	CA6140	测量 3 针，25～50 mm 公法线千分尺
12	检验	照图检验零件各部		
13	入库	清洗涂油并入库		

贵州航天职业技术学院	工艺设计		日期		共 页	第 页

表 1-9　丝杆机械加工工序卡片（第 2 工序）

<table>
<tr><td colspan="2" rowspan="2">机械加工工序卡片</td><td>零件名称</td><td>图号</td><td>工序号</td><td>工序名称</td><td colspan="2">共 9 页</td></tr>
<tr><td>丝杆</td><td>02</td><td>2</td><td>粗车</td><td colspan="2">第 1 页</td></tr>
<tr><td rowspan="8">工序图</td><td colspan="4" rowspan="8">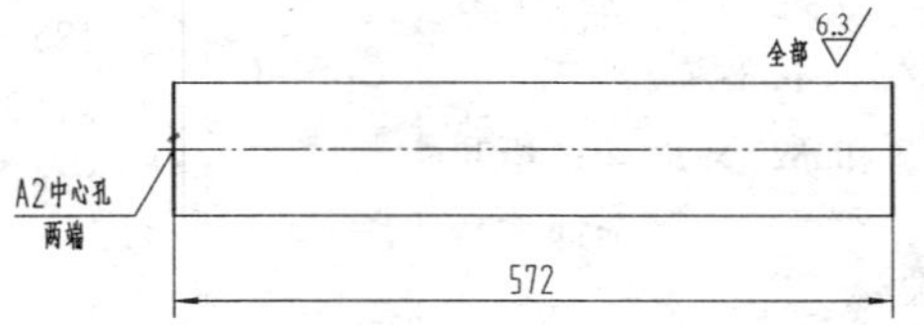
</td><td>材料</td><td colspan="2">40Cr</td></tr>
<tr><td>毛坯类型</td><td colspan="2">棒料</td></tr>
<tr><td>批量</td><td colspan="2">100 件/批</td></tr>
<tr><td>机床</td><td colspan="2">CA6140</td></tr>
<tr><td>工序工时</td><td colspan="2"></td></tr>
<tr><td colspan="3">工艺装备</td></tr>
<tr><td colspan="3">45°、90° YT15 外圆车刀，125 × 0. 02 毫米游标卡尺，A2 中心钻，1m 卷尺，中心架</td></tr>
<tr><td colspan="3"></td></tr>
<tr><td>工步号</td><td colspan="3">工步内容</td><td>V（m/min）</td><td>f（mm/r）</td><td colspan="2">a_p（mm）</td></tr>
<tr><td>1</td><td colspan="3">夹外圆车一端端面，车平即可；调头车另一端面，保证总长 572 mm；两端打中心孔 A2</td><td>60</td><td>手动</td><td colspan="2">1</td></tr>
<tr><td colspan="2">贵州航天职业技术学院</td><td>工艺设计</td><td colspan="2"></td><td>日期</td><td colspan="2"></td></tr>
</table>

表 1-10　丝杆机械加工工序卡片（第 3 工序）

<table>
<tr><td colspan="2" rowspan="2">机械加工工序卡片</td><td>零件名称</td><td>图号</td><td>工序号</td><td>工序名称</td><td colspan="2">共 9 页</td></tr>
<tr><td>丝杆</td><td>02</td><td>3</td><td>粗车</td><td colspan="2">第 2 页</td></tr>
<tr><td rowspan="7">工序图</td><td colspan="4" rowspan="7">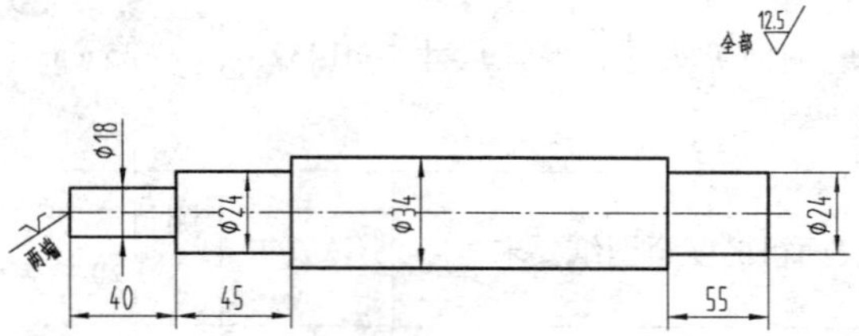
</td><td>材料</td><td colspan="2">40Cr</td></tr>
<tr><td>毛坯类型</td><td colspan="2">棒料</td></tr>
<tr><td>批量</td><td colspan="2">100 件/批</td></tr>
<tr><td>机床</td><td colspan="2">CA6140</td></tr>
<tr><td>工序工时</td><td colspan="2"></td></tr>
<tr><td colspan="3">工艺装备</td></tr>
<tr><td colspan="3">45°、90° YT15 外圆车刀，125 × 0. 02 毫米游标卡尺，A2 中心钻，1 m 卷尺，中心架</td></tr>
<tr><td>工步号</td><td colspan="3">工步内容</td><td>V（m/min）</td><td>f（mm/r）</td><td colspan="2">a_p（mm）</td></tr>
<tr><td>1</td><td colspan="3">两顶尖定位，粗车 ϕ32 外圆和梯形螺纹外圆至 ϕ34 mm，粗车 2ϕ- 22f8 外圆至 ϕ24 mm，粗车 ϕ16g8 至 ϕ18 mm，分别保证尺寸 40 mm，45 mm 和 55 mm</td><td>60</td><td>0. 81</td><td colspan="2">2</td></tr>
<tr><td colspan="2">贵州航天职业技术学院</td><td>工艺设计</td><td colspan="2"></td><td>日期</td><td colspan="2"></td></tr>
</table>

表 1-11　丝杆机械加工工序卡片（第 5 工序）

机械加工工序卡片	零件名称	图号	工序号	工序名称	共 9 页
	丝杆	02	5	半精车	第 3 页

工序图			
工序图	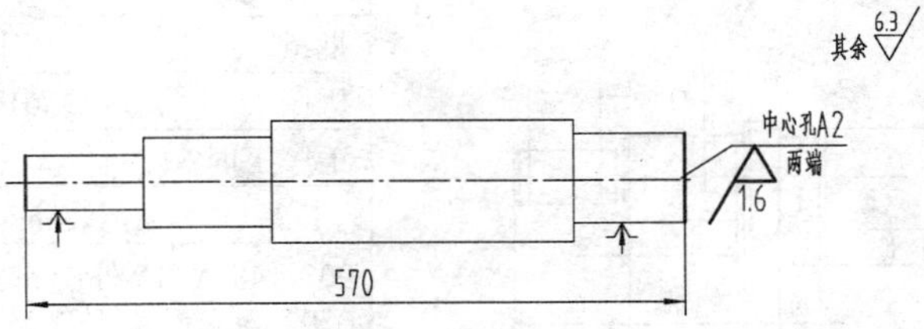	材料	40Cr
		毛坯类型	棒料
		批量	100/批
		机床	CA6140
		工序工时	
		工艺装备	
		YT15，45°端面车刀，1 m 卷尺，A2.5 中心钻	

工步号	工步内容	V（m/min）	f（mm/r）	a_p（mm）
1	夹一端，中心架支承另一端，车端面，车平即可，打中心孔 A2；调头车端面保证总长 570 mm，打中心孔 A2；表面粗糙度 6.3	60	手动	1
贵州航天职业技术学院	工艺设计		日期	

表 1-12　丝杆机械加工工序卡片（第 6 工序）

机械加工工序卡片	零件名称	图号	工序号	工序名称	共 9 页
	丝杆	02	6	半精车	第 4 页

工序图			
工序图	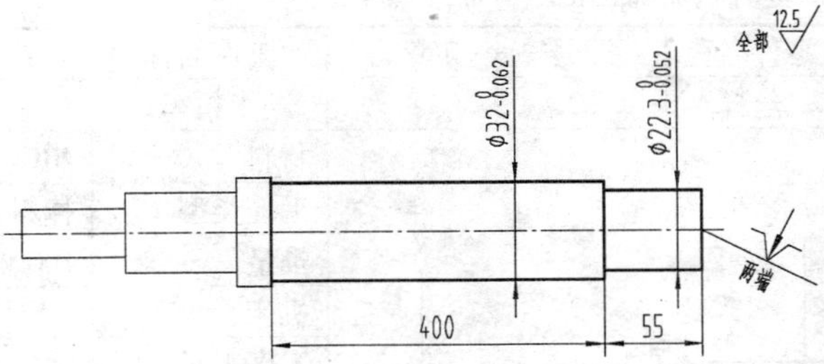	材料	40Cr
		毛坯类型	棒料
		批量	100 件/批
		机床	CA6140
		工序工时	
		工艺装备	
		90°，YT15 外圆车刀，125 × 0.02 毫米游标卡尺，150 mm 钢板尺	

工步号	工步内容	V（m/min）	f（mm/r）	a_p（mm）
1	两顶尖装夹工件，车 ϕ22f8 至 $\phi 22.3^{0}_{-0.052}$ mm，保证长度 55 mm，倒角 C2。将梯形螺纹外圆车至 $\phi 32.3^{0}_{-0.062}$ mm，长度车至 400 mm	100	0.48	1
贵州航天职业技术学院	工艺设计		日期	

表 1-13 丝杆机械加工工序卡片（第 7 工序）

机械加工工序卡片	零件名称	图号	工序号	工序名称	共 9 页
	丝杆	02	7	半精车	第 5 页

工序图		
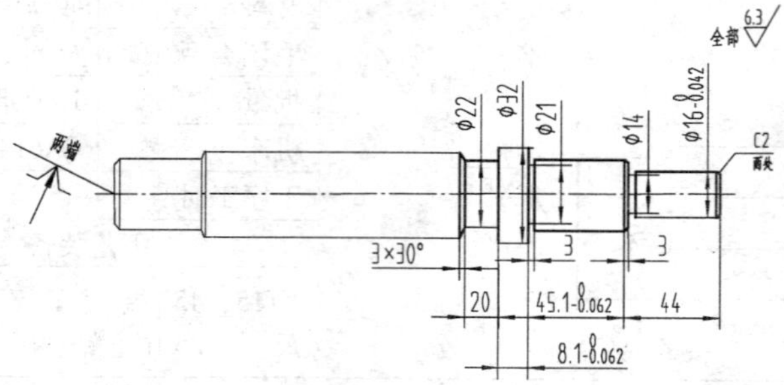	材料	40Cr
	毛坯类型	棒料
	批量	100/批
	机床	CA6140
	工序工时	
	工艺装备	
	90°、45°YT15 外圆车刀，125 × 0.02 毫米游标卡尺，150 mm 钢板尺，3mm 高速钢切槽刀，30°高速钢倒角刀	

工步号	工步内容	V（m/min）	f（mm/r）	a_p（mm）
1	调头车，车 $\phi 32$ 至图纸尺寸，车 $\phi 16g8$ 外圆至 $\phi 16.3^{0}_{-0.042}$ mm，保证长度 40 mm，车 $\phi 22f8$ 外圆至 $\phi 22.3^{0}_{-0.052}$ mm，将尺寸 $45^{-0.05}_{-0.10}$ mm 车至 $45.1^{0}_{-0.062}$ mm	100	0.48	1
2	切槽 $\phi 14 \times 3$，$\phi 21 \times 3$ 和 $\phi 22 \times 20$ 至图纸尺寸，将尺寸 8 车至 $8.1^{0}_{-0.062}$ mm，全部倒角至图纸尺寸	24	手动	
贵州航天职业技术学院	工艺设计		日期	

表 1-14 丝杆机械加工工序卡片（第 8 工序）

机械加工工序卡片	零件名称	图号	工序号	工序名称	共 9 页
	丝杆	02	8	半精车	第 6 页

工序图		
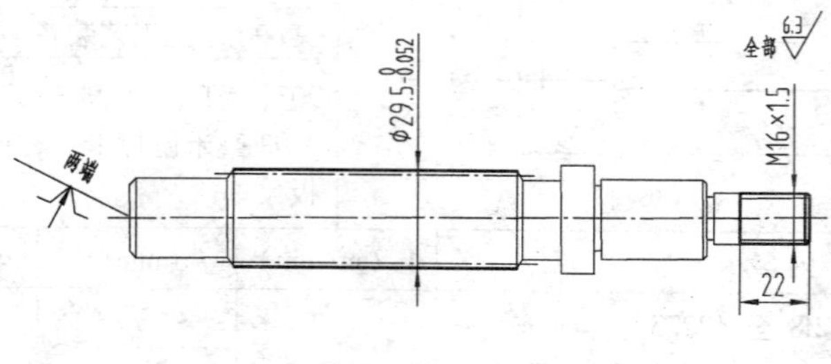	材料	40Cr
	毛坯类型	棒料
	批量	100 件/批
	机床	CA6140
	工序工时	
	工艺装备	
	40°、60°高速钢螺纹车刀及磨刀样板 M16 × 1.5 螺纹环规	

工步号	工步内容	V（m/min）	f（mm/r）	a_p（mm）
1	粗车梯形螺纹，留 0.5 mm 加工余量；车 M16 × 1.5 螺纹至图纸尺寸	24		
贵州航天职业技术学院	工艺设计		日期	

表 1-15　丝杆机械加工工序卡片（第 9 工序）

机械加工工序卡片	零件名称	图号	工序号	工序名称	共 9 页
	丝杆	02	9	铣	第 7 页
工序图	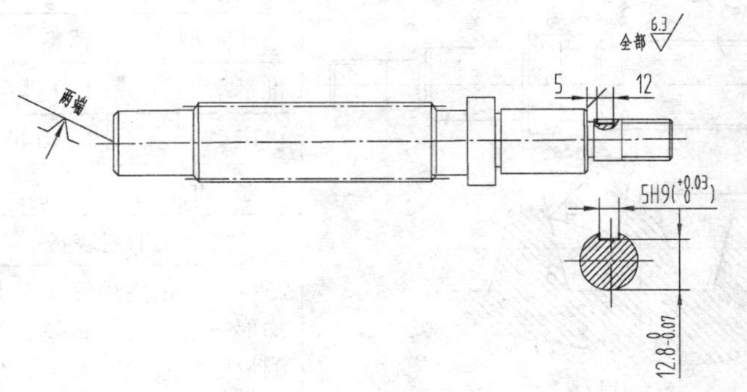			材料	40Cr
				毛坯类型	棒料
				批量	100 件/批
				机床	X52
				工序工时	
				工艺装备	
				高速钢 ϕ5 键槽铣刀，5H9mm 键槽综合量规，125 × 0.02 毫米游标卡尺，150 mm 钢板尺	

工步号	工步内容	V（m/min）	f（mm/r）	a_p（mm）
1	铣 5H9 键槽至图纸尺寸	24	60 mm/min	4
贵州航天职业技术学院	工艺设计		日期	

表 1-16　丝杆机械加工工序卡片（第 10 工序）

机械加工工序卡片	零件名称	图号	工序号	工序名称	共 9 页
	丝杆	02	10	磨	第 8 页
工序图	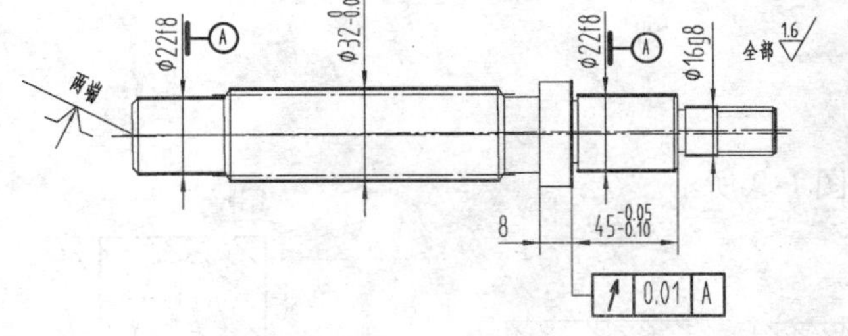			材料	40Cr
				毛坯类型	棒料
				批量	100 件/批
				机床	M1432A
				工序工时	
				工艺装备	
				0～25，25～50 毫米千分尺	

工步号	工步内容	V（m/min）	f（mm/r）	a_p（mm）
1	磨 2-ϕ22f8，ϕ16g8，梯形螺纹外圆至图纸尺寸和表面粗糙度要求	35 m/s	120 mm/min	0.15 mm
贵州航天职业技术学院	工艺设计		日期	

表 1-17　丝杆机械加工工序卡片（第 11 工序）

<table>
<tr><td colspan="3" rowspan="2">机械加工工序卡片</td><td>零件名称</td><td>图号</td><td>工序号</td><td>工序名称</td><td>共 9 页</td></tr>
<tr><td>丝杆</td><td>02</td><td>11</td><td>车</td><td>第 9 页</td></tr>
<tr><td rowspan="7">工序图</td><td colspan="5" rowspan="7">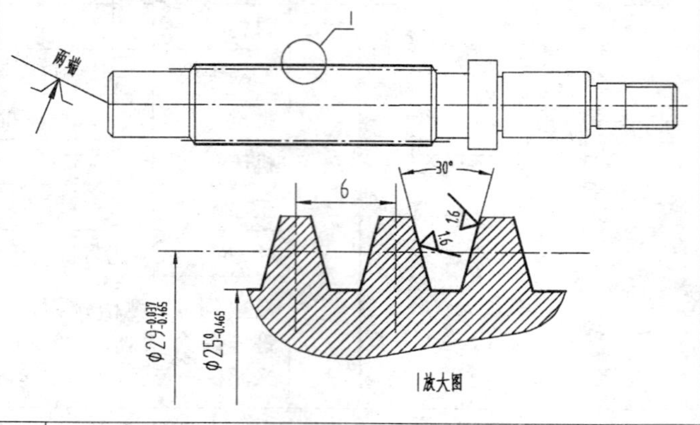</td><td>材料</td><td>40Cr</td></tr>
<tr><td>毛坯类型</td><td>棒料</td></tr>
<tr><td>批量</td><td>100 件/批</td></tr>
<tr><td>机床</td><td>CA6140</td></tr>
<tr><td>工序工时</td><td></td></tr>
<tr><td colspan="2">工艺装备</td></tr>
<tr><td colspan="2">25～50mm 公法线千分尺，30°梯形螺纹磨刀样板
测量三针直径：$d_D = 2.311$ mm
千分尺读数：$M = 36.871$ mm</td></tr>
<tr><td>工步号</td><td colspan="4">工步内容</td><td>V（m/min）</td><td>f（mm/r）</td><td>a_p（mm）</td></tr>
<tr><td>1</td><td colspan="4">精车梯形螺纹各部及表面粗糙度至图纸要求</td><td>18</td><td>4</td><td>0.25</td></tr>
<tr><td colspan="2">贵州航天职业技术学院</td><td>工艺设计</td><td colspan="3"></td><td>日期</td><td></td></tr>
</table>

五、梯形螺纹的加工与测量

1. 梯形螺纹的车削方法

如图 1-8 所示，车削梯形螺纹有三种方法，即：

（1）左右切削法；

（2）车直槽法；

（3）车阶梯槽法。

大螺距丝杆的车削步骤如图 1-9 所示。

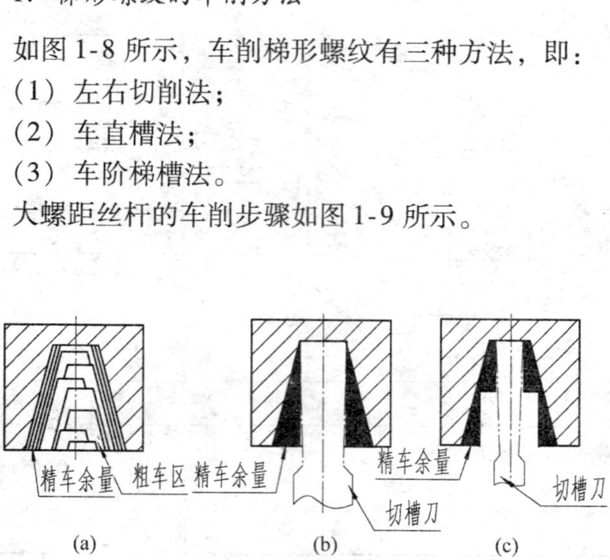

图 1-8　丝杆的车削方法

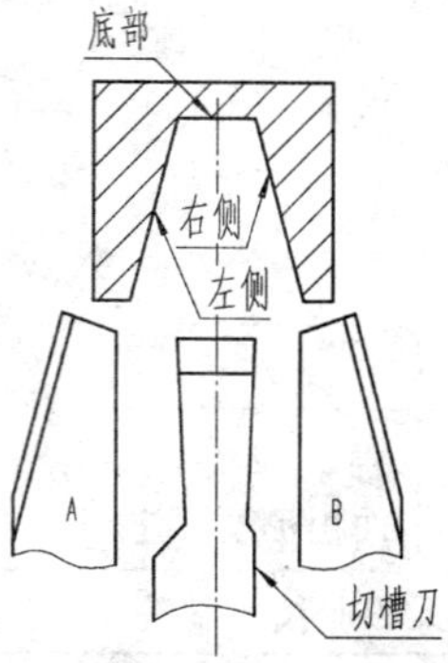

图 1-9　大螺距丝杆的车削

（1）先用切槽刀切削螺纹底部，槽宽和槽深留一定加工余量。

（2）用两把螺纹偏刀 A、B，分别切削螺纹左、右两侧，中径留一定加工余量。

（3）精车螺纹底部槽宽和深至图纸要求。

（4）用标准样板磨制的螺纹精车刀车削螺纹左右两侧至图纸要求。

2. 梯形螺纹的测量

大批量生产时可使用专用螺纹环规或螺纹塞规（用于测量内螺纹）。单件生产时采用三针测量法。三针测量计算请参阅附录7。

六、工件键槽对称度的检测

关键工序的检测详见表1-18。

表1-18　丝杆键槽对称度的检验工序卡片

<table>
<tr><td colspan="2" rowspan="2">检验工序卡片</td><td>零件名称</td><td>图号</td><td>工序号</td><td>工序名称</td><td>共　1　页</td></tr>
<tr><td>丝杆</td><td>02</td><td>12</td><td>检验</td><td>第　1　页</td></tr>
<tr><td rowspan="6">工序图</td><td colspan="3" rowspan="6">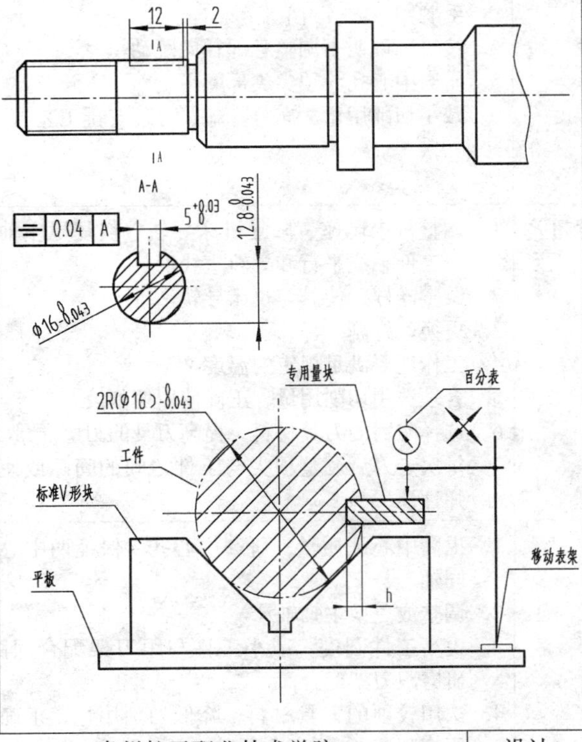
</td><td>材料</td><td>毛坯类型</td><td>批量</td></tr>
<tr><td>40Cr</td><td>棒料</td><td>100/批</td></tr>
<tr><td>检验项目</td><td colspan="2">工艺装备</td></tr>
<tr><td>对称度</td><td colspan="2">125×0.02毫米游标卡尺、0～25千分尺、平板、专用量块、百分表、移动表架、标准V形块</td></tr>
<tr><td rowspan="2">说明</td><td colspan="2">调整被测件，使定位块沿径向与平板平等，测量定位块与平板之间的距离。再将被测件翻转180°后，在同一剖面上重复以上操作。该剖面上下对应点的最大值为 a，则该剖面的对称度误差为：$\Delta=\dfrac{\dfrac{ah}{2}}{R-\dfrac{h}{2}}=\dfrac{ah}{(d-h)}$</td></tr>
<tr><td colspan="2">沿键槽长度方向测量，取长向两点的最大读数差为长向对称度误差：$\Delta_{长}=a_{高}-a_{低}$。取两个方向误差值最大者为该零件的对称度误差。</td></tr>
<tr><td colspan="3">贵州航天职业技术学院</td><td>设计</td><td></td><td>日期</td><td></td></tr>
</table>

七、加工螺纹时的质量控制

螺纹加工的质量控制措施详见表1-19。

表1-19 车螺纹的质量分析及控制措施

项目	质量不合格原因	控制措施
牙形角和牙形半角超差	1. 刀具牙形角刃磨不准确 2. 车刀安装不正确 3. 车刀磨损严重 4. 车刀刃磨径向前角	1. 重新刃磨车刀 2. 正确安装车刀 3. 及时重磨或更换车刀 4. 此时车刀对准中心安装，牙形角应适当减小（一般径向前角每增加一度，牙形角磨小0.15°）
螺距超差	1. 机床调整手柄位置错误 2. 交换齿轮挂错或计算有误	逐项检查并改正
螺距周期性误差超差	1. 机床主轴或机床丝杆轴向窜动太大 2. 交换齿轮啮合间隙过大 3. 交换齿轮磨损或有毛刺 4. 主轴、丝杆或挂轮轴轴颈径向跳动太大 5. 工件中心孔圆度超差、孔深度不够或与顶尖接触不良 6. 工件弯曲变形	1. 调整机床主轴和丝杆，消除轴向窜动 2. 调整交换齿轮间隙，一般以0.1～0.15 mm为宜 3. 妥善保管交换齿轮，用前仔细检查清洗并清理毛刺 4. 按机床说明书调整各部径向跳动 5. 研磨中心孔、顶尖尖部磨平 6. 减小切削用量、充分冷却、合理安排工艺
螺距积累误差超差	1. 机床导轨与工件轴线平行度超差或导轨直线度超差 2. 丝杆轴线与导轨不平行 3. 丝杆副磨损严重 4. 环境温度不符合规定 5. 工件热胀冷缩 6. 刀具磨损严重 7. 顶尖顶力过大，工件弯曲	1. 调整机床尾座、修复机床导轨、恢复尾座轴线与工件轴线平行和导轨直线度 2. 调整丝杆，使其与机床导轨平行 3. 更换丝杆副 4. 工作地要满足规定的温度 5. 合理选用切削用量，正确使用切削液 6. 选择耐磨的刀具材料，提高刀具的刃磨质量 7. 每次走刀后调整顶尖与工件之间的间隙或使用弹性顶尖
中径几何形状超差	1. 中心孔质量低 2. 机床主轴轴承圆度超差 3. 工件外圆圆度超差、跟刀架与工件的配合间隙过大 4. 刀具磨损过大	1. 提高中心孔质量，研磨中心孔、保证两中心孔同轴 2. 调整或更换主轴轴承 3. 提高工件圆度，减小工件与跟刀架配合间隙、研磨跟刀架配合面 4. 选用较硬的刀具材料，降低切削用量，正确选用切削液

（续表）

项目	质量不合格原因	控制措施
螺纹牙形表面粗糙度超差	1. 刀具刃口质量低 2. 精车时背吃刀量太小，刀具在工件表面滑行 3. 切削速度选择不当 4. 切削液选择不当 5. 机床振动太大 6. 刀具前后角太小 7. 工件切削加工性差 8. 切屑划伤已加工表面 9. 车螺母时刀杆直径较小，产生振动	1. 提高刀具刃磨质量，研磨刃口 2. 控制合适的背吃刀量，减小刃口圆弧半径 3. 选择合理的切削速度： 硬质合金车刀 V = 30～45 m/min 高速钢刀具 V = 10～20 m/min 4. 选择润滑性能较好的切削液 5. 调整机床各部间隙、车刀略高于机床中心 6. 适当增大刀具前后角 7. 在许可的情况下对工件进行调质处理 8. 控制切削流向和断屑 9. 车右旋螺纹时，可反向装刀和反向旋转工件，由左向右切削，变刀杆受压为受拉，避免刀杆失稳（见图1-4）
螺纹乱扣	当机床螺距不是工件螺距的整倍数时，反程时提起了开合螺母所致	不能提起开合螺母移动溜板，只能开反车退回切削起点处
多线螺纹出现大小牙	1. 分线不准确 2. 中途改变了车刀位置	1. 提高分头精度 2. 中途改变车刀位置后必须重新将每条螺纹车一遍

项目1.3　细长轴

一、细长轴零件图

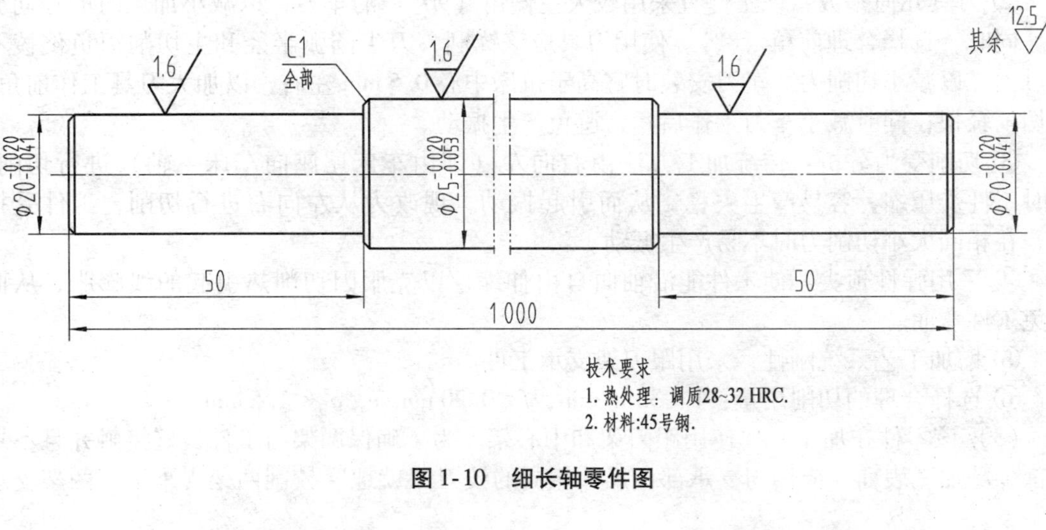

图1-10　细长轴零件图

零件图样分析如下。

（1）细长轴属轴类零件，有3个台阶，其中2个台阶尺寸相同，为 $\phi20_{-0.041}^{-0.02}$，长度分别为50 mm；另一台阶为 $\phi25_{-0.052}^{-0.02}$，长度为900 mm。

（2）3台阶均有较高的表面粗糙度要求，为 $Ra1.6\ \mu m$。

二、细长轴毛坯图

细长轴毛坯图如图1-11所示。

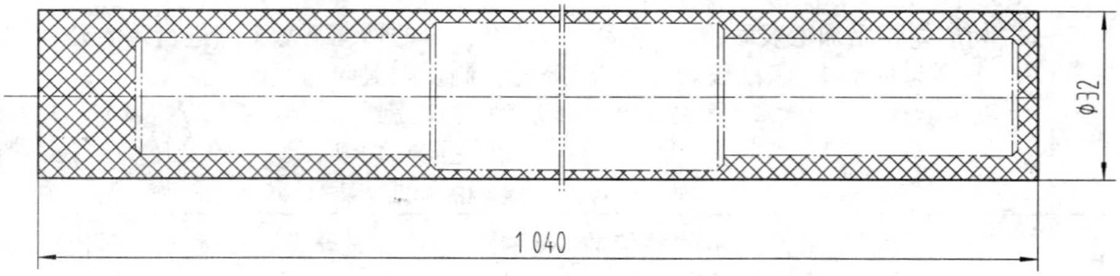

图1-11　细长轴毛坯图

三、工艺分析

（1）该零件是典型的细长轴，长径比为：$L/d=1\,000/25=40$（>15）。

（2）加工细长轴有较大的难度，主要是因为细长轴刚性差，加工时容易引起变形。因此应采取相应措施，确保切削加工顺利进行。

① 工件材料：工件材料为45号钢，经调质后的45号钢具有更良好的切削加工性。

② 刀具几何参数：该工件宜采用较大主偏角（90°）的车刀，以减小加工时的径向分力。同时，选择合理前角（8°）。使用刀具应该锋利，刀尖圆弧半径和主切削刃负倒棱不宜过大，以减小切削力。车刀安装时宜高于机床中心0.5 mm左右，以加大刀具工作前角，使切削轻快；同时减小车刀工作后角，避免产生振动。

③ 切削受力分析：传统加工方法由右向左（即由车床尾座向车床主轴）进行切削，这时工件受压缩，容易产生失稳，从而引起振动。现改为从左向右进行切削，工件受拉力，在相同大小切削力时不易产生振动。

④ 采用弹性顶尖，使工件能沿轴向自由伸缩，以克服因切削热引起的线膨胀，从而避免工件弯曲。

⑤ 增加工艺系统刚性，采用跟刀架支承工件。

⑥ 选择合理的切削用量：$V\leqslant35$ m/min，$f\leqslant0.20$ mm/r，$a_p\leqslant1.5$ mm。

（3）该零件在加工时要使用跟刀架和中心架。为了确保两架与工件良好接触并且不划伤工件已加工表面，应用与支承部位尺寸相同的铰刀“就地”铰削两架支承爪。两架支承爪建议使用铸铁或锡青铜制造。在使用中应有良好的润滑，与工件接触松紧适当。

（4）在不加工时，工件应吊置，不宜平放，更不宜堆放。

四、工艺编制

细长轴零件的机械加工工艺过程和主要工序内容详见表1-20～表1-21。

表1-20 细长轴机械加工工艺过程卡片

机械加工工艺过程卡片			零件名称	图号	材料	件数	毛坯类型	毛坯尺寸
			细长轴	03	45	300/批	棒料	$\phi32\times1\,040$
工序号	工序名称	工序内容				机床	工艺装备	
1	下料	下料 $\phi34$ mm × 76 mm 棒料						
2	热处理	调质 28～32HRC						
3	粗车	车端面，车平即可；打中心孔 B3				CA6140	YT15 45°车刀、B3 中心钻	
4	粗车	1. 夹未钻中心孔端，夹 15 mm，三爪与工件之间安装一开口钢丝圈，钢丝直径为 $\phi5$。尾座端用弹性顶尖顶住中心孔。在距卡爪端面处车一进退刀槽，尺寸为 $\phi18$ mm × 20 mm 2. 在卡盘端车一直径为 $\phi25.2$、长度为 80 mm 的外圆，表面粗糙度为 6.3 μm，记住中拖板丝杠刻度盘刻度，退刀 3. 在车出的外圆处架跟刀架，跟刀架与车刀之间的距离为 5 mm 左右；在原中拖板丝杠刻度对刀，并使背吃刀量增加 0.02～0.04 mm，以补偿刀架弹性变形；反向纵向进给，将 $\phi25^{-0.02}_{-0.052}$ 车至 $\phi25.2\pm0.03$ mm 4. 车尾座端 $\phi20^{-0.02}_{-0.041}$ 轴颈为 $\phi20.15\pm0.02$ mm，长度 50 mm 5. 车卡盘端 $\phi20^{-0.02}_{-0.041}$ 轴颈为 $\phi20.15\pm0.02$ mm，长度 50 mm				CA6140	YT15 45°刀，90°、右偏刀，切槽刀，125 × 0.02 毫米游标卡尺，0～25、25～50 毫米千分尺，$\phi5\times\phi32$ 开口钢丝圈，弹性顶尖	

（续表）

工序号	工序名称	工序内容	机床	工艺装备
5	精车	1. 与第4道工序相同装夹工件。在车刀前端架跟刀架，反向纵向进给，车 $\phi25_{-0.052}^{-0.02}$ 外圆至图纸要求 2. 车尾座端 $\phi20_{-0.041}^{-0.02}$ 轴颈至图纸要求，长度50 mm 3. 车卡盘端 $\phi20_{-0.041}^{-0.02}$ 轴颈至图纸要求，长度50 mm 4. 倒角C1 在进行第2、3工步时，可根据需要在 $\phi25_{-0.052}^{-0.02}$ mm外圆处安装中心架。	CA6140	YT15 90°左、右偏刀，切槽刀，125×0.02 mm游标卡尺，0～25、25～50毫米千分尺，$\phi5\times\phi32$ 开口钢丝圈，弹性顶尖
6	车	调头用三爪卡盘垫0.2 mm铜皮夹 $\phi20_{-0.041}^{-0.02}$ 外圆，并用中心架支承 $\phi25_{-0.052}^{-0.02}$ 外圆，切掉装夹部分，保证总长1 000 mm，倒角C1	CA6140	YT15 45°车刀，切断刀，2 m卷尺
7	检验	按图检查各部尺寸		检测工序图略
8	入库	涂油入库		
贵州航天职业技术学院	工艺设计	日期		共 1 页 第 1 页

表1-21 细长轴机械加工工序卡片（第4工序）

机械加工工序卡片	零件名称	图号	工序号	工序名称	共 4 页
	细长轴	03	4	粗车	第 2 页

工序图		
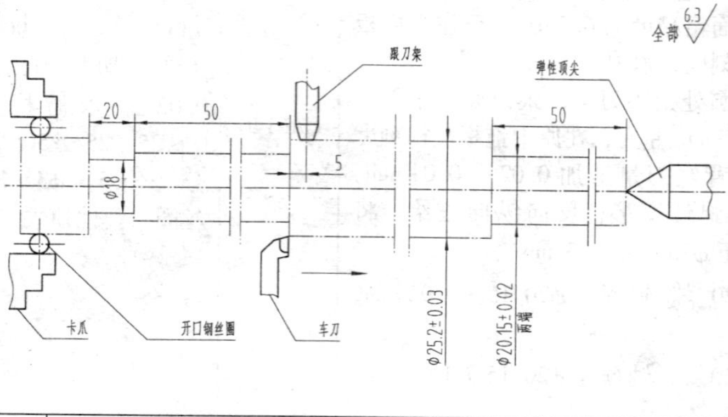	材料	45
	毛坯类型	棒料
	批量	300/批
	机床	CA6140
	工序工时	
	工艺装备	
	90° YT15外圆车刀、45° YT15端面车刀、切槽刀，125×0.02毫米游标卡尺 0～25、25～50毫米千分尺，$\phi5\times\phi32$ 开口钢丝圈，弹性顶尖	

工步号	工步内容	V（m/min）	f（mm/r）	a_p（mm）
1	在距卡爪端面处车一进退刀槽，尺寸为 $\phi18$ mm×20 mm	24	手动进给	

（续表）

工步号	工步内容	V（m/min）	f（mm/r）	a_p（mm）
2	车一直径为 $\phi25.2$、长度为 80mm 的外圆，表面粗糙度为 6.3μm	60	0.08	0.04（精车）
3	将 $\phi25_{-0.052}^{-0.02}$ 车至 $\phi25.2\pm0.03$ mm			
4	车卡盘端 $\phi20_{-0.041}^{-0.02}$ 轴颈为 $\phi20.15\pm0.02$ mm，长度 50 mm			
5	车尾座端 $\phi20_{-0.041}^{-0.02}$ 轴颈为 $\phi20.15\pm0.02$ mm，长度 50 mm			
贵州航天职业技术学院	工艺设计		日期	

说明：第5道工序精车与第4道工序装夹相同，工序卡从略。

五、弹性活动顶尖

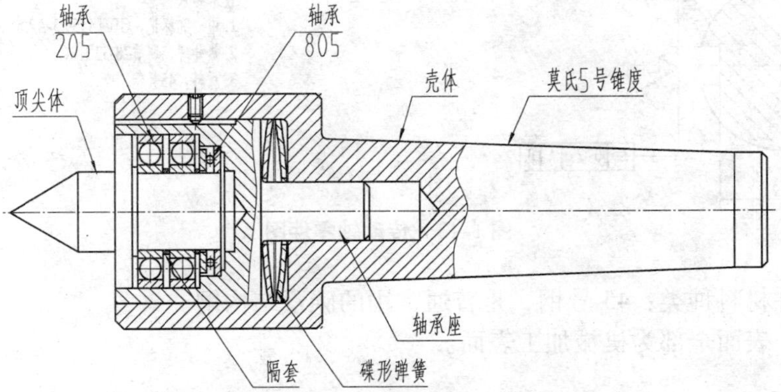

图1-12　弹性活动顶尖

项目1.4　传动轴

一、传动轴零件图

传动轴零件图如图1-13所示。

零件图样分析如下。

（1）传动轴是一个典型的轴类零件，左端是一个普通螺纹M22，螺距为1.5，属于细牙螺纹。三处外圆的公差较小，表面粗糙度为 $Ra1.6$。中间的外圆有对基准的同轴度要求，基准分别是A和B；中间有一个双头圆形键槽，键槽有对称度要求，基准分别是A和B。

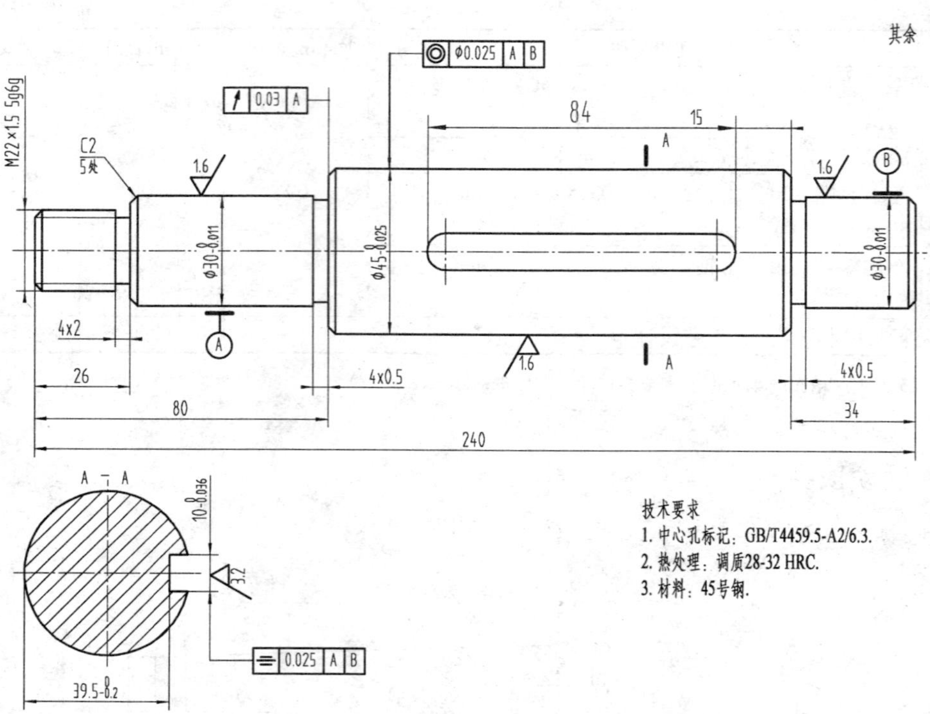

图 1-13　传动轴零件图

（2）零件材料种类：45 号钢，是普通常用的碳素结构钢。

（3）加工表面全部为机械加工表面。

二、传动轴毛坯图

传动轴毛坯图如图 1-14 所示。

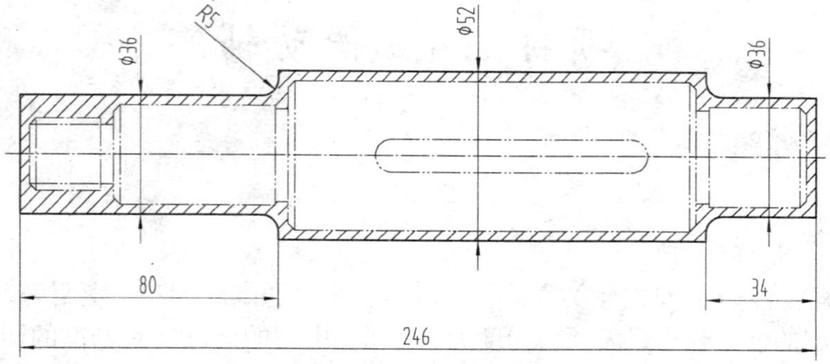

图 1-14　传动轴毛坯图

三、工艺分析

（1）零件类型：轴类零件。

（2）确定毛坯：传动轴是传递动力的，要求有较好的韧性，因此采用锻件较为适宜。锻件的毛坯余量选单边3 mm。

（3）热处理要求：调质HRC28～32。

热处理的硬度值也是有公差的。通常取5°，按上偏差+3，下偏差-2来计。如调质也可以写成T30，硬度值取为下限30-2=28，上限30+3=33。本例中的HRC28～32，可以理解为上下偏差均为2。

（4）加工要求：螺纹可以直接车出。

这里的基准A和B，是指两处外圆$\phi30$的轴线。在工艺编制中可以采用增加两端中心孔的办法来取代基准A和B。

注意，这时的工艺基准已经不是原来图纸的设计基准。在工厂里，这种变换基准的情况要征求设计者或技术总师的认可（有些零件端面由于工作条件不能有中心孔）。

最终检验时则尽量选择原始设计基准为检验基准。

因此图纸上的三处外圆，即表面粗糙度均为$Ra1.6$的外圆，采用两端顶中心孔的办法磨削而成。

键槽采用铣削加工，有对称度要求。

（5）加工方案确定：锻造——粗车——调质——精车——铣键槽——磨削——检验。

（6）加工难点分析：同轴度和对称度的保证

（7）零件材料的切削加工性分析：略

（8）切削液的选择和使用：都采用乳化液。

（9）工艺装备的确定（查阅设备的参考资料）。

① 机床：CA6140及相关机床附件，X52及其附件。

② 刀具：90°YT15外圆车刀、45°YT15端面车刀、退刀槽及砂轮越程槽车刀，60°螺纹车刀10mm键槽铣刀、中心钻。

③ 量具：200×0.02 mm游标卡尺、450×0.05 mm游标卡尺、外径千分尺25～50 mm。

④ 检验工具：千分表、角铁、平板、V形块等。

⑤ 夹具：顶尖，鸡心夹头。

四、工艺编制

传动轴零件的机械加工工艺过程和各主要工序内容详见表1-22～表1-29，其中第6

工序“车端面重打中心孔”工序卡从略。

表 1-22 传动轴机械加工工艺过程卡片

机械加工工艺过程卡片			零件名称	图号	材料	件数	毛坯类型	毛坯尺寸
			传动轴	04	45	250 件/批	锻件	$\phi52\times246$
工序号	工序名称	工序内容				机床	工艺装备	
1	锻	自由锻，锻件尺寸：$\phi52\times246$						
2	热处理	正火 HB200～220						
3	车	车端面见光，打两端中心孔 A2				C A 6140	YT15 45°端面车刀，A2 中心钻	
4	车	粗车全件外形至工序图要求				C A 6140	200×0.02 mm 卡尺 450×0.05 毫米卡尺 90°YT15 外圆车刀	
5	热处理	调质 HRC28～32						
6	车	车端面，总长至图纸要求，重打中心孔 A2.5				C A 6140	YT15 45°端面车刀，A2.5 中心钻	
7	车	半精车零件右端外形				C A 6140	200×0.02 毫米卡尺 90°YT15 外圆车刀、45°YT15 倒角车刀、退刀槽车刀	
8	车	半精车零件左端外形				C A 6140	200×0.02 毫米卡尺 90°YT15 外圆车刀 45°YT15 倒角车刀 退刀槽车刀	
9	车	车螺纹 M22x1.5 至图纸要求				C A 6140	60°YT15 螺纹车刀 M22×1.5～5g6g 螺纹环规	

（续表）

工序号	工序名称	工序内容	机床	工艺装备
10	铣	铣键槽至要求	X52	200 mm/0.02 卡尺 10 mm 键槽铣刀 10H9mm 键槽综合量规
11	磨	磨三处 *R*a1.6 处外圆至图纸要求	M1432A	25～50 mm 外径千分尺、 5～50 mm 公法线千分尺
12	检验	全件按零件图检验，重点同轴度		
13	入库	涂油入库		
贵州航天职业技术学院	工艺设计	日期		共 1 页　第 1 页

表 1-23　传动轴机械加工工序卡片（第 3 工序）

<table>
<tr><td colspan="3" rowspan="2">机械加工工序卡片</td><td>零件名称</td><td>图号</td><td>工序号</td><td>工序名称</td><td>共 7 页</td></tr>
<tr><td>传动轴</td><td>04</td><td>3</td><td>车</td><td>第 1 页</td></tr>
<tr><td rowspan="7">工序图</td><td colspan="5" rowspan="7">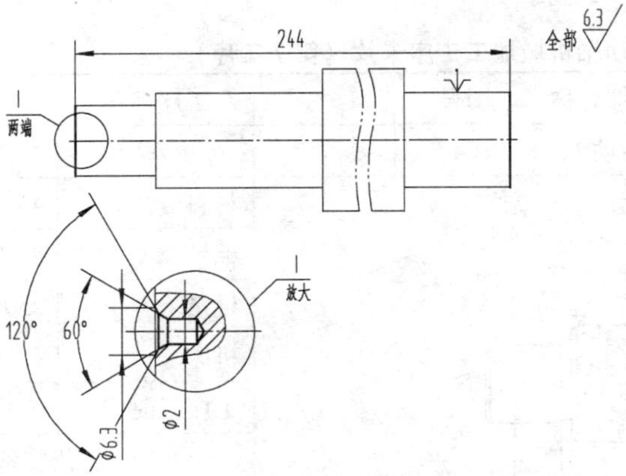
</td><td>材料</td><td>45</td></tr>
<tr><td>毛坯类型</td><td>锻件</td></tr>
<tr><td>批量</td><td>250 件/批</td></tr>
<tr><td>机床</td><td>CA6140</td></tr>
<tr><td>工序工时</td><td></td></tr>
<tr><td colspan="2">工艺装备</td></tr>
<tr><td colspan="2">中心钻 A2/6.3</td></tr>
<tr><td>工步号</td><td colspan="4">工步内容</td><td>V（m/min）</td><td>f（mm/r）</td><td>a_p（mm）</td></tr>
<tr><td>1</td><td colspan="4">车端面约 1 mm，打中心孔 A2</td><td>60</td><td>手动</td><td>1</td></tr>
<tr><td>2</td><td colspan="4">调头车端面，控制总长 244 mm，打中心孔</td><td>60</td><td>手动</td><td>1</td></tr>
<tr><td colspan="2">贵州航天职业技术学院</td><td>工艺设计</td><td colspan="3"></td><td>日期</td><td></td></tr>
</table>

表 1-24 传动轴机械加工工序卡片（第 4 工序）

机械加工工序卡片	零件名称	图号	工序号	工序名称	共 7 页
	传动轴	04	4	车	第 2 页
工序图	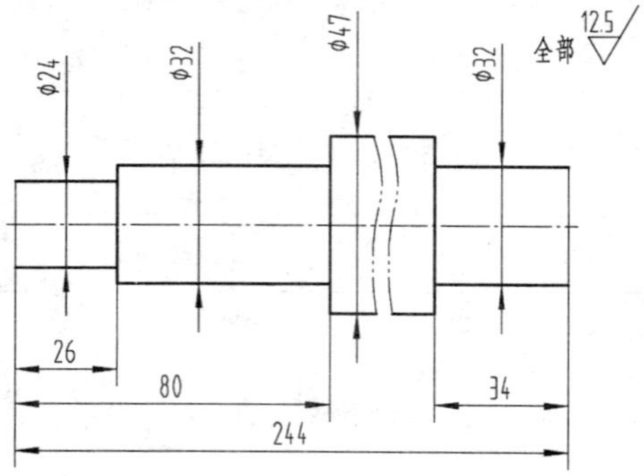			材料	45
				毛坯类型	锻件
				批量	250 件/批
				机床	CA6140
				工序工时	
				工艺装备	
				200×0.02 毫米卡尺 450×0.05 毫米卡尺 90° YT15 外圆车刀、45° YT15 端面车刀	
工步号	工步内容		V（m/min）	f（mm/r）	a_p（mm）
1	粗车全件外形至工序图要求		120	0.5	2
贵州航天职业技术学院	工艺设计			日期	

表 1-25 传动轴机械加工工序卡片（第 7 工序）

机械加工工序卡片	零件名称	图号	工序号	工序名称	共 7 页
	传动轴	04	7	车	第 3 页
工序图	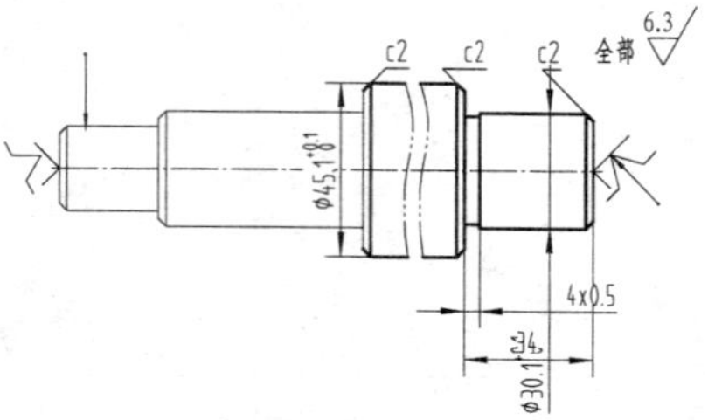			材料	45
				毛坯类型	锻件
				批量	250 件/批
				机床	CA6140
				工序工时	
				工艺装备	
				200×0.02 毫米卡尺 90°YT15 外圆车刀 45°YT15 端面车刀 退刀槽车刀	
工步号	工步内容		V（m/min）	f（mm/r）	a_p（mm）
1	精车右端外形至工序图要求，倒角 C2		120	0.5	1
贵州航天职业技术学院	工艺设计			日期	

表 1-26　传动轴机械加工工序卡片（第 8 工序）

机械加工工序卡片	零件名称	图号	工序号	工序名称	共 7 页
	传动轴	04	8	车	第 4 页

工序图		
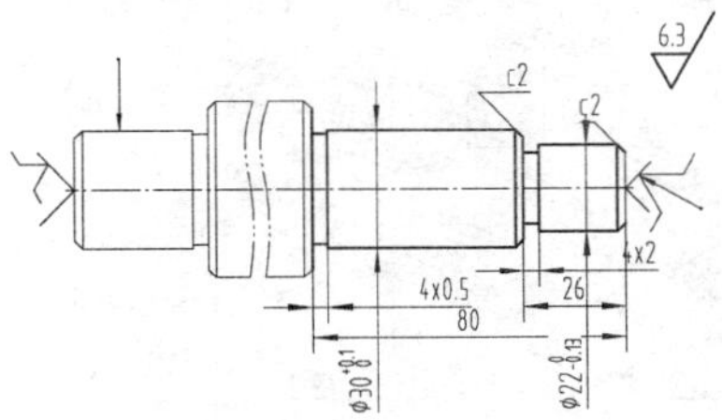	材料	45
	毛坯类型	锻件
	批量	250 件/批
	机床	CA6140
	工序工时	
	工艺装备	
	200×0.02 毫米卡尺 90°YT15 外圆车刀 45°YT15 端面车刀 退刀槽车刀	

工步号	工步内容	V（m/min）	f（mm/r）	a_p（mm）
1	精车左端外形至工序图要求，倒角 C2	120	0.25	0.2（精车）
贵州航天职业技术学院	工艺设计		日期	

表 1-27　传动轴机械加工工序卡片（第 9 工序）

机械加工工序卡片	零件名称	图号	工序号	工序名称	共 7 页
	传动轴	04	9	车	第 5 页

工序图		
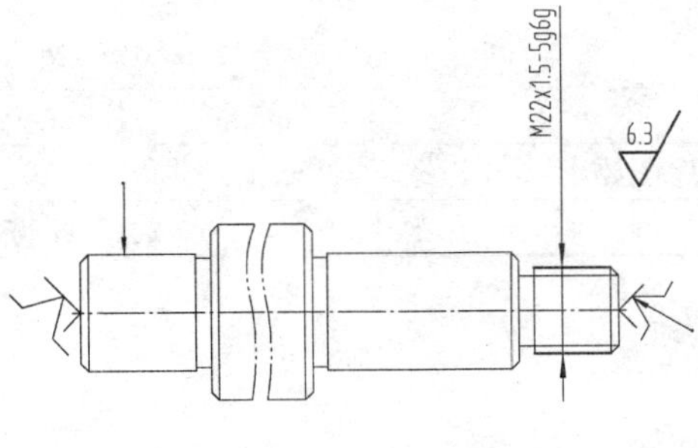	材料	45
	毛坯类型	锻件
	批量	250 件/批
	机床	CA6140
	工序工时	
	工艺装备	
	60°YT15 螺纹车刀 M22×1.5 5g6g 螺纹环规	

工步号	工步内容	V（m/min）	f（mm/r）	a_p（mm）
1	精车左端螺纹至工序图要求	45	1.5	0.2（最后一刀）
贵州航天职业技术学院	工艺设计		日期	

表 1-28 传动轴机械加工工序卡片（第 10 工序）

机械加工工序卡片		零件名称	图号	工序号	工序名称	共 7 页
		传动轴	04	10	铣	第 6 页
工序图	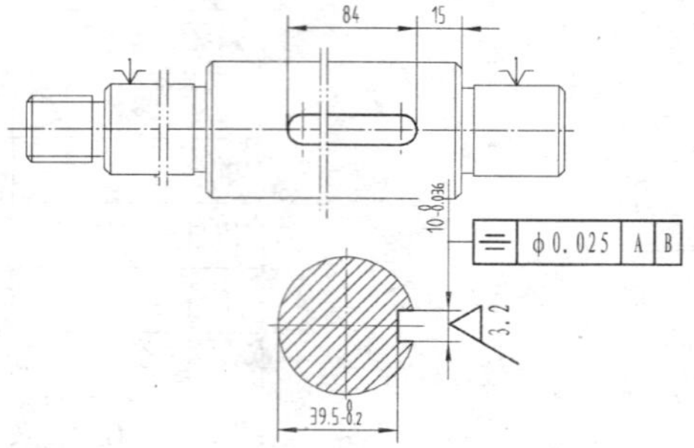				材料	45
					毛坯类型	锻件
					批量	250 件/批
					机床	X50
					工序工时	
					工艺装备	
					200×0.02 毫米卡尺 10 mm 键槽铣刀 10H9mm 键槽综合量规	
工步号	工步内容			V（m/min）	f（mm/min）	a_p（mm）
1	铣键槽至工序图要求			24	60	5.5
贵州航天职业技术学院	工艺设计				日期	

表 1-29 传动轴机械加工工序卡片（第 11 工序）

机械加工工序卡片		零件名称	图号	工序号	工序名称	共 7 页
		传动轴	04	11	磨	第 7 页
工序图	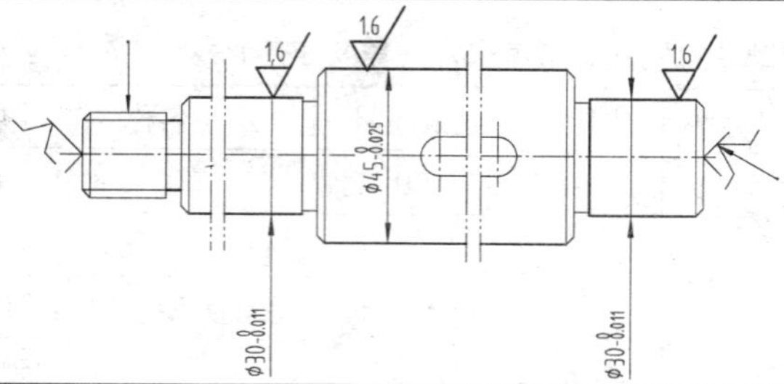				材料	45
					毛坯类型	锻件
					批量	250 件/批
					机床	M1432A
					工序工时	
					工艺装备	
					25～50 mm 外径千分尺	
工步号	工步内容			V（m/min）	f（mm/min）	a_p（mm）
1	磨削三处 Ra 为 1.6 的外圆至工序图要求			35m/s	120	0.1
贵州航天职业技术学院	工艺设计				日期	

五、工装设计

1. 检验工序的设计

在本例中，检验按零件图纸检测，其中同轴度的检测可用同轴度检查仪。

2. 夹具设计

本零件加工采用通用夹具，不必设计专用夹具。

项目1.5 曲轴

一、曲轴零件图

单拐曲轴的零件图如图1-15所示。

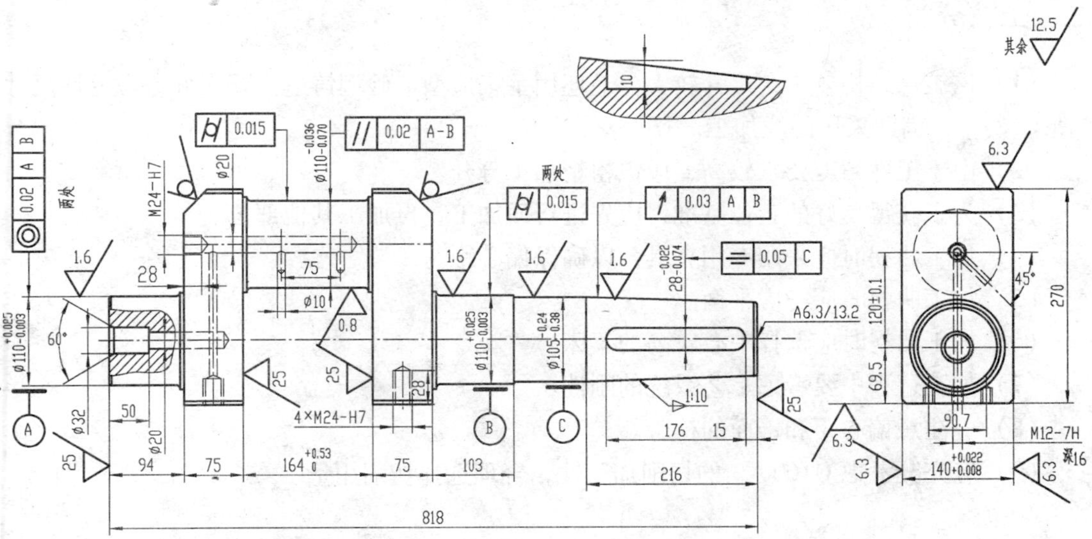

技术要求

1. 1∶10锥面用标准量规涂色检查，接触面积大于85%.
2. 清除油孔中切屑.
3. 未注倒角C1.
4. 顶尖孔：A6.3×13.2.

图1-15 单拐曲轴零件图

零件图样分析如下。

（1）曲轴的曲拐与主轴偏心120±0.01 mm，加工时要注意平衡。

（2）轴径$\phi110^{+0.025}_{+0.003}$ mm与拐径$\phi110^{-0.036}_{-0.071}$ mm的圆度公差为0.015 mm。

（3）键槽$28^{-0.022}_{-0.074}\times176$ mm对1∶10锥度轴心线的对称度公差为0.05 mm。

（4）两个轴径$\phi110^{+0.025}_{+0.003}$ mm的同轴度公差为ϕ0.02 mm。

（5）拐径$\phi110^{-0.036}_{-0.071}$ mm轴线对A—B轴线的平行度公差为ϕ0.02 mm。

(6) 1∶10 锥体轴线对 A—B 轴线的圆跳动公差为 0.03 mm。
(7) 各转角处均采用光滑圆弧连接，以减小应力集中。
(8) 1∶10 锥体进行涂色检验，接触面积不小于 85%。
(9) 清除各油孔中的杂物。
(10) 工件材料为 QT600-3。
曲轴毛坯图略。

二、工艺分析

(1) 该工件结构复杂，尺寸较大，毛坯用手工造型、砂型铸造。要充分考虑毛坯尺寸和形状误差，因此采用画线加工。
(2) 由于工件精度要求较高，应该粗精加工分开。
(3) 为了获得良好的定位基准，应先进行面加工，再加工其他部位。
(4) 加工曲拐时应采用专用夹具，以确保偏心距。
(5) 加工曲拐时应考虑平衡。
(6) 加工曲拐时应选择中心较高的车床。
(7) 加工过程中要考虑工艺系统的刚性。
(8) 应注意偏心距和锥面的检验。
(9) 应充分考虑 QT600-3 的切削加工性，合理选择切削用量。

三、工艺编制

曲轴零件的机械加工工艺过程内容详见表 1-30，本例各工序卡从略。

表 1-30 曲轴机械加工工艺过程卡片

机械加工工艺过程卡片			零件名称	图号	材料	件数	毛坯类型	毛坯尺寸
			曲轴	06	QT600-3	100 件/批	铸件	—
工序号	工序名称	工序内容				机床	工艺装备	
1	铸造	手工砂型铸造						
2	清砂	清砂、去浇冒口						
3	热处理	人工时效						
4	油漆	非加工表面涂红色防锈底漆						

（续表）

工序号	工序名称	工序内容	机床	工艺装备
5	钳	找正工件，画连接板加工线、主轴颈中心孔线		各种画线工具、量具
6	铣	以主轴颈在V形块上定位，按画线找正，铣削连接板：75 mm × 270 mm × 140 mm，尺寸270和140各留加工余量3 mm	X53	YG6端铣刀，300 × 0.05毫米游标卡尺，300 mm钢板尺，V形块，千斤顶
7	镗	以连接板为定位基准，找正画线，铣两端端面，见光即可，打中心孔A6.3	T68	A6.3中心钻、端面镗刀
8	车	顶车主轴颈和1∶10锥面，各表面留加工余量5 mm	专用车床	90°YG6外圆车刀，300 × 0.05毫米游标卡尺，300 mm钢板尺
9	检验	超声波探伤		超声波探伤仪
10	车	（1）夹1∶10锥面，中心架支承$\phi110^{+0.025}_{+0.003}$ mm端，车端面和连接板左侧面至画线处，保证尺寸94 mm，钻油孔$\phi20$和油嘴孔$\phi32$，60°锥面，保证孔深度尺寸； （2）夹$\phi110^{+0.025}_{+0.003}$ mm端，中心架支承1∶10锥面端，车端面，保证总长818 mm，重打中心孔A6.3	专用车床	45°YG6端面车刀，300 × 0.05毫米游标卡尺、300 mm钢板尺，1 000 × 0.05毫米游标卡尺
11	车	两顶尖孔定位，顶车主轴颈各部，将1∶10锥面车成与主轴颈尺寸相同的圆柱面。两$\phi110^{+0.025}_{+0.003}$ mm主轴颈车至$\phi112^{0}_{-0.035}$ mm（工艺用尺寸），轴向车至连接板画线处	专用车床	100～125 mm外径千分尺
12	车	以两$\phi112^{0}_{-0.035}$ mm外圆在专用车偏心夹具上定位，车曲拐拐径和连接板内侧至图纸尺寸$164^{+0.53}_{0}$；拐径车至$\phi110.60 \pm 0.10$ mm	专用车床	90°YG6左右外圆车刀，300 × 0.05毫米游标卡尺，300 mm钢板尺
13	检验	磁力探伤曲拐部位		
14	车	（1）顶车两端主轴颈至$\phi110.5 \pm 0.05$ mm； （2）车1∶10锥面，大端至$\phi105.50 \pm 0.05$ mm	专用车床	90°YG6外圆车刀 100～125 mm外径千分尺
15	铣	铣1∶10锥面上的键槽至图纸尺寸	X53	28键槽铣刀

（续表）

工序号	工序名称	工序内容	机床	工艺装备
16	磨	（1）两 $\phi110^{+0.025}_{+0.003}$ mm 主轴颈及圆弧至图纸尺寸； （2）磨 1∶10 锥面至图纸尺寸	M1432	100～125 mm 外径千分尺 外锥量规
17	磨	磨拐径 $\phi110^{-0.036}_{-0.071}$ mm 及圆弧至图纸尺寸	M8260	100～125 mm 外径千分尺
18	铣	铣连接板至图纸尺寸	X53	300×0.05 毫米游标卡尺 YG6 端铣刀
19	钳	（1）画线：画各油孔、螺孔加工线； （2）钻各油孔、钻攻各螺孔； （3）倒角、去毛刺	Z50	相应规格麻花钻、丝锥、钻斜孔夹具
20	检验	照图检验各部位尺寸和技术要求		
21	入库	涂油入库		
贵州航天职业技术学院	工艺设计	日期		共 1 页　第 1 页

四、工装设计

在曲轴的加工过程中，曲拐的加工是难点，因此，偏心夹具设计是重点。图 1-16 为设计的曲轴曲拐车夹具。

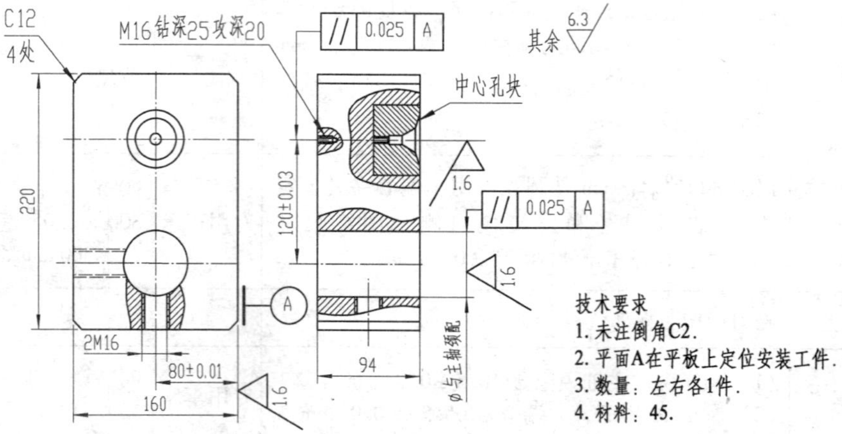

图 1-16　车曲拐偏心夹具

以工件的主轴颈为定位基准在夹具相应的孔中定位，并用2个M16螺钉压紧。工件在夹具中的安装必须在平板上完成，如图1-17所示。

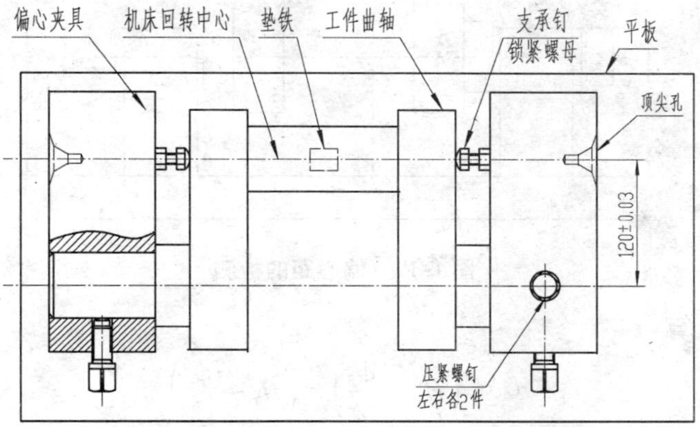

图1-17　工件安装示意

具体操作步骤如下：

（1）将夹具装在曲轴的主轴颈上，不拧紧螺钉；

（2）将夹具和曲轴一起置于平板上；

（3）在曲轴的曲拐下放置一特定的垫铁，垫铁厚度 $h=80-$ 曲拐半径，如图1-18所示；

（4）拧紧螺钉。

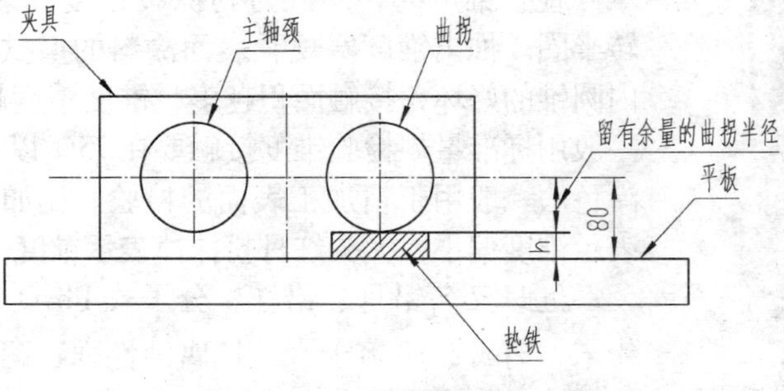

图1-18　垫铁厚度的计算

五、偏心距的检验

曲轴偏心距的检验方法如图1-19所示。

将等高V形块置于平板上，以曲轴主轴颈为测量基准，对测量数据进行计算即可得曲轴偏心距。要注意的是，在检验时，要用百分表找出曲拐的最高点，否则所测数据不准确。

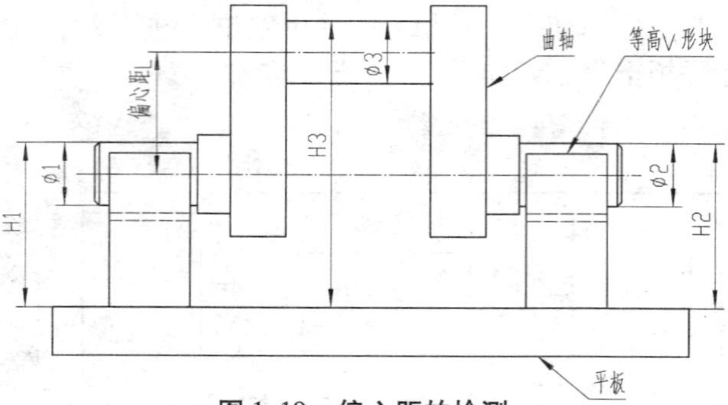

图 1-19 偏心距的检测

偏心距 L 的计算：

$$L = \left(H_3 - \frac{\phi_3}{2}\right) - \left(H_1 - \frac{\phi_1}{2}\right)$$

知识衔接一

锥度环塞规及涂色法

锥度环塞规主要用于检验产品的外锥度和接触率，属于专用综合检具。由于锥度环塞规的设计和检测都比较简单，故在工件测量中得到普遍使用。检测时，常用涂色法（也称接触斑点检测法）。

图 1-20 锥度环规和塞规

检查锥度时，用红丹粉涂在锥度孔表面，用塞规套上，转半圈。抽出锥度塞规看表面涂料的擦拭痕迹，由此来判断内圆锥的好坏，接触面积越多，锥度精度越高，反之则不高。一般用标准量规检验锥度接触要在 75% 以上，而且靠近大端，涂色法一般用于精加工表面的检验。比如小头红丹粉被抹掉表示锥度偏小，大头红丹粉抹掉表示锥度偏大。

红丹又名铅丹、铅红，分子式 Pb_3O_4，是红橙色的结晶粉末，有毒。不溶于水，抗腐蚀性强，耐高温，但不耐酸。

涂料除了红丹粉，还有蓝油。蓝油的膜比较薄，而红丹粉较厚，所以对于渗碳淬火磨齿的高精度齿轮，一般使用蓝油来检验接触斑点，红丹粉无法反映高精度齿轮的啮合情况。

在大批量生产中，还有用到气动测微仪来测量孔及锥度的。它的原理是以空气为介质，利用空气流动时的特性进行几何量测量，适用于精密测量，测量时测头不接触被测件表面，减少测力对测量结果的影响，避免划伤被测件表面。锥度的变化可以通过两个不同喷嘴面直径的特殊测头由气动量仪方便地测量。

知识衔接二

正弦规及其使用

采用涂色法检验工件锥度无法获得准确的数据，运用正弦规检测则能获得需要的准确数据。

正弦规是利用正弦定义测量角度和锥度等的量规，也称正弦尺。它主要由一钢制长方体和固定在其两端的两个相同直径的钢圆柱体组成。两圆柱的轴心线距离 L 一般为 100 毫米或 200 毫米。如图 1-21 所示。

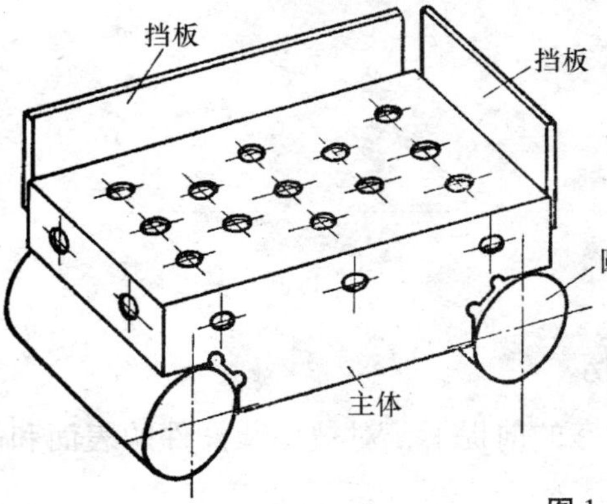

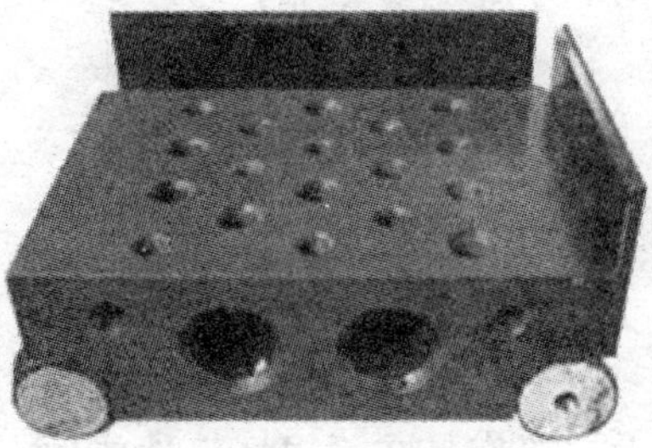

图 1-21　正弦规

图 1-22（a）表示用正弦规测量圆锥塞规的情况。在直角三角形中，$\sin\alpha = H/L$，式

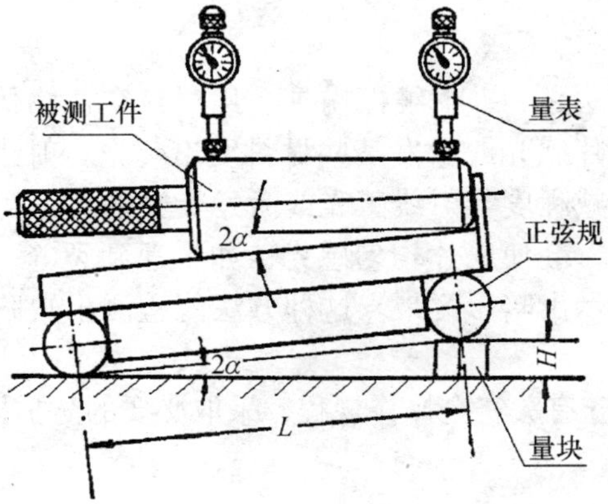

(a)

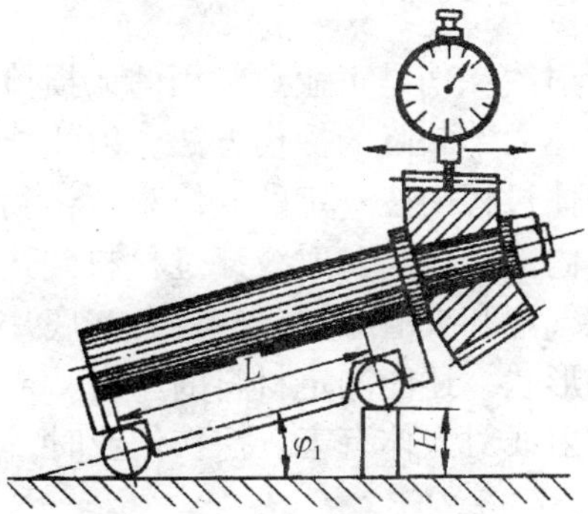

(b)

图 1-22　正弦规的使用

中 H 为量块组尺寸，按被测角度的公称角度算得。根据测微仪在两端的示值之差可求得被测角度的误差。正弦规一般用于测量小于45°的角度，在测量小于30°的角度时，精确度可达3″～5″。正弦规是一种精密量仪，使用量块按正弦原理组成标准角，用以在水平方向按微差比较方式测量工件角度和内、外锥体。精度有0级，1级。

图1-2（b）为锥齿轮的锥角检验。节锥是一个假想的圆锥，直接测量节锥角有困难，通常以测量根锥角 δ_f 值来代替。用正弦规测量，将锥齿轮套在心轴上，心轴置于正弦规上，将正弦规垫起一个根锥角 δ_f，然后用百分表测量齿轮大小端的齿根部即可。根据根锥角 δ_f 值计算应垫起的量块高度 H

$$H = L\sin\delta_f$$

式中：H—量块高度；

L—正弦规两圆柱的中心距；

δ_f—锥齿轮的根锥角。

知识衔接三

无损探伤

无损探伤是在不损坏工件或原材料工作状态的前提下，对被检验部件的表面和内部质量进行检查的一种测试手段。

常用的无损探伤方法有X光射线探伤、超声波探伤、磁粉探伤、渗透探伤、涡流探伤、γ射线探伤、萤光探伤、着色探伤等方法。

1. 射线探伤

射线探伤是工业上常用的无损检测方法之一。射线探伤是利用射线穿透物体来发现物体内部缺陷的探伤方法。射线能使胶片感光或激发某些材料发出荧光。射线在穿透物体过程中按一定的规律衰减，利用衰减程度与射线感光或激发荧光的关系可检查物体内部的缺陷。射线穿过材料到达底片，会使底片均匀感光；如果遇到裂缝、洞孔以及气泡和夹渣等缺陷，将会在底片上显示出暗影区来。这种方法能检测出缺陷的大小和形状，还能测定材料的厚度。

射线对人体有害。探伤作业时，应遵守有关安全操作规程，采取必要的防护措施。

2. 超声波探伤

超声波探伤是利用超声能透入金属材料的深处，并由一截面进入另一截面时，在界面边缘发生反射的特点来检查零件缺陷的一种方法。超声波束自零件表面由探头通至金属内部，在遇到缺陷与零件底面时就分别产生反射波，在荧光屏上形成脉冲波形，根据这些脉冲波形来判断缺陷位置和大小。超声波探伤仪如图1-23所示。

现在广泛采用的是观测声脉冲在材料中反射情况的超声脉冲反射法，此外还有观测穿过材料后的入射声波振幅变化的穿透法等。常用的频率在0.5～5 MHz之间。

根据仪器示波屏上反射信号的有无、反射信号和入射信号的时间间隔、反射信号的高度，可确定反射面的有无、其所在位置及相对大小。

超声波法同其他无损检验方法相比主要优点是：

① 穿透能力强，探测深度可达数米；

② 灵敏度高，可发现与直径约十分之几毫米的空气隙反射能力相当的反射体；

③ 在确定内部反射体的位向、大小、形状及性质等方面较为准确；

④ 仅须从一面接近被检验的物体；

⑤ 可立即提供缺陷检验结果；

⑥ 操作安全，设备轻便。

主要缺点是：

① 要由有经验的人员谨慎操作；

② 难以检查粗糙、形状不规则、小、薄或非均质材料；

③ 对所发现缺陷作十分准确的定性、定量表征仍有困难。

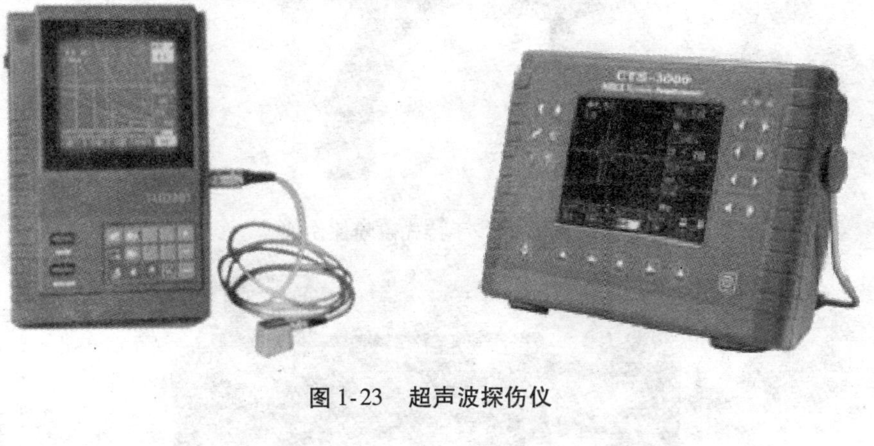

图1-23　超声波探伤仪

3．磁粉探伤

磁粉探伤的基本原理是铁磁性材料工件被磁化后，由于不连续性的存在，使工件表面和近表面的磁力线发生局部畸变而产生漏磁场，吸附施加在工件表面的磁场，在合适的光照下形成目视可见的磁痕，从而显示出不连续性的位置、大小、形状和严重程度。

磁粉探伤的特点是磁粉探伤设备简单、操作容易、检验迅速、具有较高的探伤灵敏度，可用来发现铁磁材料镍、钴及其合金、碳素钢及某些合金钢的表面或近表面的缺陷。它适于薄壁件或焊缝表面裂纹的检验，也能显露出一定深度和大小的未焊透缺陷；但难于发现气孔、夹碴及隐藏在焊缝深处的缺陷。

要注意的是某些零件在磁粉探伤后要退磁，因为某些转动部件的剩磁将会吸引铁屑而使部件在转动中产生摩擦损坏，如轴类轴承等。某些零件的剩磁将会使附近的仪表指示失常。因此某些零件在磁粉探伤后必须要退磁处理。

磁粉探伤机是根据磁化原理设计而成的，其周向磁化采用交流电，纵向磁化采用直流电，用于检验铁磁性材料制成的零件，适用于各种几何形状，可以发现零件表面因锻压、淬火、研磨、疲劳裂痕以及夹渣等细微的缺陷。但是深入零件表面的缺陷不能利用此法检查。磁粉探伤仪如图 1-24、图 1-25 所示。

图 1-24　手持式磁粉探伤仪

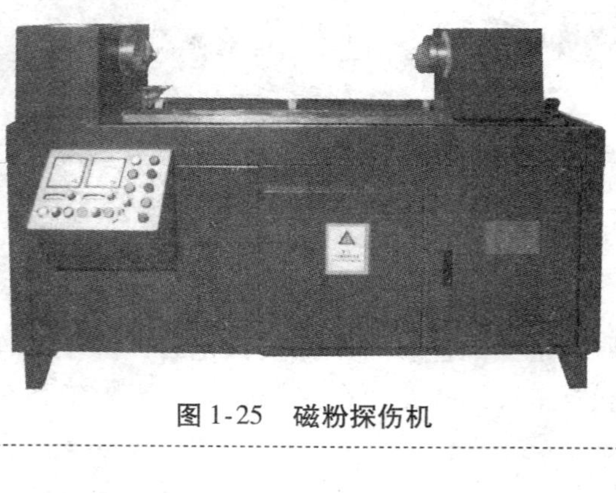

图 1-25　磁粉探伤机

单元2　盘套类零件加工

一、盘套类零件概述

1. 盘套类零件的功用和结构特点

盘套类零件是机器上常用的一种零件，如轴套、缸套、轴承盖、盘形齿轮等。常见的盘套类零件如图2-1所示。盘套类零件在机器中一般起导向和支承作用。

盘套类零件根据直径 D 和长度 L 不同可分为套类零件和盘类零件。$D/L>1$ 称为盘类零件，如法兰盘、轴承盖、盘类齿轮等；$L/D>1$ 称为套类零件，如轴套、衬套、缸套等。

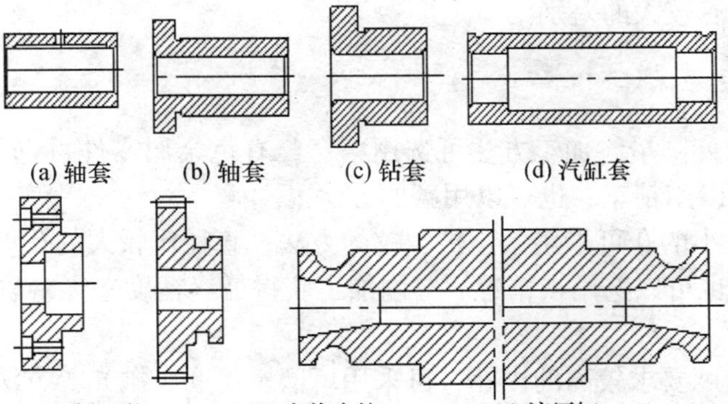

(a) 轴套　(b) 轴套　(c) 钻套　(d) 汽缸套

(e) 轴承盖　(f) 盘状齿轮　(g) 液压缸

图2-1　盘套类零件示意图

2. 盘套类零件的技术要求

(1) 内孔与外圆的技术要求。

盘套类零件的外圆常以过盈配合或过渡配合与箱体或机架的孔相配合，用以支承传动件。其尺寸精度一般为IT6～IT7，表面粗糙度一般为 $Ra5\sim0.63\ \mu m$。

盘套类零件的内孔是起支承作用和导向作用的重要表面，通常与转动着的轴、刀具、镗杆或活塞相配合，并有径向或轴向相对运动。内孔尺寸精度一般为IT6～IT7。如果密封装置较好，精度可适当降低，一般为IT8～IT9。表面粗糙度一般为 $Ra2.5\sim0.16\ \mu m$。

（2）形状和位置精度要求。

通常将外圆和内孔的形状精度控制在直径公差范围之内，较精密的零件可控制在直径公差的1/2～1/3范围内。

盘套类零件一般要提出内外圆的同轴度要求，一般为0.01～0.05 mm范围内。如果内外圆一方无配合要求，则可不提出同轴度要求。

盘套类零件如果需要承受轴向载荷时，端面相对内孔轴线应提出垂直度要求，一般为0.02～0.05 mm范围内。

（3）盘套类零件的材料及毛坯。

盘套类零件的毛坯一般要视其结构、尺寸、材料种类和生产批量而定。如果孔径较大，一般选用带孔的铸锻件或无缝钢管。孔径较小时可选用棒料或实心铸锻件。大批量生产时为节约原材料，提高劳动效率，可以采用冷挤压、粉末冶金等先进工艺制造。

二、盘套类零件的工艺分析

盘套类零件按其功用、结构形状、尺寸大小、材料、热处理方式不同，在加工工艺、定位与加工方法上有较大的差别。

1. 内外圆精度的保证

（1）比较短的外圆最终加工方法可选用精车，有色金属零件可选用高速细车的方法；比较长的外圆既可以用精车，也可以用磨的方法。

（2）直径比较小的孔可采用钻、扩、铰的方法；直径比较大的孔可以在车床上精镗获得最终精度。大孔也可以选用半精镗后磨削加工获得最终精度。无台阶的通孔还可采用浮动镗获得最终精度。

（3）表面粗糙度要求较高的内孔，可采用珩磨、研磨、抛光等方法。

2. 形位精度的保证

（1）如果结构允许，内外圆最好采用一次装夹加工出，否则应设计专用心轴，以孔定位精加工外圆来保证同轴度。

（2）对于较长的工件，多采用夹一端，中心架支承另一端加工孔，然后以加工后的孔两端用堵头或心轴装夹加工外圆。

（3）加工薄壁盘套类零件时，应采取措施防止夹紧变形。一般用可涨心轴定位，端面压紧。如果结构不允许，则应采取减小夹紧力或分散夹紧力的方法。如采用宽爪、增加夹紧套或在孔内安装配合较紧的短心轴。

项目 2.1　端盖

一、端盖零件图

端盖零件图如图 2-2 所示。

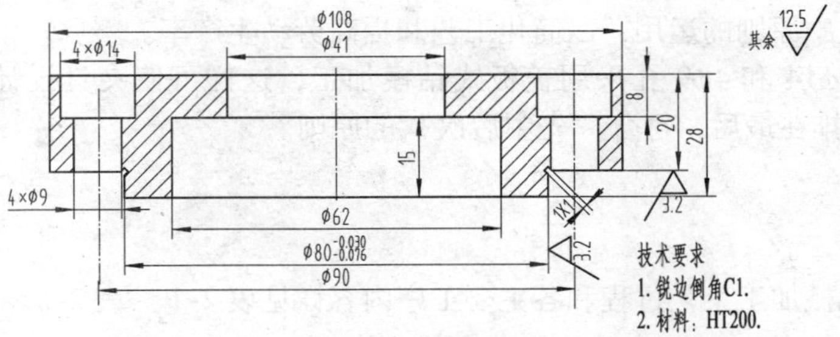

图 2-2　端盖零件图

零件图样分析如下。

（1）图 2-2 中以 $\phi80_{-0.076}^{-0.030}$ mm 外圆为最高精度（IT8）表面，表面粗糙度为 3.2 μm。

（2）工件材料为 HT200，只能通过铸造获得毛坯。由于生产类型为中小批生产，为确保质量和劳动生产率，采用金属模机器造型。

（3）零件无热处理要求，故加工过程中不转序。

（4）工件内孔大于 30 mm，故 $\phi41$ 和 $\phi62$ mm 内孔均铸出毛坯孔。$\phi80_{-0.076}^{-0.030}$ mm 外圆因为较短（仅 8 mm），毛坯无需铸出此台阶。

二、端盖毛坯图

端盖毛坯图如图 2-3 所示。

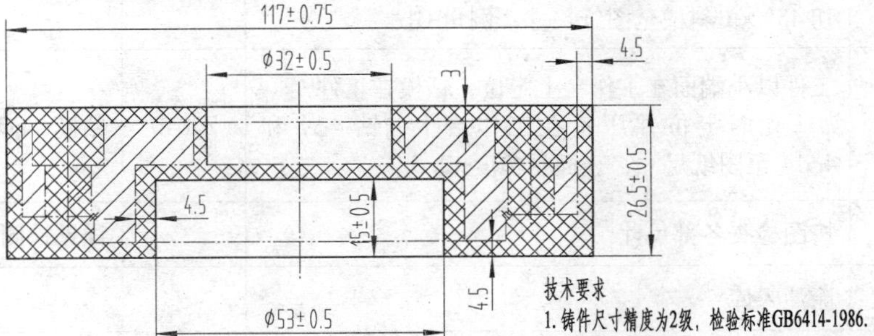

图 2-3　端盖毛坯图

三、工艺分析

(1) 从零件图可以看出，该零件轴向基准为大端面，故根据“基准先行”的原则应先从大端进行加工。

(2) 零件属盘套类零件，有圈套的径向尺寸，装夹工件时应考虑端面定位。

(3) 零件用材为 HT200，有较好的切削加工性，发热量较小，且零件加工精度不算太高，可考虑工序集中原则的运用，以简化工艺和提高劳动生产率。

(4) 零件上 4ϕ14 和 4ϕ9 孔采用盖板式钻模加工，这样可使夹具设计简单，操作方便。4 孔的加工安排在最后，符合“先主后次”的原则。

四、工艺编制

端盖零件的机械加工工艺过程和各主要工序内容详见表 2-1～表 2-5。

表 2-1　端盖机械加工工艺过程卡片

<table>
<tr><td colspan="3" rowspan="2">机械加工工艺过程卡片</td><td>零件名称</td><td>图号</td><td>材料</td><td>件数</td><td>毛坯类型</td><td>毛坯尺寸</td></tr>
<tr><td>端盖</td><td>01</td><td>HT200</td><td>300 件/批</td><td>铸件</td><td>$\phi117\times26.5$</td></tr>
<tr><td>工序号</td><td>工序名称</td><td colspan="4">工序内容</td><td>机床</td><td colspan="2">工艺装备</td></tr>
<tr><td>1</td><td>铸造</td><td colspan="4">金属模机器造型</td><td></td><td colspan="2"></td></tr>
<tr><td>2</td><td>车</td><td colspan="4">夹 $\phi80_{-0.076}^{-0.030}$ 外圆端，车大平面，车平即可，车 ϕ108 mm 外圆和 ϕ41 内孔至图纸尺寸，表面粗糙度 12.5，各处倒角 C1</td><td rowspan="2">CA6140</td><td colspan="2" rowspan="2">45°、90° YG6 端面，外圆及内孔车刀。125 × 0.02 毫米游标卡尺，150 mm 钢板尺</td></tr>
<tr><td>3</td><td>车</td><td colspan="4">以 ϕ108 mm 外圆及大端面定位并夹紧，车小端面至图纸尺寸：8 + 15 = 23（mm），车 ϕ62 内孔至图纸尺寸，保证深度 15 mm，车 $\phi80_{-0.076}^{-0.030}$ 外圆至图纸尺寸，保证长度 18 mm，表面粗糙度 3.2；切 45° ×1 斜槽至图纸尺寸；倒角 C1</td></tr>
<tr><td>4</td><td>钻</td><td colspan="4">工件以小端面在工作台上定位，钻模在工件 ϕ41 孔内定位并压紧在工作台上，钻 4ϕ9 和 4ϕ14 至图纸尺寸，表面粗糙度 12.5</td><td>Z3040</td><td colspan="2">钻模，ϕ9、ϕ14 麻花钻</td></tr>
<tr><td>5</td><td>检验</td><td colspan="4">按图检查各部尺寸</td><td></td><td colspan="2">详见检测工序图</td></tr>
<tr><td>6</td><td>入库</td><td colspan="4">涂油入库</td><td></td><td colspan="2"></td></tr>
<tr><td colspan="2">贵州航天职业技术学院</td><td>工艺设计</td><td colspan="2"></td><td>日期</td><td></td><td>共 1 页</td><td>第 1 页</td></tr>
</table>

表 2-2　端盖机械加工工序卡片（第 2 工序）

机械加工工序卡片	零件名称	图号	工序号	工序名称	共 4 页
	端盖	01	2	车	第 1 页

工序图		
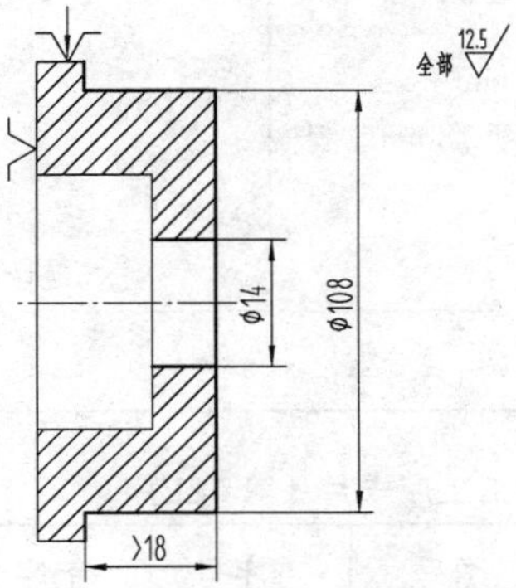	材料	HT200
	毛坯类型	铸件
	批量	300 件/批
	机床	CA6140
	工序工时	
	工艺装备	
	45°、90° YG6 端面，外圆及内孔车刀，200 × 0.02 毫米游标卡尺，150 mm 钢板尺	

工步号	工步内容	V（m/min）	f（mm/r）	a_p（mm）
1	夹 $\phi80_{-0.076}^{-0.030}$ 外圆端，车大平面，车平即可，车 $\phi108$ mm 外圆和 $\phi41$ 内孔至图纸尺寸，保证长度大于 18 mm；表面粗糙度 12.5，各处倒角 C1	100	0.51	
贵州航天职业技术学院	工艺设计		日期	

表 2-3　端盖机械加工工序卡片（第 3 工序）

机械加工工序卡片	零件名称	图号	工序号	工序名称	共 4 页
	端盖	01	3	车	第 2 页

工序图		
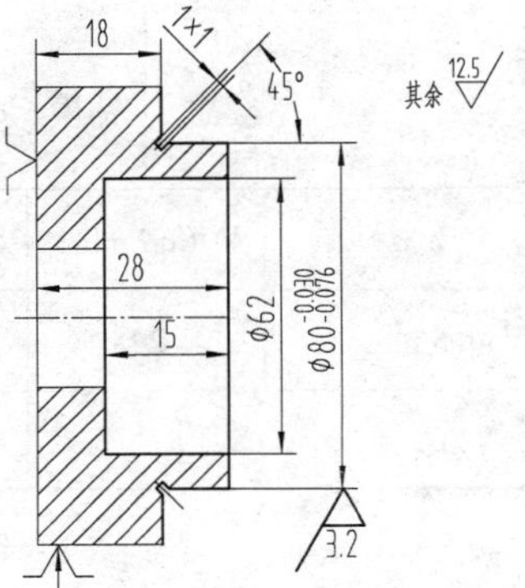	材料	HT200
	毛坯类型	铸件
	批量	300/批
	机床	CA6140
	工序工时	
	工艺装备	
	45°，90° YG6 端面外圆及内孔车刀，200 × 0.02 毫米游标卡尺，150 mm 钢板尺，高速钢 1 mm宽切槽刀	

（续表）

工步号	工步内容	V（m/min）	f（mm/r）	a_p（mm）
1	以 ϕ108 mm 外圆及大端面定位并夹紧，车小端面保证尺寸 28； 车 ϕ62 内孔至图纸尺寸，保证深度 15 mm； 车 $\phi80^{-0.030}_{-0.076}$外圆至图纸尺寸，保证长度 18 mm，表面粗糙度 3.2； 切 45°×1 斜槽至图纸尺寸，倒角 C1	100	0.51	
贵州航天职业技术学院	工艺设计		日期	

表 2-4　端盖机械加工工序卡片（第 4 工序）

<table>
<tr><td colspan="2" rowspan="2">机械加工工序卡片</td><td>零件名称</td><td>图号</td><td>工序号</td><td>工序名称</td><td>共 4 页</td></tr>
<tr><td>端盖</td><td>01</td><td>4</td><td>钻</td><td>第 3 页</td></tr>
<tr><td rowspan="7">工序图</td><td colspan="4" rowspan="7">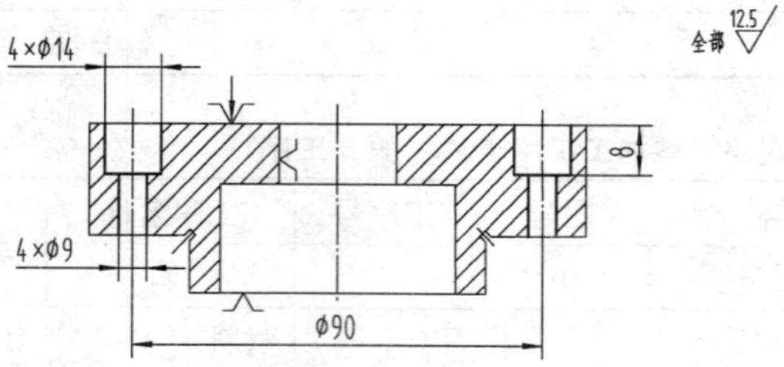
</td><td>材料</td><td>HT200</td></tr>
<tr><td>毛坯类型</td><td>铸件</td></tr>
<tr><td>批量</td><td>300/批</td></tr>
<tr><td>机床</td><td>CA6140</td></tr>
<tr><td>工序工时</td><td></td></tr>
<tr><td colspan="2">工艺装备</td></tr>
<tr><td colspan="2">钻模，φ9、φ14 锪孔钻</td></tr>
</table>

工步号	工步内容	V（m/min）	f（mm/r）	a_p（mm）
1	钻 4-ϕ9 和 4-ϕ14 至图纸尺寸，保证尺寸 8 mm	24	0.51	4.5/2.5
贵州航天职业技术学院	工艺设计		日期	

表 2-5　端盖机械加工检验工序卡片（第 5 工序）

检验工序卡片		零件名称	图号	工序号	工序名称	共　1　页
		端盖	01	5	检验	第　1　页
工序图	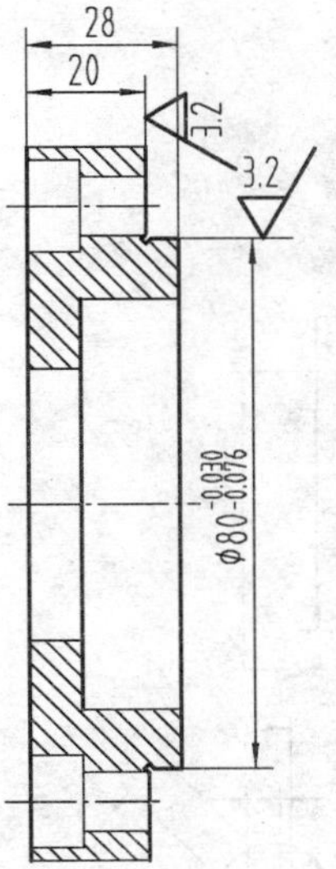			材料	毛坯类型	批量
				HT200	铸件	300/批
				检验项目	工艺装备	
				$\phi80^{-0.030}_{-0.076}$、28、20、表面粗糙度	75～100 mm 千分尺，125 × 0.02 毫米游标卡尺，表面粗糙度样板	
				工序工时		
				说明		
贵州航天职业技术学院	设计				日期	

五、工装夹具

工序 4 钻床夹具如图 2-4 所示。

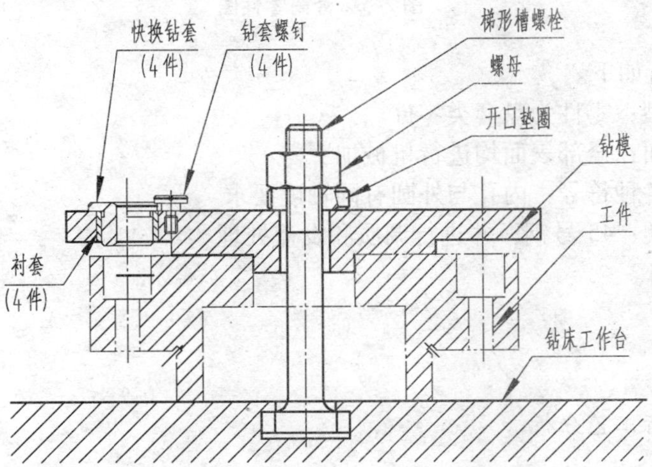

图 2-4　工序 4 钻床夹具

项目 2.2　套筒

一、套筒零件图

套筒零件图如图 2-5 所示。

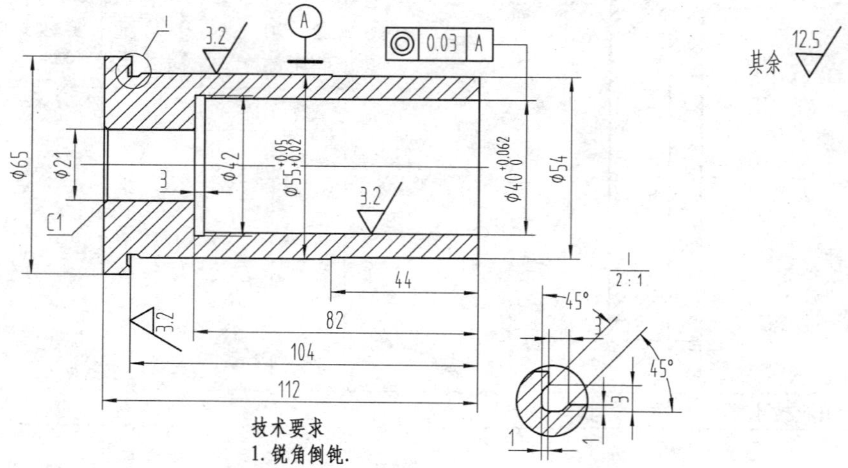

技术要求
1. 锐角倒钝.
2. 发蓝处理.
3. 调质28～32HRC.
4. 未注尺寸公差按GB1804-79IT12级精度.
5. 材料：45号钢.

图 2-5　套筒零件图

零件图样分析如下。

（1）零件类型：零件为盘套类零件。

（2）加工表面：全部表面均进行机械加工。

（3）投影及各种符号：内孔与外圆有同轴度要求。

（4）材料种类：45 号钢，并进行调质和发蓝处理。

套筒毛坯图略。

二、工艺分析

1. 对零件进行工艺分析

（1）确定毛坯。毛坯采用棒料下料，套筒零件下料图如图 2-6 所示。按一根棒料下 3

个工件计：

① 单件毛坯尺寸为 $\phi70\times118$；

② 棒料尺寸为 $\phi70\times(118+3)\times3$，即为 $\phi70\times363$（棒料不宜选择太长）。

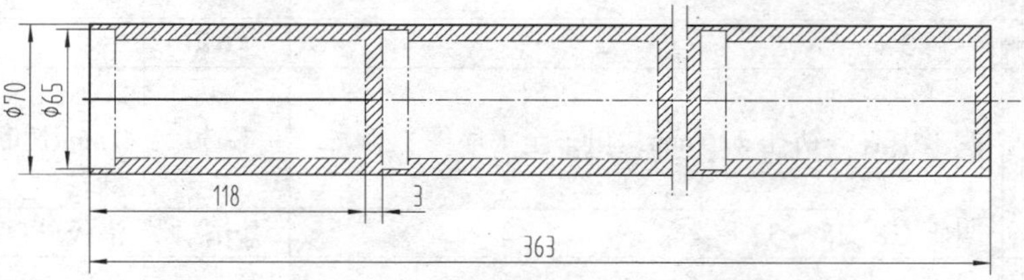

图 2-6　套筒零件下料图

（2）热处理要求：45 钢调质处理 HRC28～32，最终进行表面发蓝处理。

（3）加工要求：内孔 $\phi40_{0}^{+0.062}$ mm 及外圆 $\phi55_{+0.02}^{+0.05}$ mm 有公差要求，是主要的加工表面，而且相互之间还有同轴度要求，表面粗糙度 3.2 μm 处是主要加工表面，12.5 μm 处的是一般要求表面。

（4）加工方法选择：车。

① 加工方案确定：根据加工精度和表面粗糙度要求，最终加工方法可确定为精车，但考虑中批生产，在保证质量的前提下还应该达到一定的生产率，故加工方案确定为：下料——粗车——调质——半精车——精车——发蓝。

② 加工难点分析：保证同轴度的要求，及尺寸公差；注意孔深 82 mm。

（5）零件材料的切削加工性分析：45 号钢为常用的材料，其有较好的切削加工性，尤其是经过调质的 45 号钢，有较好的综合机械性能。45 号钢是衡量金属材料切削加工性的标志性材料。

（6）切削液的选择和使用：采用乳化液。

（7）其他：退刀槽的加工。

2. 工艺装备的确定

（1）机床：CA6140 及相关机床附件。

（2）刀具：45°端面（倒角）车刀、90°内、外圆车刀、3 mm 切断车刀、$\phi16$ mm 麻花钻、$\phi40_{0}^{+0.062}$ 机用铰刀。

（3）量具：200 ×0.02 毫米游标卡尺、$\phi40_{0}^{+0.062}$ 光滑极限量规、150 mm 钢板尺。

（4）工具：莫氏锥套。

三、工艺编制

套筒零件的机械加工工艺过程和各主要工序内容详见表 2-6～表 2-9。

表 2-6 套筒机械加工工艺过程卡片

<table>
<tr><td colspan="3" rowspan="2">机械加工工艺过程卡片</td><td>零件名称</td><td>图号</td><td>材料</td><td>件数</td><td>毛坯类型</td><td>毛坯尺寸</td></tr>
<tr><td>套筒</td><td>02</td><td>45 钢</td><td>249 件/批</td><td>棒料</td><td>$\phi70\times118$</td></tr>
<tr><td>工序号</td><td>工序名称</td><td colspan="4">工序内容</td><td>机床</td><td colspan="2">工艺装备</td></tr>
<tr><td>1</td><td>下料</td><td colspan="4">一料 3 件</td><td>C630</td><td colspan="2"></td></tr>
<tr><td>2</td><td>粗车</td><td colspan="4">找正中心，钻孔 $\phi16$ mm，粗车至工序图</td><td>C630</td><td colspan="2">200 mm × 0. 02 mm 卡尺，3 mm 切断车刀，$\phi16$ mm 麻花钻，150 mm 钢板尺</td></tr>
<tr><td>3</td><td>热处理</td><td colspan="4">调质 HRC28～32</td><td>盐浴炉</td><td colspan="2">洛氏硬度机</td></tr>
<tr><td>4</td><td>半精车</td><td colspan="4">半精车零件至工序图</td><td>C A 6140</td><td colspan="2">200 mm × 0. 02 mm 卡尺，150 mm 钢板尺，YT15 90°车刀</td></tr>
<tr><td>5</td><td>精车</td><td colspan="4">精车零件至工序图</td><td>C A 6140</td><td colspan="2">YT15 90° 内外车刀，$\phi40_{0}^{+0.062}$ 机用铰刀 3 mm 内外切槽刀，50～75 mm 千分尺，$\phi40_{0}^{+0.062}$ 光滑极限量规</td></tr>
<tr><td>6</td><td>检验</td><td colspan="4">全件按零件图检验，重点 $Ra3.2$ 处及同轴度</td><td></td><td colspan="2"></td></tr>
<tr><td>7</td><td>热处理</td><td colspan="4">酸洗、发蓝</td><td></td><td colspan="2"></td></tr>
<tr><td>8</td><td>入库</td><td colspan="4">清点数量，入库</td><td></td><td colspan="2"></td></tr>
<tr><td colspan="3">贵州航天职业技术学院</td><td>工艺设计</td><td></td><td>日期</td><td></td><td>共 1 页</td><td>第 1 页</td></tr>
</table>

表 2-7 套筒机械加工工序卡片（第 2 工序）

<table>
<tr><td colspan="2" rowspan="2">机械加工工序卡片</td><td>零件名称</td><td>图号</td><td>工序号</td><td>工序名称</td><td>共 3 页</td></tr>
<tr><td>套筒</td><td>02</td><td>2</td><td>车</td><td>第 1 页</td></tr>
<tr><td rowspan="7">工序图</td><td colspan="4" rowspan="7">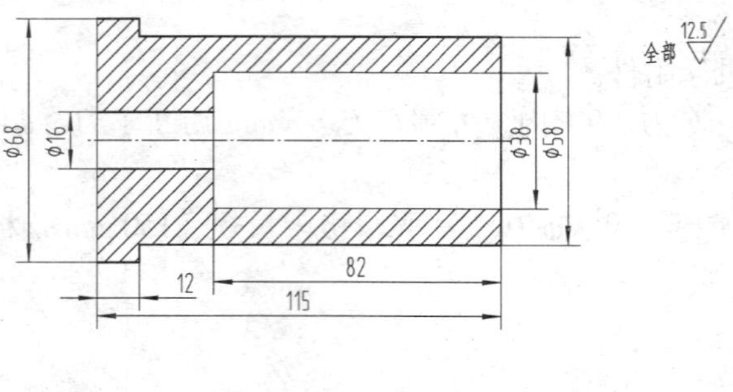</td><td>材料</td><td>45 钢</td></tr>
<tr><td>毛坯类型</td><td>棒料</td></tr>
<tr><td>批量</td><td>249 件/批次</td></tr>
<tr><td>机床</td><td>C630</td></tr>
<tr><td>工序工时</td><td></td></tr>
<tr><td colspan="2">工艺装备</td></tr>
<tr><td colspan="2">卡尺 200 mm × 0. 02 mm
YT15 硬质合金 90°外圆，45°端面车刀，90° 内孔镗刀，3 mm 切断车刀
$\phi16$ mm 麻花钻
150 mm 钢板尺</td></tr>
</table>

（续表）

工步号	工步内容	V（m/min）	f（mm/r）	a_p（mm）
1	夹棒料，车端面见光、车外圆为 $\phi68$、$\phi58$ mm，控制 12 mm	120	0.6	
2	钻 $\phi16$ mm 孔	24	手动	8
3	车内孔为 $\phi38\times82$、切断，控制总长 115 mm，锐边倒钝	120	0.6	
贵州航天职业技术学院	工艺设计		日期	

表 2-8　套筒机械加工工序卡片（第 4 工序）

机械加工工序卡片	零件名称	图号	工序号	工序名称	共 3 页
	套筒	02	4	车	第 2 页

工序图		
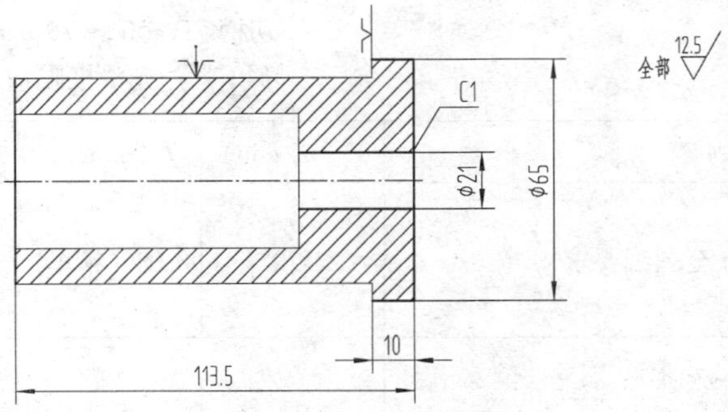	材料	45 钢
	毛坯类型	棒料
	批量	249 件/批次
	机床	CA6140
	工序工时	
	工艺装备	
	200 mm × 0.02 mm 卡尺 YT15 硬质合金 90°外圆、45°端面车刀 $\phi21$ mm 扩孔钻	

工步号	工步内容	V（m/min）	f（mm/r）	a_p（mm）
1	车外圆至 $\phi65\times10$，车端面总长 113.5 mm	120	0.6	
2	扩孔至 $\phi21$ mm	24	手动	2.5
3	内孔倒角 1×45°，其余锐边倒钝	120		
贵州航天职业技术学院	工艺设计		日期	

表 2-9　套筒机械加工工序卡片（第 5 工序）

机械加工工序卡片	零件名称	图号	工序号	工序名称	共　3　页
	套筒	06	5	精车	第　3　页

工序图		
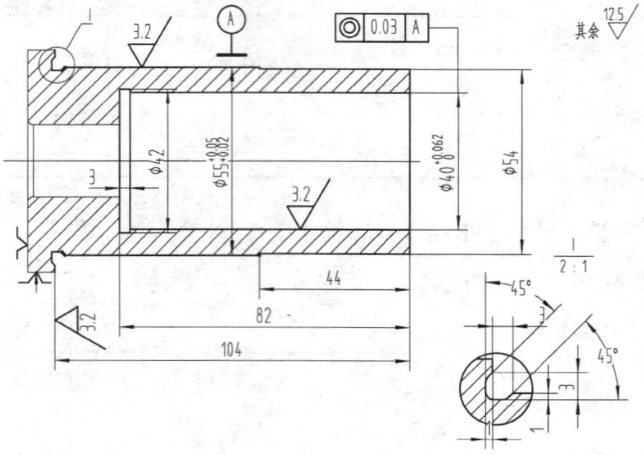	材料	45 钢
	毛坯类型	棒料
	批量	249 件/批次
	机床	CA6140
	工序工时	
	工艺装备	
	200 mm × 0.02 mm 卡尺，YT15 硬质合金 90°外圆、45°端面车刀，$\phi40_{0}^{+0.062}$ 机用铰刀，3 mm 内外切槽刀、50～75 mm 千分尺、$\phi40_{0}^{+0.062}$ 光滑极限量规	

工步号	工步内容	V（m/min）	f（mm/r）	a_p（mm）
1	车端面，保证尺寸 104 mm 车外圆 $\phi54$ 和 $\phi55_{+0.02}^{+0.05}$ mm 至图纸要求 车退刀槽至图纸要求	120	0.08（精车）	0.15
2	铰内孔 $\phi40_{0}^{+0.062}$ mm 至图纸要求 孔口锐边倒钝 车内孔退刀槽 $\phi42 \times 3$ mm，保证尺寸 82 mm	24	手动	0.1
贵州航天职业技术学院	工艺设计		日期	

知识衔接一

钢材分类及含碳量

机械加工中常用钢材的分类如下。

（1）低碳钢：含碳量≤0.25%，如：08 钢、10 钢、15 钢、20 钢、25 钢。

特点是强度和硬度低，但塑性和焊接性能好，适用于冲压、焊接等加工。

(2) 中碳钢：0.25% < 含碳量 < 0.60%，如 30 钢、35 钢、40 钢、45 钢[1]、50 钢、55 钢。

特点是较好的综合力学性能，广泛应用于机械零件、结构件等。

(3) 高碳钢：含碳量≥0.60%，如 65 钢、70 钢、75 钢、80 钢、T8 钢、T10 钢、T12 钢。

特点是强度高，常用于做弹性件或易磨损件等。

此外，按质量还可分为普通碳素钢、优质碳素钢、高级优质碳素钢。

实际中，钢的分类是混合应用的，常见的有：

① 普通碳素结构钢（如 Q235、Q255，后面的数字表示屈服强度）；

② 优质碳素结构钢（如 08F、45、50）；

③ 合金结构钢（如 20Cr、20CrMnTi、65Mn、GCr15）；

④ 铸钢（如 ZG200-400、ZG270-500）；

⑤ 铸铁（如 HT200、HT300）。

知识衔接二

钢材热处理及硬度

钢材的热处理就是将钢材进行加热、保温、冷却的工艺过程，其目的是提高钢材的力学性能和改善加工工艺性能。

热处理分为普通热处理、表面热处理、化学热处理。普通热处理包括退火、正火、淬火、回火、调质。

钢材在热处理时关键是对温度的控制，热处理后最直接的表现是硬度的变化。

通常用洛氏硬度、布什硬度、肖式硬度等来描述材料抵抗其他更硬物体压入的能力。

洛氏硬度 HRA、HRB、HRC，常用于调质、淬火等；布什硬度 HBS、HBW，常用于退火、正火、调质等。

对于 45 钢调质 HB220～250 的热处理工艺为：

820°～840℃，水淬，然后 550°～650℃，回火

对于 45 钢淬火 HRC40～45 的热处理工艺为：

820°～840℃，水淬，然后 350°～400℃，回火

以上可以看出，对 45 钢，加热的温度一样，但控制回火温度不同，得到的硬度值就不同，一般 HB≈10 HRC。

---

① 45 钢，表示含碳量 0.45%。

知识衔接三

发　蓝

发蓝处理是表面热处理的一种，也称为发黑处理。

发蓝是将钢在空气中加热或直接浸于浓氧化性溶液中，使其表面产生极薄的氧化物膜的材料保护技术。钢铁零件的发蓝可在亚硝酸钠和硝酸钠的熔融盐中进行，也可在高温热空气及500℃以上的过热蒸气中进行，更常用的是在加有亚硝酸钠的浓苛性钠中加热。发蓝时的溶液成分、反应温度和时间依钢铁基体的成分而定。发蓝膜的成分为磁性氧化铁，厚度为0.5～1.5微米，颜色与材料成分和工艺条件有关，有灰黑、深黑、亮蓝等。单独的发蓝膜抗腐蚀性较差，但经涂油涂蜡或涂清漆后，抗蚀性和抗摩擦性都有所改善。

发蓝对工件的尺寸和表面质量影响不大。故常用于精密仪器、光学仪器、工具、硬度块等。

知识衔接四

表面粗糙度

常见的表面粗糙度及其加工方法见表2-10。

表2-10　常见的表面粗糙度及其加工方法

表面粗糙度	加工方法	应用举例
0.4	精铰、精磨、精镗、拉、刮3～10点/cm^2、滚压	要求长期保持配合性质稳定的配合表面，如IT7级的轴、孔配合表面，精度较高的齿轮表面，受变应力作用的重要零件，与直径小于80 mm的E、D级轴承配合的轴径表面，与橡胶密封件接触的轴的表面，尺寸大于120 mm的IT13～IT16级孔等
0.8	精车、精镗、拉、精磨、立铣、刮3～10点/cm^2、滚压	要求保证定心及配合特性的表面，如锥销与圆柱销的表面，与G级精度滚动轴承相配合的轴径和外壳孔，中速转动的轴径，直径超过80 mm的E、D级滚动轴承配合的轴径及外壳孔，内、外花键的定心内径，外花键键侧及定心外径，过盈配合IT7级的孔（H7），间隙配合IT8～IT9级的孔（H8，H9），磨削的齿轮表面等
1.6	车、镗、刨、铣、铰、拉、磨、滚压、刮1～2点/cm^2铣齿	安装直径超过80 mm的G级轴承的外壳孔，普通精度齿轮的齿面，定位销孔，V形带轮的表面，外径定心的内花键外径，轴承盖的定中心凸肩表面

（续表）

表面粗糙度	加工方法	应用举例
3.2	车、镗、刨、铣、刮 1～2 点/cm^2、拉、磨、锉、滚压、铣齿	和其他零件连接不形成配合的表面，如箱体、外壳、端盖等零件的端面。要求有定心及配合特性的固定支承面，如定心的轴间，键和键槽的工作表面。不重要的紧固螺纹的表面。需要滚花或氧化处理的表面
6.3	车、镗、刨、钻、铣、锉、磨、粗铰、铣齿	不重要零件的配合表面，如支柱、支架、外壳、衬套、轴、盖等的端面。紧固件的自由表面，紧固件通孔的表面，内、外花键的非定心表面，不作为计量基准的齿轮顶圈圆表面等
12.5	粗车、刨、铣、钻	一般非结合表面，如轴的端面、倒角、齿轮及皮带轮的侧面、键槽的非工作表面，减重孔眼表面
25	粗车、镗、刨、钻	粗加工后的表面，焊接前的焊缝、粗钻孔壁等

知识衔接五

机加工中常用的切削液

切削液的作用：冷却、润滑、清洗与排屑、防锈。

切削液的种类：水溶液、乳化液、切削油。

切削液的选择：

（1）一般钢件的加工用切削液，粗加工铸铁不用切削液，精加工时用煤油；

（2）使用硬质合金刀具一般不用切削液，如要用，一开始就用并连续不断；

（3）高速钢刀具常用切削液；

（4）粗加工选以冷却为主的乳化液或水溶液；

（5）精加工选以润滑为主的乳化液或切削油；

（6）钻、铰孔时，排屑困难，选黏度小的乳化液或切削油；

（7）加工铜、铝等不用含硫的切削液，以免发生腐蚀；

（8）加工不锈钢时常用食用醋作冷却润滑液。

项目 2.3　衬套

一、衬套零件图

衬套零件图如图 2-7 所示。

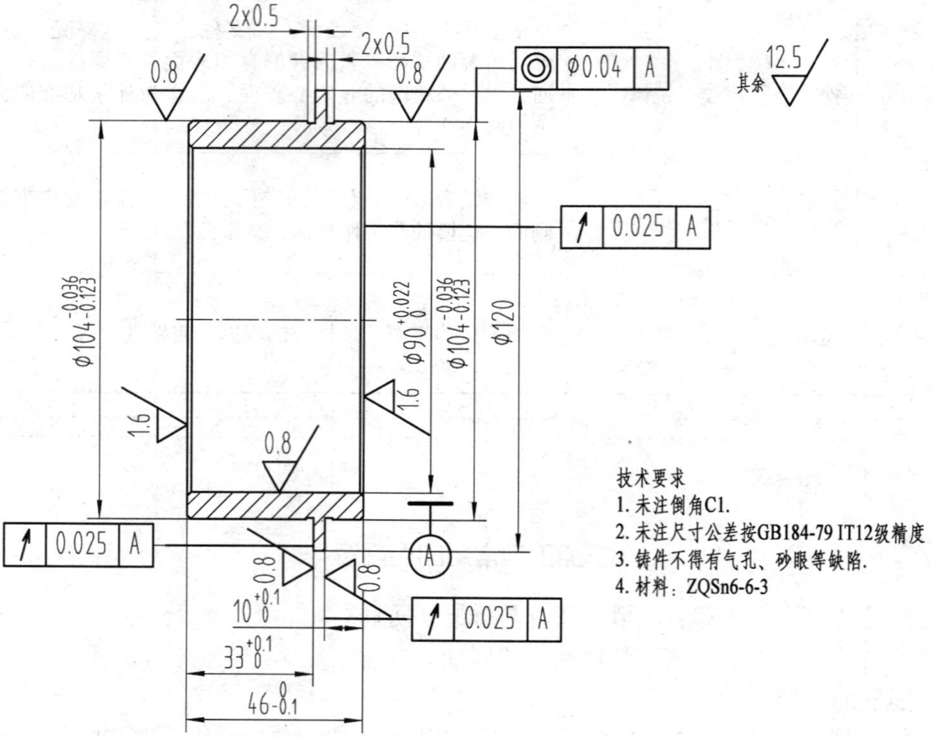

图 2-7　衬套零件图

零件图样分析如下。

（1）图 2-7 中以 $\phi90_{0}^{+0.22}$ mm 内孔、$\phi104_{-0.123}^{-0.036}$ mm 外圆为最高精度要求，且表面粗糙度为 *R*a0.8。

（2）图 2-7 中以 $\phi90_{0}^{+0.22}$ mm 孔为基准，一端孔口端面和台阶两端面与其有跳动公差，公差值为 0.025 mm。与外圆有同轴度公差，公差值为 0.04 mm；且表面粗糙度均为 *R*a0.8。

（3）工件材料为 ZQSn6-6-3，套类零件，零件尺寸变化不大，结构也不复杂，孔较大；为节约材料，可采用铸件做毛坯。

二、衬套毛坯图

衬套毛坯图如图 2-8 所示。

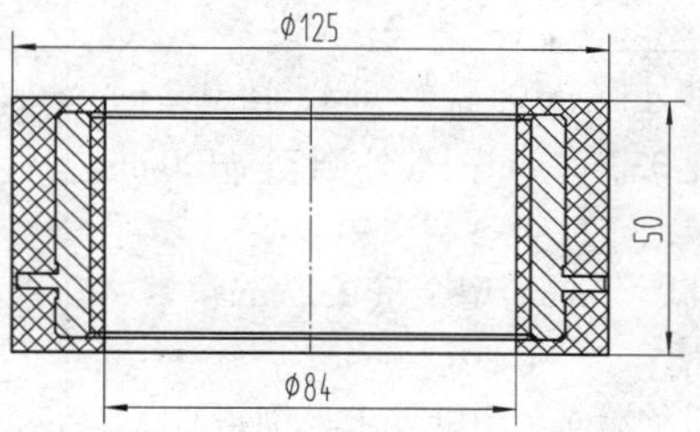

图 2-8　衬套毛坯图

三、工艺分析

（1）从衬套零件图可以看出，该零件上的 $\phi90_{0}^{+0.22}$ mm 孔、外圆及其端面用以装配其他零件，并用台阶端面定位和限位，因此必须保证台阶端面、外圆对内孔的垂直度和同轴度公差。一般可采用磨 $\phi104_{-0.123}^{-0.036}$ mm 外圆时靠磨端面和磨内孔的方法解决。由于壁薄可能会产生变形，靠磨两端面时可在外圆上加套靠紧端面。

（2）零件属套类零件，可用心轴定位的方法，以保证基准统一。因衬套最小直径为 $\phi90_{0}^{+0.22}$ mm，最大直径为 $\phi120$ mm，两端外圆为 $\phi104_{-0.123}^{-0.036}$ mm 且孔壁较薄，故采用心轴压孔口端面方法解决。

（3）该零件属于薄壁类零件，刚性较差，因此在加工中可以采取有关措施增加刚性。

（4）零件的最高精度和最高表面粗糙度为 $\phi104_{-0.123}^{-0.036}$ mm 外圆柱表面和内孔 $Ra0.8$，据此，加工阶段应划分为“粗车—半精车—高速细车”3 个加工阶段。

（5）零件结构不复杂，为中小批量生产，粗车后零件基本成型。

（6）零件的材料为 ZQSn6-6-3，毛坯为铸件。有关 ZQSn6-6-3 的资料，请参阅附录 11。

（7）半精加工完成沟槽的加工。加工沟槽的车刀应按标准刃磨，以保证沟槽结构和尺寸符合国家标准。沟槽结构请参阅本书附录 6。

（8）跳动、同轴度的检验如检测工序卡所示。

四、工艺编制

衬套零件的机械加工工艺过程和各主要工序内容详见表 2-11～表 2-13。

表 2-11　衬套机械加工工艺过程卡片

机械加工工艺过程卡片	零件名称	图号	材料	件数	毛坯类型	毛坯尺寸
	衬套	3	ZQSn6-6-3	300 件/批	铸件	$\phi125\times50$

工序号	工序名称	工序内容	机床	工艺装备
1	铸造	金属模造型		
2	车	（1）车端面，车外圆 $\phi104^{-0.036}_{-0.123}$ mm，留 0.2 mm 余量，长度 $33^{+0.1}_{0}$ mm；车外圆至 $\phi120$ mm 至图纸要求； （2）车内孔 $\phi90^{+0.22}_{0}$ mm，留余量 0.2 mm； （3）切 2×0.5 槽； （4）精车内外圆及端面至图纸要求，倒角 C1。	C6132	90°YT15 外圆车刀，45°YT15 端面车刀，75°内孔车刀，切槽刀，125×0.02 毫米游标卡尺，100～125 千分尺，$\phi90^{+0.022}_{0}$ 光滑极限量规，可涨心轴
3	车	（1）用可涨心轴装夹车另一端，保证总长 $46^{0}_{-0.1}$ mm 和尺寸 $10^{+0.1}_{0}$ mm； （2）切 2×0.5 槽； （3）车外圆至 $\phi104^{-0.036}_{-0.123}$ mm 至图纸要求； （4）倒角 C1。		
4	检验	按图检查各部尺寸		详见检测工序图
5	入库	涂油入库		
贵州航天职业技术学院	工艺设计		日期	共 1 页　第 1 页

表 2-12　衬套机械加工工序卡片（第 2 序）

机械加工工序卡片	零件名称	图号	工序号	工序名称	共 2 页
	衬套	3	2	粗车	第 1 页

工序图

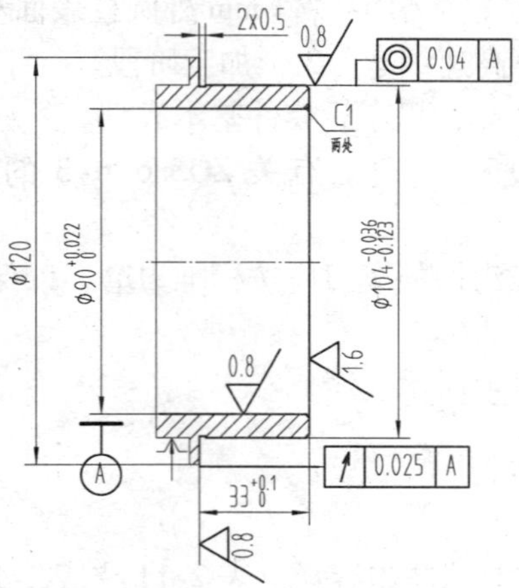

材料	ZQSn6-6-3
毛坯类型	铸件
批量	300 件/批
机床	C6132
工序工时	
工艺装备	
90°YT15 外圆车刀，45°YT15 端面车刀，75°内孔车刀，切槽刀 125×0.02 毫米游标卡尺，100～125 千分尺，$\phi90^{+0.022}_{0}$ 光滑极限量规	

（续表）

工步号	工步内容	V（m/min）	f（mm/r）	a_p（mm）
1	车端面，车外圆 $\phi104_{-0.123}^{-0.036}$ mm，留 0.2 mm 余量，长度 $33_0^{+0.1}$ mm。车外圆至 $\phi120$ mm 至图纸要求	140	0.20	2
2	车内孔 $\phi90_0^{+0.022}$ mm，留余量 0.2 mm	140	0.20	2
3	切 2×0.5 槽，倒角 C1	100	手动进给	
4	精车内外圆及端面至图纸要求	240	0.04	0.05
贵州航天职业技术学院	工艺设计		日期	

表 2-13　衬套机械加工工序卡片（第 3 序）

机械加工工序卡片	零件名称	图号	工序号	工序名称	共 2 页
	衬套	3	3	粗车	第 2 页

工序图		
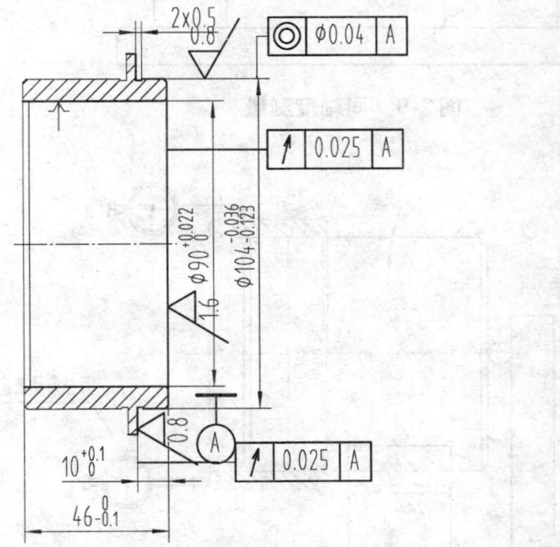	材料	ZQSn6-6-3
	毛坯类型	铸件
	批量	300 件/批
	机床	C6132
	工序工时	
	工艺装备	
	90° YT15 外圆车刀，45° YT15 端面车刀，切槽刀，125×0.02 毫米游标卡尺，100～125 千分尺，$\phi90_0^{+0.022}$ 可涨心轴	

工步号	工步内容	V（m/min）	f（mm/r）	a_p（mm）
1	用可涨心轴装夹车另一端，保证总长 $46_{-0.1}^{0}$ mm 和尺寸 $10_0^{+0.1}$ mm	140	0.2	2
2	切槽 2×0.5	100	手动进给	
3	车外圆至 $\phi104_{-0.123}^{-0.036}$ mm 至图纸要求	240	0.04	0.05
4	倒角 C1	140	手动进给	
贵州航天职业技术学院	工艺设计		日期	

五、检验装置示意

同轴度测量和端面跳动测量分别如图 2-9、图 2-10 所示。

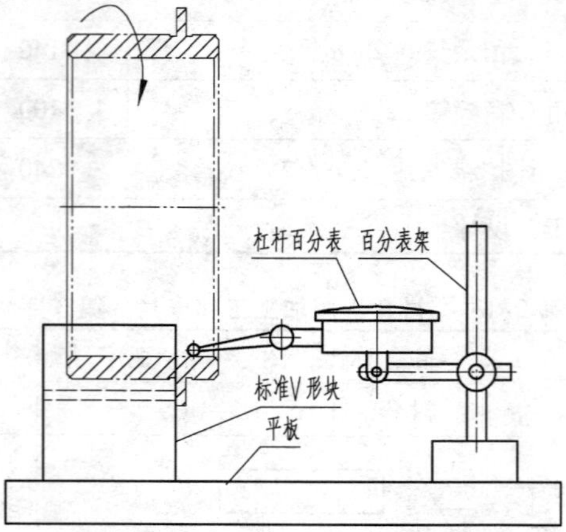

图 2-9　同轴度测量

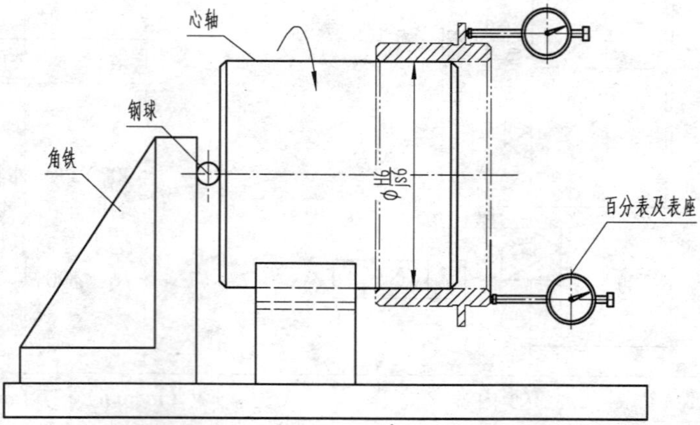

图 2-10　端面跳动测量

知识衔接

高速细车

高速细车是有色金属的精加工方法之一。

一般黑色金属的精加工可采用磨削方法进行精加工，但是有色金属采用磨削加工容易堵塞砂轮，使砂轮丧失切削能力，导致工件表面达不到应有的表面粗糙度和尺寸精度。故适合对表面粗糙度和精度要求较高的有色金属工件进行高速细车。

所谓高速，是使用较高的切削速度，一般切削速度大于200 m/min。

所谓细车，是使用较小的进给量，一般进给量小于0.05 mm/r。背吃刀量不宜过大，一般小于0.08 mm。

刀具材料一般选用YG6X、YG3或YW_1。如果能使用金刚石刀具或立方氮化硼更好。

刀具几何参数一般设计较大前角（大于8°）、较小的刀刃圆弧半径（小于0.03 mm），以使刀具尽量锋利，便于进行微量切削。

刀具要认真刃磨和研磨，切削部分应提出较高的表面粗糙度要求。

工艺系统应有较好的刚性，避免发生振动。

切削时选用适合的切削液，增强润滑效果，减少刀具与工件的摩擦。

项目2.4　法兰盘

一、法兰盘零件图

法兰盘零件图如图2-11所示。

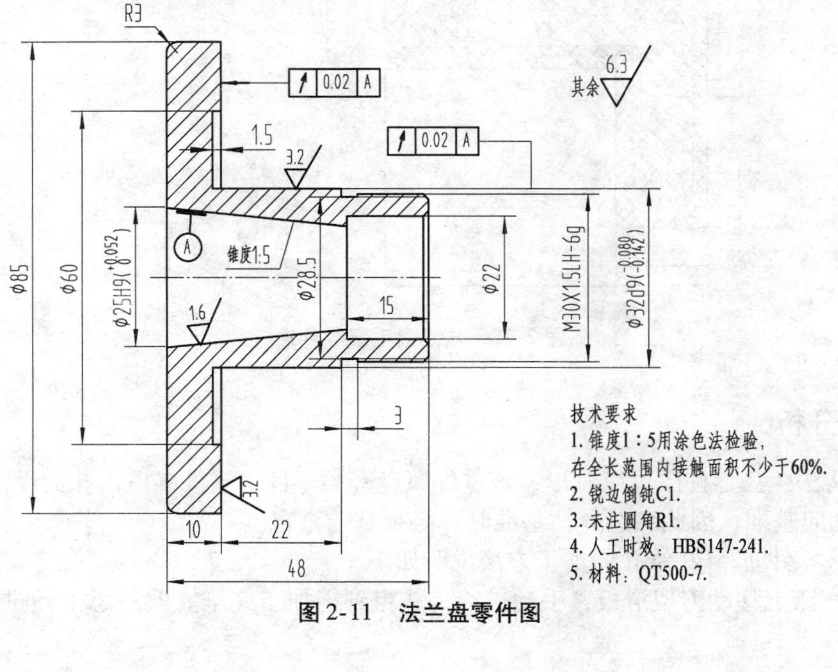

图2-11　法兰盘零件图

零件图样分析如下。

（1）图中以 $\phi25H9$，1∶5 锥孔和 M30 × 1.5LH-6g 为最高要求表面，并且需要保证 $\phi32d9$ 外圆及其端面对基准孔 A 的跳动公差 0.02 mm。

（2）工件材料为 QT500-7，通过铸造获得毛坯。由于生产类型为中小批生产，为确保质量和劳动生产率，节约材料，可采用金属模机器造型。

（3）毛坯需经正火处理，以改善其切削性能。

（4）工件内孔不必做出毛坯孔。

二、法兰盘毛坯图

法兰盘毛坯图如图 2-12 所示。

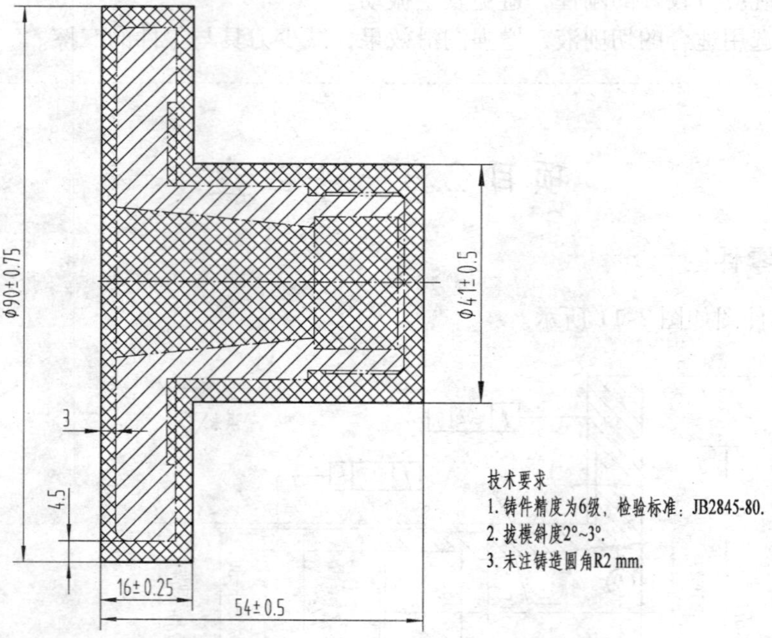

图 2-12　法兰盘毛坯零件图

三、工艺分析

（1）从法兰盘零件图可以看出，该零件属盘套类零件，零件多以内孔为设计基准。同时，有一轴向基准，因此在选择精基准时，必须基准重合。

（2）该零件 $\phi25H9$ 锥孔的加工方法说明如下。

① 在车床上移动刀架滑板，手动进给，从粗到精加工完毕。此法恐手动进给不均匀，

影响表面粗糙度。如果锥面过长，超过刀架滑板丝杆行程，则会产生接刀痕迹，影响锥面的接触面积。

② 可用刀架滑板丝杆手动进给对锥孔进行粗加工，留一定加工余量，再用相同规格铰刀进行精加工。这样，可在确保加工质量的前提下提高生产率。

③ 生产批量较大时，可设计专用靠模进行车削。

(3) 零件用材为 QT500-7，工件材料有较强的韧性，发热量大，刀具易磨损，因此要粗精加工分开，加工时要控制好切削用量，精加工时要使用润滑性能较好的切削液。

(4) 工序 7 用的定位心轴方案请参见下文中的图 2-13。

四、工艺编制

法兰盘零件的机械加工工艺过程和各主要工序内容详见表 2-14～表 2-19。

表 2-14　法兰盘机械加工工艺过程卡片

<table>
<tr><td colspan="3" rowspan="2">机械加工工艺过程卡片</td><td>零件名称</td><td>图号</td><td>材料</td><td>件数</td><td>毛坯类型</td><td>毛坯尺寸</td></tr>
<tr><td>法兰盘</td><td>04</td><td>QT500-7</td><td>300/批</td><td>铸件</td><td>—</td></tr>
<tr><td>工序号</td><td>工序名称</td><td colspan="4">工序内容</td><td>机床</td><td colspan="2">工艺装备</td></tr>
<tr><td>1</td><td>铸造</td><td colspan="4">金属模机器造型</td><td></td><td colspan="2"></td></tr>
<tr><td>2</td><td>清砂</td><td colspan="4">清砂，去毛刺</td><td></td><td colspan="2"></td></tr>
<tr><td>3</td><td>热处理</td><td colspan="4">人工时效，正火</td><td></td><td colspan="2"></td></tr>
<tr><td>4</td><td>粗车</td><td colspan="4">以 ϕ32d9mm 外圆定位并夹紧，端面车平即可，车 ϕ85 mm 外圆至图纸要求；钻通孔 ϕ15 mm</td><td rowspan="3">C6132</td><td colspan="2" rowspan="3">YG6，45°、90°内外圆车刀，R3 外圆弧刀，ϕ15 麻花钻，125×0.02 毫米游标卡尺，150 mm 钢板尺</td></tr>
<tr><td>5</td><td>粗车</td><td colspan="4">以 ϕ85 mm 外圆定位并夹紧，车 ϕ32d9mm 外圆至 $\phi 32.3^{0}_{-0.062}$ mm，车尺寸 10 mm 至 12 mm；车 M30×1.5HL-6g 螺纹外圆至 ϕ30.5 mm 保证尺寸 22 mm；总长 48 mm 车至 $48.3^{0}_{-0.062}$；车 ϕ22 mm 孔，长度 15 mm，倒角至图纸尺寸</td></tr>
<tr><td>6</td><td>精车</td><td colspan="4">以 ϕ32d9mm 外圆定位并夹紧，车 ϕ85 mm 外圆端面，保证总长 48 mm；车 1:5 锥度孔至图纸尺寸；车 R3</td></tr>
</table>

（续表）

工序号	工序名称	工序内容	机床	工艺装备
7	精车	以1∶5锥度孔定位，车M30×1.5LH-6g螺纹外圆至$\phi29.9^{0}_{-0.1}$ mm，并保证尺寸22 mm；切槽3×1；倒角C1； 车$\phi32d9$mm外圆至图纸尺寸；车端面，保证尺寸10 mm；车端面槽$\phi60\times1.5$至图纸尺寸； 车M30×1.5LH-6g螺纹至图纸尺寸	C6132	车夹具，高速钢切槽刀，90° YG6，外圆车刀，60°磨刀样板，M30×1.5LH-6g螺纹环规，专用心轴
8	检验	按图检查各部尺寸		详见检测工序图
9	入库	涂油入库		
贵州航天职业技术学院	工艺设计	日期		共 1 页　第 1 页

表2-15　法兰盘机械加工工序卡片（第4工序）

<table>
<tr><td rowspan="2" colspan="2">机械加工工序卡片</td><td>零件名称</td><td>图号</td><td>工序号</td><td>工序名称</td><td>共 4 页</td></tr>
<tr><td>法兰盘</td><td>04</td><td>4</td><td>粗车</td><td>第 1 页</td></tr>
<tr><td rowspan="7">工序图</td><td rowspan="7" colspan="4">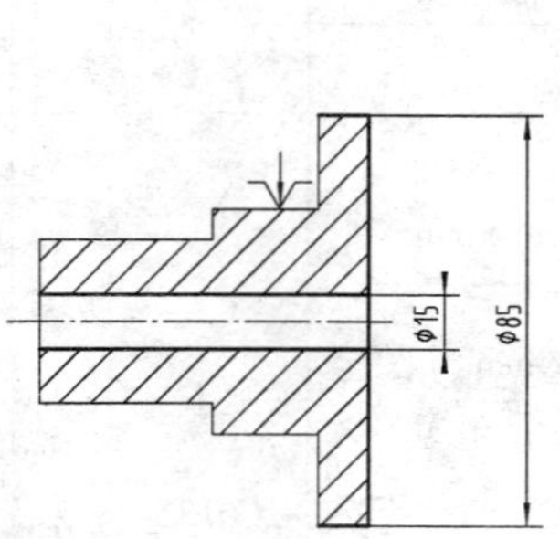
</td><td>材料</td><td>QT500-7</td></tr>
<tr><td>毛坯类型</td><td>铸件</td></tr>
<tr><td>批量</td><td>300件/批</td></tr>
<tr><td>机床</td><td>C6132</td></tr>
<tr><td>工序工时</td><td></td></tr>
<tr><td colspan="2">工艺装备</td></tr>
<tr><td colspan="2">45°、90°YG6内外圆车刀，φ15麻花钻，125×0.02毫米游标卡尺，150 mm钢板尺</td></tr>
<tr><td>工步号</td><td colspan="3">工步内容</td><td>V（m/min）</td><td>f（mm/r）</td><td>a_p（mm）</td></tr>
<tr><td>1</td><td colspan="3">以φ32d9mm外圆定位并夹紧，端面车平即可，车φ85 mm外圆至图纸要求</td><td>100</td><td>0.51</td><td></td></tr>
<tr><td>2</td><td colspan="3">钻通孔φ15 mm</td><td>24</td><td>手动</td><td>7.5</td></tr>
<tr><td>贵州航天职业技术学院</td><td>工艺设计</td><td colspan="3"></td><td>日期</td><td></td></tr>
</table>

表 2-16　法兰盘机械加工工序卡片（第 5 工序）

<table>
<tr><td colspan="2" rowspan="2">机械加工工序卡片</td><td>零件名称</td><td>图号</td><td>工序号</td><td>工序名称</td><td>共 4 页</td></tr>
<tr><td>法兰盘</td><td>04</td><td>5</td><td>粗车</td><td>第 2 页</td></tr>
<tr><td rowspan="7">工序图</td><td colspan="4" rowspan="7">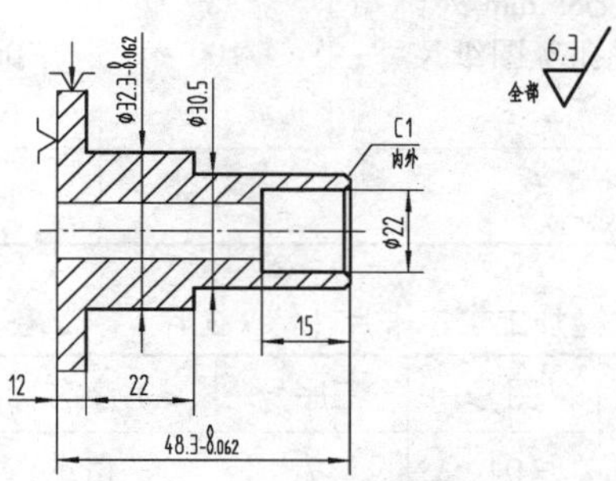
</td><td>材料</td><td>QT500-7</td></tr>
<tr><td>毛坯类型</td><td>铸件</td></tr>
<tr><td>批量</td><td>300 件/批</td></tr>
<tr><td>机床</td><td>C6132</td></tr>
<tr><td>工序工时</td><td></td></tr>
<tr><td colspan="2">工艺装备</td></tr>
<tr><td colspan="2">45°、90°YG6 内外圆车刀，125 × 0. 02 毫米游标卡尺，150 mm 钢板尺</td></tr>
<tr><td>工步号</td><td colspan="3">工步内容</td><td>V（m/min）</td><td>f（mm/r）</td><td>a_p（mm）</td></tr>
<tr><td>1</td><td colspan="3">以 ϕ85 mm 外圆定位并夹紧，车 ϕ32d9mm 外圆至 $\phi 32.3^{0}_{-0.062}$ mm，车尺寸 10 mm 至 12 mm；车 M30 × 1. 5HL-6g 螺纹外圆至 30. 5 mm 保证尺寸 22 mm；总长 48 mm 车至 $\phi 48.3^{0}_{-0.062}$；车 ϕ22 mm 孔，长度 15 mm，倒角至图纸尺寸</td><td>100</td><td>0. 51</td><td></td></tr>
<tr><td colspan="2">贵州航天职业技术学院</td><td>工艺设计</td><td colspan="2"></td><td>日期</td><td></td></tr>
</table>

表 2-17　法兰盘机械加工工序卡片（第 6 工序）

<table>
<tr><td colspan="2" rowspan="2">机械加工工序卡片</td><td>零件名称</td><td>图号</td><td>工序号</td><td>工序名称</td><td>共 4 页</td></tr>
<tr><td>法兰盘</td><td>04</td><td>6</td><td>精车</td><td>第 3 页</td></tr>
<tr><td rowspan="7">工序图</td><td colspan="4" rowspan="7">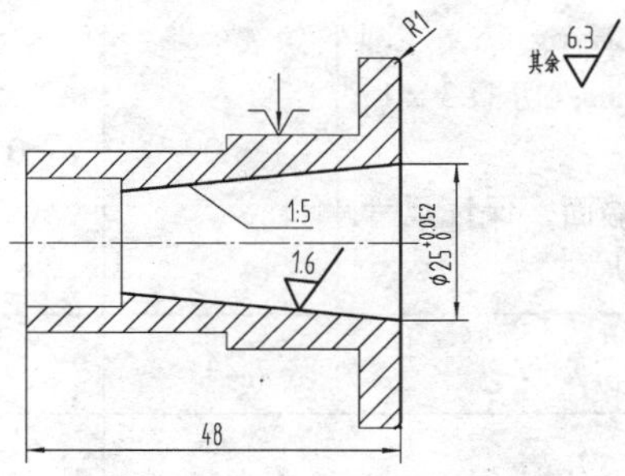
</td><td>材料</td><td>QT500-7</td></tr>
<tr><td>毛坯类型</td><td>铸件</td></tr>
<tr><td>批量</td><td>300/批</td></tr>
<tr><td>机床</td><td>C6132</td></tr>
<tr><td>工序工时</td><td></td></tr>
<tr><td colspan="2">工艺装备</td></tr>
<tr><td colspan="2">45°、90° YG6 内外圆车刀，R3 外圆弧刀，125 ×0. 02 毫米游标卡尺，150 mm 钢板尺，1∶5 锥度塞规</td></tr>
</table>

（续表）

工步号	工步内容	V（m/min）	f（mm/r）	a_p（mm）
1	以 ϕ32d9mm 外圆定位并夹紧，车 ϕ85 mm 外圆端面，保证总长 48 mm；车 1：5 锥度孔至图纸尺寸；车 R3	100	0.51	
贵州航天职业技术学院	工艺设计		日期	

表 2-18　法兰盘机械加工工序卡片（第 7 工序）

<table>
<tr><td rowspan="2" colspan="2">机械加工工序卡片</td><td>零件名称</td><td>图号</td><td>工序号</td><td>工序名称</td><td>共 4 页</td></tr>
<tr><td>法兰盘</td><td>04</td><td>7</td><td>精车</td><td>第 4 页</td></tr>
<tr><td rowspan="7">工序图</td><td rowspan="7" colspan="4">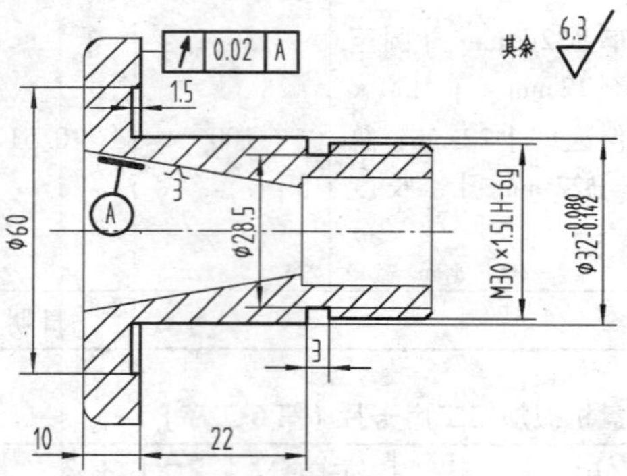
</td><td>材料</td><td>QT500-7</td></tr>
<tr><td>毛坯类型</td><td>铸件</td></tr>
<tr><td>批量</td><td>300/批</td></tr>
<tr><td>机床</td><td>C6132</td></tr>
<tr><td>工序工时</td><td></td></tr>
<tr><td colspan="2">工艺装备</td></tr>
<tr><td colspan="2">车夹具，高速钢切槽刀，90° YG6 外圆车刀，60°磨刀样板；M30×1.5LH-6g 螺纹环规，专用心轴</td></tr>
</table>

工步号	工步内容	V（m/min）	f（mm/r）	a_p（mm）
1	以 1:5 锥度孔定位，车 M30×1.5LH-6g 螺纹外圆至 $\phi29.9^{0}_{-0.1}$ mm，并保证尺寸 22 mm；切槽 3×1；倒角 C1； 车 ϕ32d9mm 外圆至图纸尺寸；车端面，保证尺寸 10 mm；车端面槽 ϕ60×1.5 至图纸尺寸	60	0.51	
2	车 M30×1.5LH-6g 螺纹至图纸尺寸	24	1.5	
贵州航天职业技术学院	工艺设计		日期	

表 2-19　第 8 道工序检测卡

检验工序卡片	零件名称	图号	工序号	工序名称	共　1　页
	法兰盘	04	8	检验	第　1　页
工序图	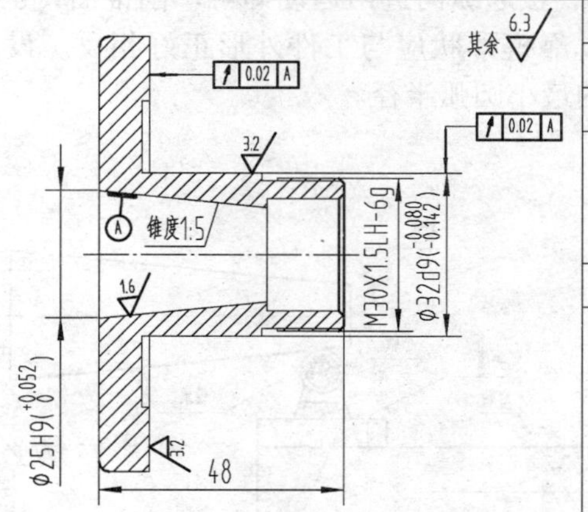 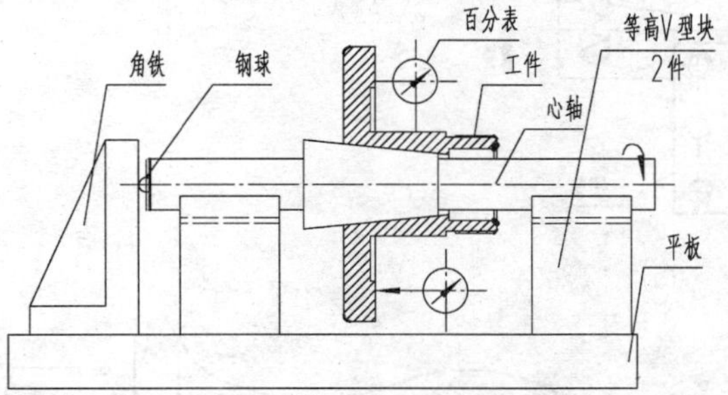		材料	毛坯类型	批量
			HT200	铸件	300 件/批
			检验项目	工艺装备	
			跳动	心轴，百分表及表座，平板，标准 V 形块，心轴，角铁，钢球	
			工序工时	略	
			说明	(1) 外径及其他检验项目从略； (2) 跳动公差的检测方法如检测工序图所示：工件旋转一周，百分表最大与最小读数之差为所测公差值	
贵州航天职业技术学院	设计			日期	

五、工装夹具

1. 第 7 道工序车夹具

第 7 道工序车夹具专用心轴如图 2-13 所示。

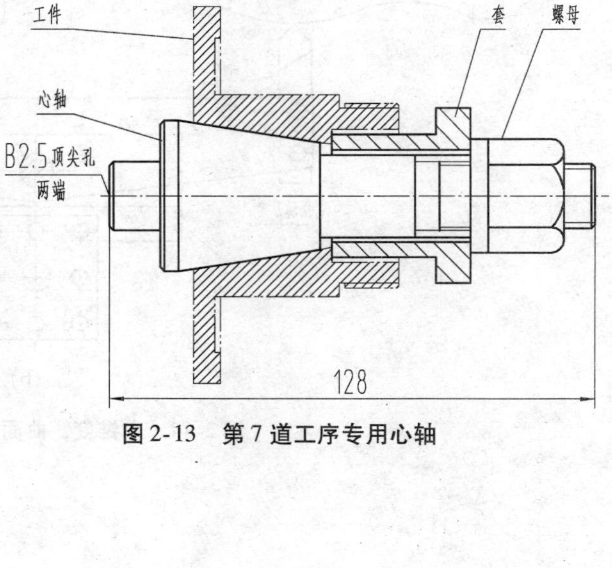

图 2-13　第 7 道工序专用心轴

2. 车锥度靠模

如图2-14（a）所示车锥度的靠模，接通纵向进给运动即可车削锥面；也可以靠车各种曲面，如图2-14（b）所示。注意：靠模形状应与工件外形正好相反。设计曲面靠模时，滚轮（轴承）半径应小于工件上的最小圆弧半径。

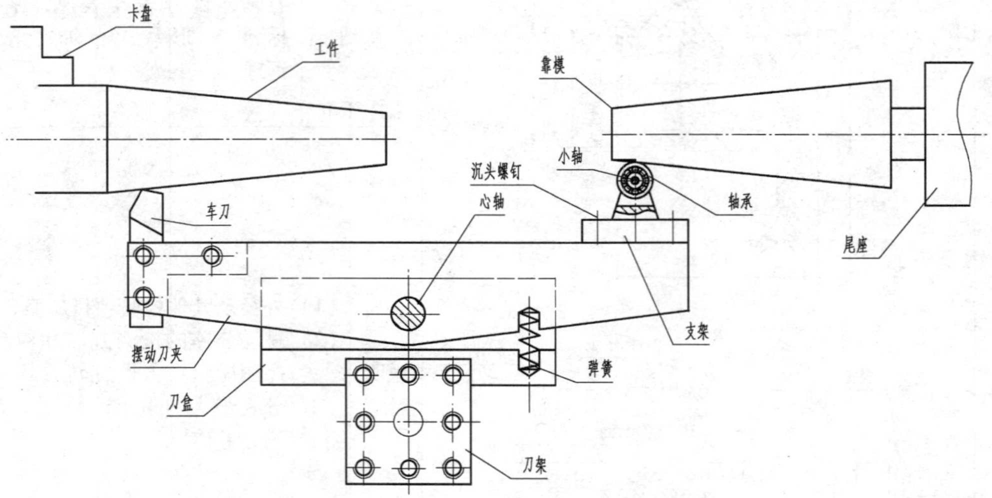

(a)

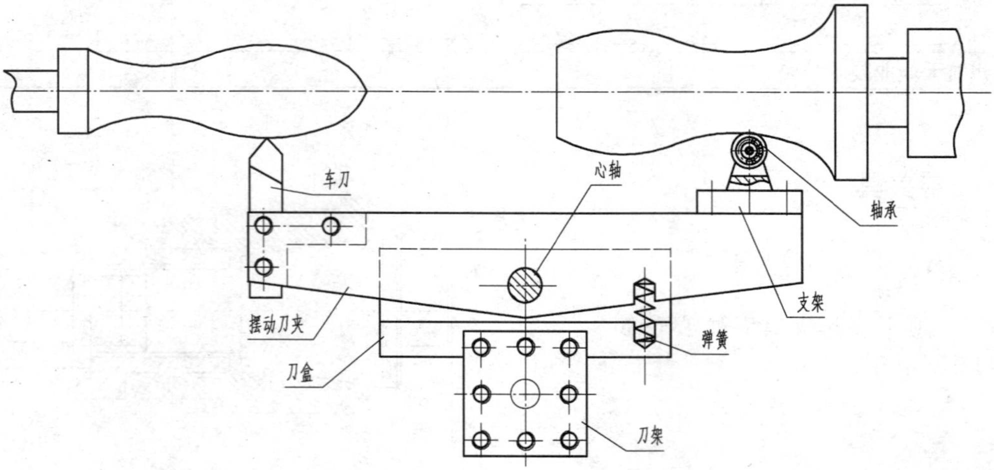

(b)

图2-14 车锥度、曲面靠模示意图

项目 2.5　透盖

一、透盖零件图

透盖零件图如图 2-15 所示。

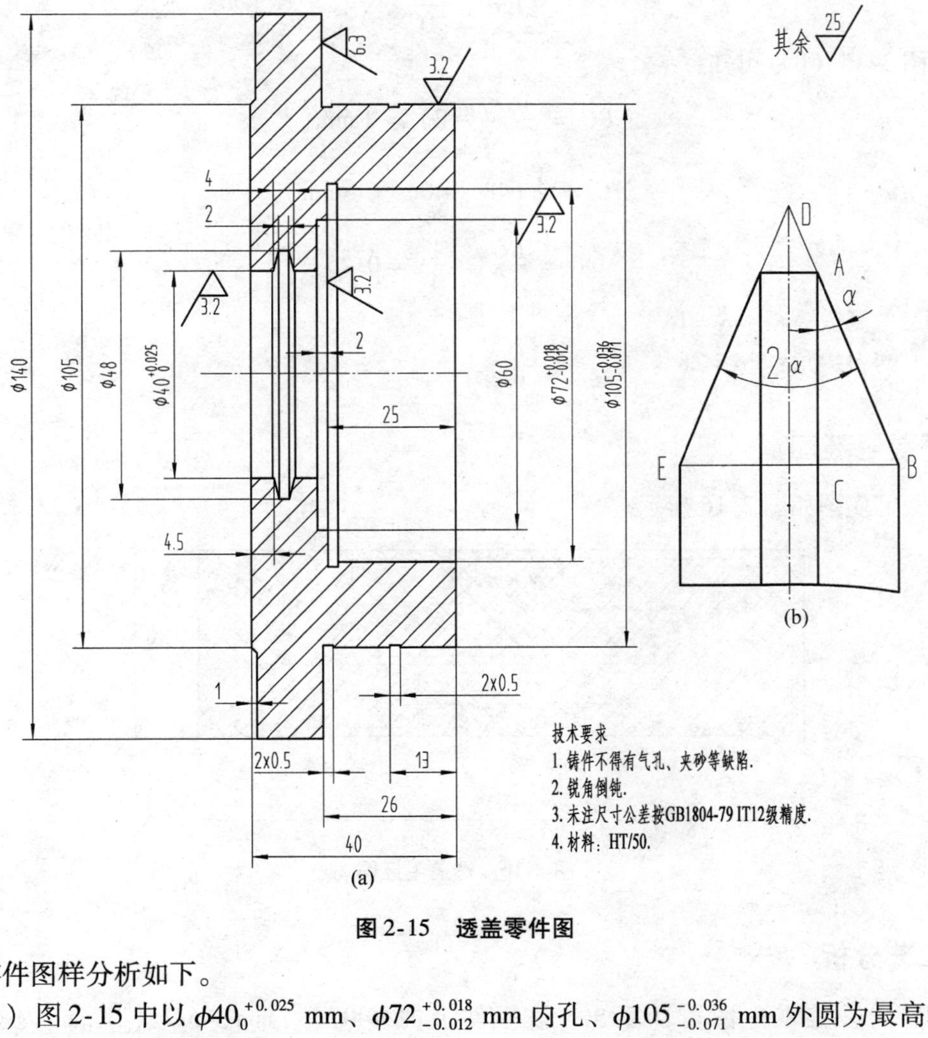

图 2-15　透盖零件图

零件图样分析如下。

（1）图 2-15 中以 $\phi40_{0}^{+0.025}$ mm、$\phi72_{-0.012}^{+0.018}$ mm 内孔、$\phi105_{-0.071}^{-0.036}$ mm 外圆为最高精度要求，且表面粗糙度为 $Ra3.2$。

（2）图 2-15 中没有同轴度、垂直度和跳动公差。

（3）工件材料为HT200，铸件盘类零件，采用铸件做毛坯。

（4）零件无热处理要求，故加工过程中不用转序。

（5）在加工该零件时，零件图上并没有直接标出梯形槽的角度，磨刀时需要进行刀尖角计算。

如图2-15（b）所示，车刀的刀尖角由梯形槽角度决定，在计算图中$\angle BDE$为所求。

设$\angle BDE=2\alpha$，在直角三角形ABC中：

$$\mathrm{tg}\alpha=\frac{BC}{AC}$$

从图2-15（b）可知：

$$BC=\frac{1}{2}(4-2)=1\ \mathrm{mm}$$

$$AC=\frac{1}{2}(48-40)=4\ \mathrm{mm}$$

$$\mathrm{tg}\alpha=\frac{BC}{AC}=\frac{1}{4}=0.25$$

查三角函数表得：$\alpha=14°$

车刀的刀尖角：$2\alpha=28°$。

二、透盖毛坯图

透盖毛坯图如图2-16所示。

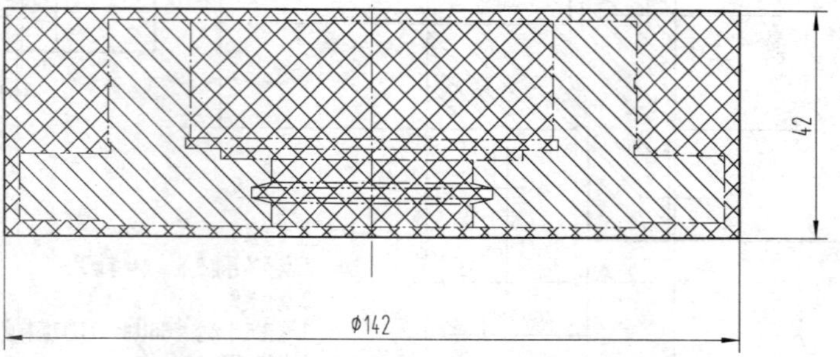

图2-16　透盖毛坯图

三、工艺分析

（1）从透盖零件图可以看出，该零件上的$\phi40_{0}^{+0.025}$ mm、$\phi72_{-0.012}^{+0.018}$ mm内孔及其$\phi105_{-0.071}^{-0.036}$ mm外圆用以装配其他零件，因此必须保证外圆、内孔的尺寸精度。

（2）透盖属盘类零件，可用三爪卡盘安装。

(3) 该零件具有良好刚性，因此在加工中可按常规进行操作。

(4) 零件的最高精度和最高表面粗糙度为 $\phi40_{0}^{+0.025}$ mm、$\phi72_{-0.012}^{+0.018}$ mm 孔及其 $\phi105_{-0.071}^{-0.036}$ mm 外圆，据此，加工阶段应划分为“粗车—半精车—精车”3 个加工阶段，用精车来确保加工质量。零件加工方案的选择请参阅附录5。

(5) 零件结构不复杂，为中小批量生产，3 个加工阶段完成加工内容，粗车后零件基本成型。

(6) 零件的材料为 HT150，毛坯为铸件。铸件的切削加工性不好，可能会有气孔或砂眼等缺陷，该铸件表面余量不均匀，会产生打刀。

(7) 半精加工完成沟槽的加工。加工沟槽的车刀应按标准刃磨，以保证沟槽结构和尺寸符合国家标准。沟槽结构请参阅附录6。

(8) 零件的检验如检测工序卡所示。

四、工艺编制

透盖零件的机械加工工艺过程和各主要工序内容详见表2-20～表2-23。

表2-20 透盖机械加工工艺过程卡片

<table>
<tr><td rowspan="2">机械加工工艺过程卡片</td><td>零件名称</td><td>图号</td><td>材料</td><td>件数</td><td>毛坯类型</td><td>毛坯尺寸</td></tr>
<tr><td>透盖</td><td>05</td><td>HT150</td><td>300 件/批</td><td>铸件</td><td>$\phi142\times42$</td></tr>
</table>

<table>
<tr><td>工序号</td><td>工序名称</td><td>工序内容</td><td>机床</td><td>工艺装备</td></tr>
<tr><td>1</td><td>下料</td><td>铸件</td><td></td><td></td></tr>
<tr><td>2</td><td>粗车</td><td>车端面，车外圆至 $\phi105_{-0.071}^{-0.036}$ 至 $\phi107$ mm，长度保证 26 mm，车内孔至 $\phi72_{-0.012}^{+0.018}$ 至 $\phi70$ mm，长度保证 25 mm，车内孔 $\phi40_{0}^{+0.025}$ 至 $\phi38$ mm，表面粗糙度 $Ra3.2$</td><td rowspan="3">C6132</td><td rowspan="3">90° YG8 外圆车刀，45° YG8 端面车刀，YG8 内孔车刀，切槽刀，200 × 0.02 毫米游标卡尺，$\phi72_{-0.012}^{+0.018}$ 光滑极限量规，100～125 外径千分尺，150 mm 钢板尺</td></tr>
<tr><td>3</td><td>粗、精车</td><td>车另一端面，保证总长 40 mm；车外圆 $\phi140$ mm 至图纸要求，长度保证 14 mm，车外圆 $\phi150$ mm 至图纸要求，长 1 mm，车梯形槽至图纸尺寸，表面粗糙度 $Ra3.2$</td></tr>
<tr><td>4</td><td>精车</td><td>车外圆 $\phi105_{-0.071}^{-0.036}$ mm 至图纸要求，车内孔至 $\phi72_{-0.012}^{+0.018}$ mm，车 $\phi40_{0}^{+0.025}$ mm 至图纸要求，表面粗糙度 $Ra3.2$；切沟槽至图纸尺寸</td></tr>
<tr><td>5</td><td>检验</td><td>按图检查各部尺寸，详见检测工序图</td><td></td><td></td></tr>
<tr><td>6</td><td>入库</td><td>涂油入库</td><td></td><td></td></tr>
</table>

贵州航天职业技术学院	工艺设计		日期		共 1 页	第 1 页

表 2-21 透盖机械加工工序卡片（第 2 工序）

机械加工工序卡片	零件名称	图号	工序号	工序名称	共 4 页
	透盖	05	2	粗车	第 1 页

工序图	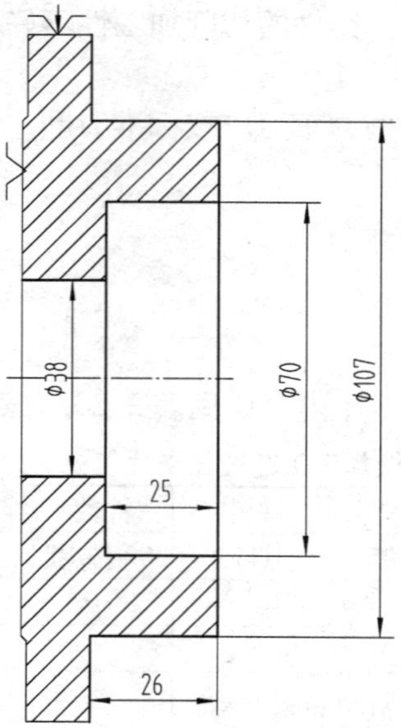	材料	HT150
		毛坯类型	铸件
		批量	300 件/批
		机床	C6132
		工序工时	
		工艺装备	
		90°YG8 外圆车刀，45°YG85 端面车刀 90°YG8 内孔车刀 200 ×0.02 毫米游标卡尺 150 mm 钢板尺	

工步号	工步内容	V（m/min）	f（mm/r）	a_p（mm）
1	车端面，车外圆至 $\phi105^{-0.036}_{-0.071}$ 至 $\phi107$ mm，长度保证 26 mm，表面粗糙度 $Ra3.2$	120	0.3	1
2	车内孔至 $\phi72^{+0.018}_{-0.012}$ 至 $\phi70$ mm，长度保证 25 mm，车内孔 $\phi40_0^{+0.025}$ 至 $\phi38$ mm，表面粗糙度 $Ra3.2$	120	0.3	1
贵州航天职业技术学院	工艺设计		日期	

表 2-22　透盖机械加工工序卡片（第 3 工序）

机械加工工序卡片	零件名称	图号	工序号	工序名称	共 4 页
	透盖	05	3	粗车	第 2 页

工序图			
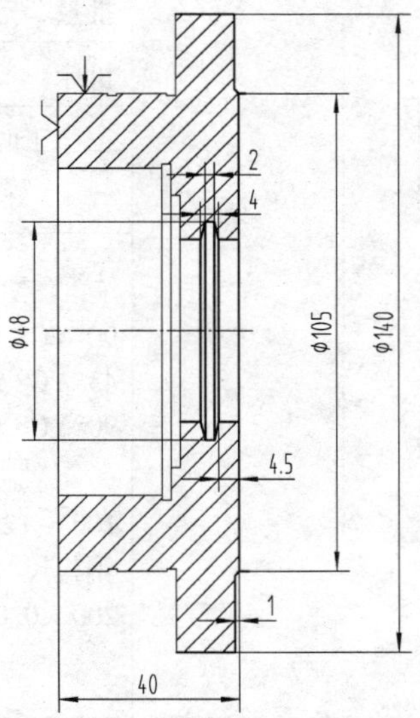	材料	HT150
	毛坯类型	铸件
	批量	300 件/批
	机床	C6132
	工序工时	
	工艺装备	
	90°YG8 外圆车刀 45°YG8 端面车刀 90°YG8 内孔车刀 梯形切槽刀（$\varepsilon_r=28°$） 200×0.02 毫米游标卡尺 150 mm 钢板尺	

工步号	工步内容	V（m/min）	f（mm/r）	a_p（mm）
1	车另一端面，保证总长 40 mm；车外圆至 ϕ140 mm，长度保证 14 mm，车外圆至 ϕ150 mm，长 1 mm，表面粗糙度 Ra3.2	120	0.3	1
2	车 $\phi40_0^{+0.025}$，车梯形槽至图纸尺寸，表面粗糙度 Ra3.2	24	0.3	1
贵州航天职业技术学院	工艺设计		日期	

表 2-23　透盖机械加工工序卡片（第 4 工序）

<table>
<tr><td rowspan="2" colspan="2">机械加工工序卡片</td><td>零件名称</td><td>图号</td><td>工序号</td><td>工序名称</td><td colspan="2">共 4 页</td></tr>
<tr><td>透盖</td><td>05</td><td>4</td><td>精车</td><td colspan="2">第 3 页</td></tr>
<tr><td rowspan="7">工序图</td><td rowspan="7" colspan="4">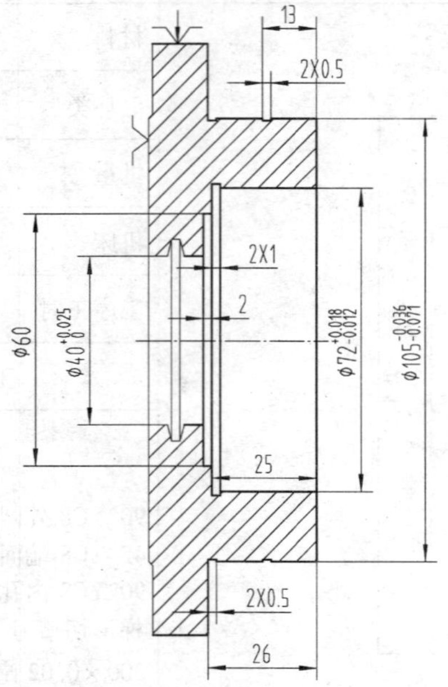
</td><td>材料</td><td colspan="2">HT150</td></tr>
<tr><td>毛坯类型</td><td colspan="2">铸件</td></tr>
<tr><td>批量</td><td colspan="2">300 件/批</td></tr>
<tr><td>机床</td><td colspan="2">C6132</td></tr>
<tr><td>工序工时</td><td colspan="2"></td></tr>
<tr><td colspan="3">工艺装备</td></tr>
<tr><td colspan="3">90°YG8 外圆车刀
45°YG8 端面车刀
90°YG8 内孔车刀
$\phi72^{+0.018}_{-0.012}$光滑极限量规
100～125 外径千分尺、150 mm 钢板尺
200 ×0. 02 毫米游标卡尺</td></tr>
<tr><td>工步号</td><td colspan="4">工步内容</td><td>V（m/min）</td><td>f（mm/r）</td><td>a_p（mm）</td></tr>
<tr><td>1</td><td colspan="4">车外圆至 $\phi105^{-0.036}_{-0.071}$ mm，保证尺寸 26</td><td>130</td><td>0. 1</td><td>1</td></tr>
<tr><td>2</td><td colspan="4">车内孔 $\phi72^{+0.018}_{-0.012}$ mm，保证尺寸 25，
车 $\phi60$ mm 至图纸要求，表面粗糙度 $Ra3.2$</td><td>130</td><td>0. 1</td><td>1</td></tr>
<tr><td>3</td><td colspan="4">车外沟槽至 2 ×0. 5 两处，车孔内沟槽至
2 ×1，表面粗糙度 $Ra6.3$</td><td>24</td><td>手动进给</td><td></td></tr>
<tr><td colspan="2">贵州航天职业技术学院</td><td>工艺设计</td><td colspan="2"></td><td>日期</td><td colspan="2"></td></tr>
</table>

项目 2. 6　液压缸

一、液压缸零件图

液压缸零件图如图 2-17 所示。

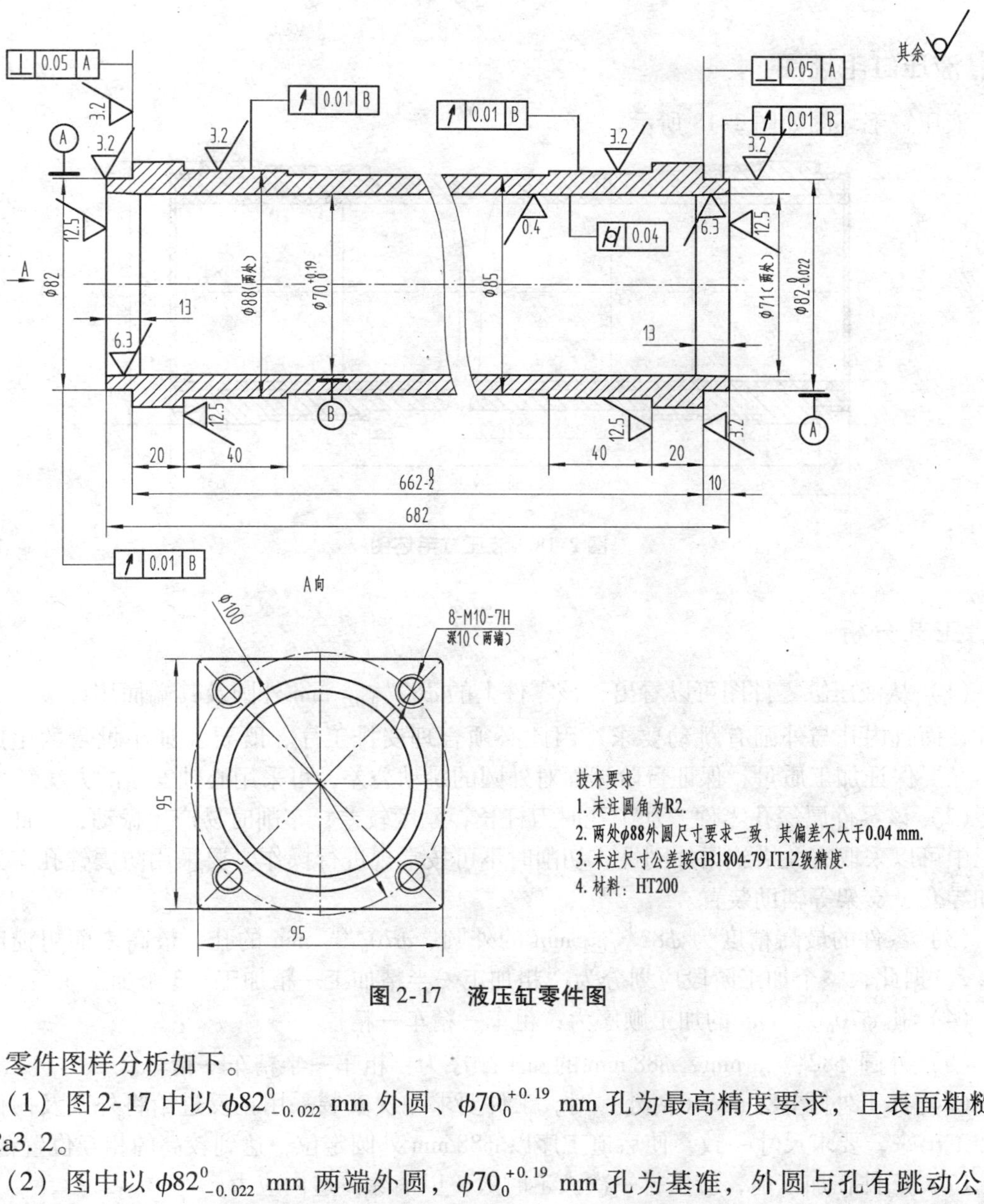

图2-17　液压缸零件图

零件图样分析如下。

（1）图2-17中以 $\phi82^{0}_{-0.022}$ mm 外圆、$\phi70^{+0.19}_{0}$ mm 孔为最高精度要求，且表面粗糙度为 $Ra3.2$。

（2）图中以 $\phi82^{0}_{-0.022}$ mm 两端外圆，$\phi70^{+0.19}_{0}$ mm 孔为基准，外圆与孔有跳动公差，公差值为0.01 mm。台阶端面与其外圆有跳动公差，公差值为0.05 mm。

（3）零件为深孔零件，材料为HT200，铸件毛坯。

（4）零件加工前需进行人工时效。

二、液压缸毛坯图

液压缸毛坯图如图 2-18 所示。

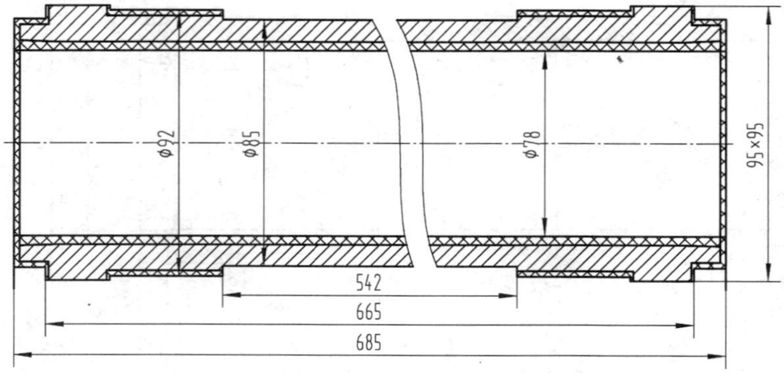

图 2-18 液压缸毛坯图

三、工艺分析

（1）从液压缸零件图可以看出，该零件上的 $\phi82^{0}_{-0.022}$ mm 外圆及其端面用以装配其他零件，而且内孔与外圆有跳动要求，因此必须合理安排工序，既要保证小批量的生产需要，又要保证加工质量、保证台阶端面对外圆的跳动公差，可采用心轴安装的方法解决。

（2）该零件属深孔零件，加工孔时刀杆长，刚度较差，车削时易产生振动，因此，在加工中可以采取有关措施增加刚性，切削时不可按常规进行操作。要采用防震镗孔车刀刀杆和导套、支架等辅助装置。

（3）零件的最高精度为 $\phi82^{0}_{-0.022}$ mm 的外圆、$\phi70_{0}^{+0.19}$ mm 的孔，最高表面粗糙度为 $Ra3.2$。据此，整个加工阶段应划分为“粗加工—半精加工—精加工”3 个加工阶段。

（4）孔 $\phi70_{0}^{+0.19}$ mm 的加工顺序为：粗车—精车—精铰。

（5）外圆 $\phi82^{0}_{-0.022}$ mm、$\phi88$ mm 的加工顺序为：粗车—半精车—精车。

（6）加工外圆 $\phi88$ mm（两处）时，工件要求一次安装采用正反进给将外圆及内侧端面加工出来，要求尺寸一致，使后道工序以 $\phi88$ mm 外圆定位，达到较高的相互位置精度。

（7）工件在加工前，应安排一次人工时效，以消除铸造内应力。

（8）零件为中小批量生产，3 个加工阶段分别完成加工内容，粗车后零件基本成型。

（9）零件的材料为 HT200，毛坯为铸件，表面不光滑，余量不均匀，刀具易磨损，会产生打刀现象。因此，有一定加工难度。该零件的加工对刀具有一定的要求。

（10）端面、内孔及外圆跳动的检验如检测工序卡所示。

四、工艺编制

液压缸套零件的机械加工工艺过程和各主要工序内容详见表2-24～表2-29。

表2-24　液压缸套机械加工工艺过程卡片

机械加工工艺过程卡片	零件名称	图号	材料	件数	毛坯类型	毛坯尺寸
	液压套	06	HT200	300/批	铸件	95×95×685

工序号	工序名称	工序内容	机床	工艺装备
1	铸造	铸件		
2	热处理	人工时效退火		
3	粗车	用菊花顶尖装夹工件，粗车外圆 $\phi88$ 两处至 $\phi91$，车法兰盘内侧面见光即可		菊花顶尖，90°YG8 外圆车刀（正、反）
4	粗车	用中心架安装，夹一端 $\phi82^{0}_{-0.022}$ mm 外圆，托 $\phi88$ mm 外圆，车端面，车外圆 $\phi82^{0}_{-0.022}$ mm 至 $\phi85$ mm，车法兰盘一外端面，保证尺寸 10 mm；调头同样装夹，车端面至总长，车外圆 $\phi82^{0}_{-0.022}$ mm 至 $\phi85$ mm，车法兰盘外端面，保证尺寸 662 和 682 mm		中心架， 90°YG8 外圆车刀（正、反）， 0～150 mm 游标卡尺， 0～1 000 mm 游标卡尺， 75～100 mm 外径千分尺
5	粗车	托两端 $\phi88$ mm 外圆，粗车孔 $\phi70^{+0.19}_{0}$ mm 至 $\phi68$ mm；车孔 $\phi71$ mm 长 13 mm 至图纸要求	CA6140	中心架，镗刀杆，刀杆夹持架，导套支架，YG8 减震镗孔刀，0～150 mm 游标卡尺，50～75 mm 内径量表
6	镗	半精镗 $\phi70^{+0.19}_{0}$ 孔至 $\phi69.8^{+0.06}_{0}$ 浮动镗 $\phi70^{+0.19}_{0}$ 孔至图纸要求。		$\phi88$ mm 铰刀，50～75 mm 内径量表，浮动镗刀及刀杆，50～75 mm 内径量表
7	车	以孔定位，半精车外圆 $\phi88$ mm（两处），精车 $\phi82^{0}_{-0.022}$ mm 外圆至图纸要求，车法兰盘两内端面，保证尺寸 20 和 40 mm；		自制心轴，90°YG8 外圆车刀，75～100 mm 外径千分尺
8	钳	钻两端法兰盘孔 4—$\phi8.5$ 孔深 10 mm； 攻丝两端法兰盘 4—M10-7H 螺纹	Z3025	$\phi8.5$ mm 麻花钻，M10—7H 丝锥
9	检验	照图纸要求检验各部		
10	入库	涂油入库		
贵州航天职业技术学院	工艺设计		日期	共 1 页　第 1 页

表 2-25　液压缸套机械加工工序卡片（第 3 工序）

机械加工工序卡片	零件名称	图号	工序号	工序名称	共 6 页
	液压套	06	3	粗车	第 1 页

工序图			
工序图	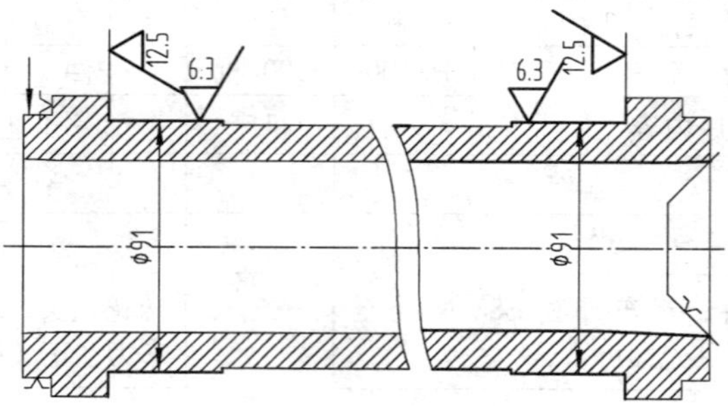 	材料	HT200
		毛坯类型	铸件
		批量	300/批
		机床	C6140
		工序工时	
		工艺装备	
		90°YG8 外圆车刀， 0～150 mm 游标卡尺， 0～1 000 mm 游标卡尺	

工步号	工步内容	V（m/min）	f（mm/r）	a_p（mm）
1	用菊花顶尖装夹工件，粗车外圆 ϕ88 两处至 ϕ91，车法兰盘内侧面见光即可	40	0.3	2
贵州航天职业技术学院	工艺设计		日期	

表 2-26　液压缸套机械加工工序卡片（第 4 工序）

机械加工工序卡片	零件名称	图号	工序号	工序名称	共 6 页
	液压套	06	4	粗车	第 2 页

工序图			
工序图	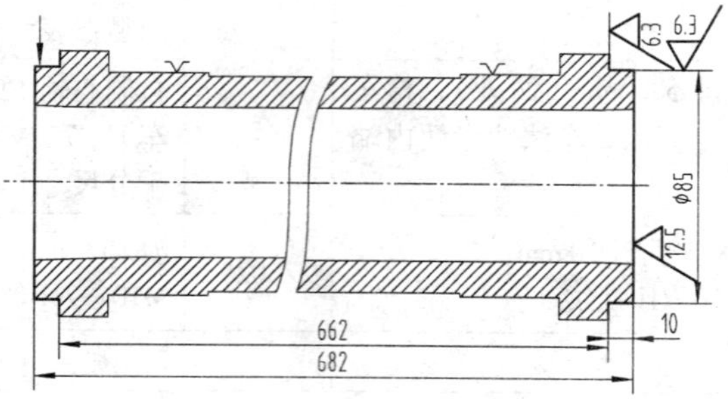 	材料	HT200
		毛坯类型	铸件
		批量	300/批
		机床	C6140
		工序工时	
		工艺装备	
		200×0.02 毫米游标卡尺， 90°YG8 外圆车刀	

（续表）

工步号	工步内容	V（m/min）	f（mm/r）	a_p（mm）
1	用中心架安装，夹一端 $\phi82^{0}_{-0.022}$ mm 外圆，托 $\phi88$ mm 外圆，车端面，车外圆 $\phi82^{0}_{-0.022}$ mm 至 $\phi85$ mm，车法兰盘一外端面，保证尺寸 10 mm	40	0.3	2
2	调头同样装夹，车端面至总长，车外圆 $\phi82^{0}_{-0.022}$ mm 至 $\phi85$ mm，车法兰盘外端面，保证尺寸 662 和 682 mm	40	0.3	2
贵州航天职业技术学院	工艺设计		日期	

表 2-27　液压缸套机械加工工序卡片（第 5 工序）

机械加工工序卡片	零件名称	图号	工序号	工序名称	共 6 页
	液压套	06	5	粗车	第 3 页

工序图		
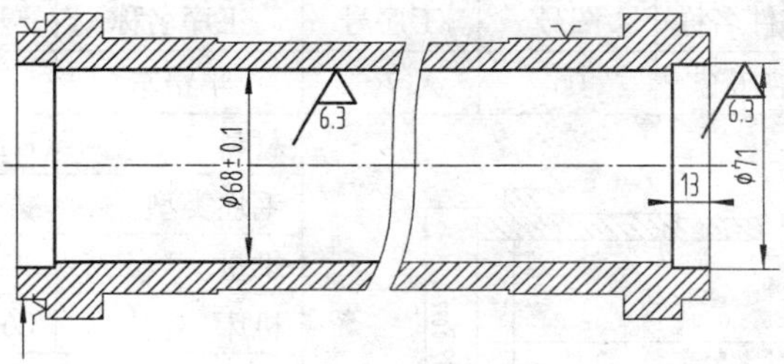	材料	HT200
	毛坯类型	铸件
	批量	300 件/批
	机床	C6140
	工序工时	
	工艺装备	
	0～150 mm 游标卡尺，YG8 内孔防震镗孔车刀，刀杆夹持架等加工装置	

工步号	工步内容	V（m/min）	f（mm/r）	a_p（mm）
1	托两端 $\phi88$ mm 外圆，粗车孔 $\phi70_{0}^{+0.19}$ mm 至 $\phi68$ mm；车孔 $\phi71$ mm 长 13 mm 至图纸要求	40	0.3	1
贵州航天职业技术学院	工艺设计		日期	

表 2-28 液压缸套机械加工工序卡片（第 6 工序）

<table>
<tr><td colspan="2" rowspan="2">机械加工工序卡片</td><td>零件名称</td><td>图号</td><td>工序号</td><td>工序名称</td><td>共 6 页</td></tr>
<tr><td>液压套</td><td>06</td><td>6</td><td>半精车</td><td>第 4 页</td></tr>
<tr><td rowspan="7">工序图</td><td colspan="4" rowspan="7">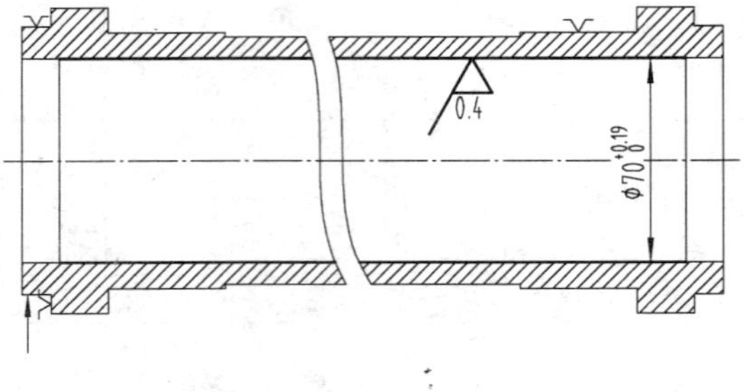
</td><td>材料</td><td>HT200</td></tr>
<tr><td>毛坯类型</td><td>铸件</td></tr>
<tr><td>批量</td><td>300 件/批</td></tr>
<tr><td>机床</td><td>C6140</td></tr>
<tr><td>工序工时</td><td></td></tr>
<tr><td colspan="2">工艺装备</td></tr>
<tr><td colspan="2">0～150 mm 游标卡尺，
50～75 mm 内径量表，
浮动镗刀及刀杆</td></tr>
<tr><td>工步号</td><td colspan="3">工步内容</td><td>V（m/min）</td><td>f（mm/r）</td><td>a_p（mm）</td></tr>
<tr><td>1</td><td colspan="3">半精镗 $\phi70_0^{+0.19}$ 孔至 $\phi69.8_0^{+0.06}$</td><td>20</td><td>0.2</td><td></td></tr>
<tr><td>2</td><td colspan="3">浮动镗 $\phi70_0^{+0.19}$ 孔图纸要求</td><td>5</td><td>0.2</td><td>0.1</td></tr>
<tr><td colspan="2">贵州航天职业技术学院</td><td>工艺设计</td><td colspan="2"></td><td>日期</td><td></td></tr>
</table>

表 2-29 液压缸套机械加工工序卡片（第 7 工序）

<table>
<tr><td colspan="2" rowspan="2">机械加工工序卡片</td><td>零件名称</td><td>图号</td><td>工序号</td><td>工序名称</td><td>共 6 页</td></tr>
<tr><td>液压套</td><td>06</td><td>7</td><td>半精车</td><td>第 5 页</td></tr>
<tr><td rowspan="7">工序图</td><td colspan="4" rowspan="7">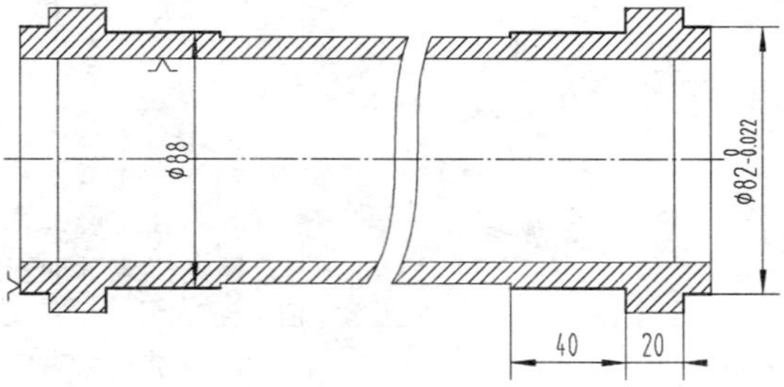
</td><td>材料</td><td>HT200</td></tr>
<tr><td>毛坯类型</td><td>铸件</td></tr>
<tr><td>批量</td><td>300/批</td></tr>
<tr><td>机床</td><td>C6140</td></tr>
<tr><td>工序工时</td><td></td></tr>
<tr><td colspan="2">工艺装备</td></tr>
<tr><td colspan="2">150 × 0.02 毫米游标卡尺，
90°YG8 外圆车刀，
专用心轴</td></tr>
<tr><td>工步号</td><td colspan="3">工步内容</td><td>V（m/min）</td><td>f（mm/r）</td><td>a_p（mm）</td></tr>
<tr><td>1</td><td colspan="3">以孔定位，半精车外圆 $\phi88$ mm（两处），精车 $\phi82^0_{-0.022}$ mm 外圆至图纸要求，车法兰盘两内端面，保证尺寸 20 和 40 mm</td><td>40</td><td>0.2</td><td></td></tr>
<tr><td colspan="2">贵州航天职业技术学院</td><td>工艺设计</td><td colspan="2"></td><td>日期</td><td></td></tr>
</table>

五、加工装置

常用加工装置由刀杆及其夹持架、导套支架等辅具及切削液泵等组成。

1. 刀杆

刀杆由厚壁无缝钢管制成，如图2-19所示。

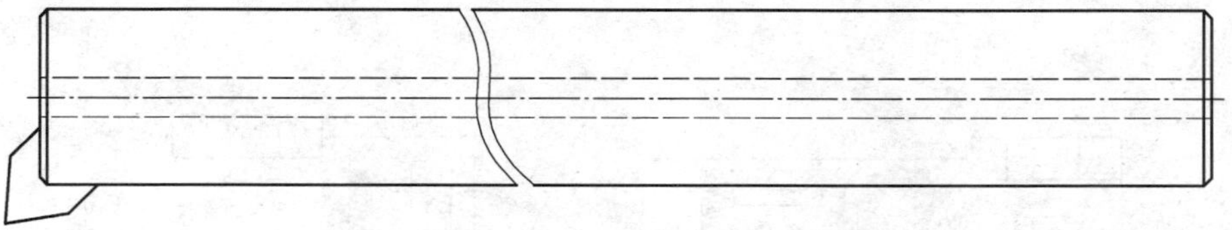

图2-19　镗孔刀杆示意图

2. 刀杆夹持架

刀杆夹持架由钢制成，如图2-20所示。刀杆直径小于45 mm的刀杆夹持架，可直接安装在方刀架上；刀杆直径大于50 mm的刀杆夹持架，应安装在床鞍上。

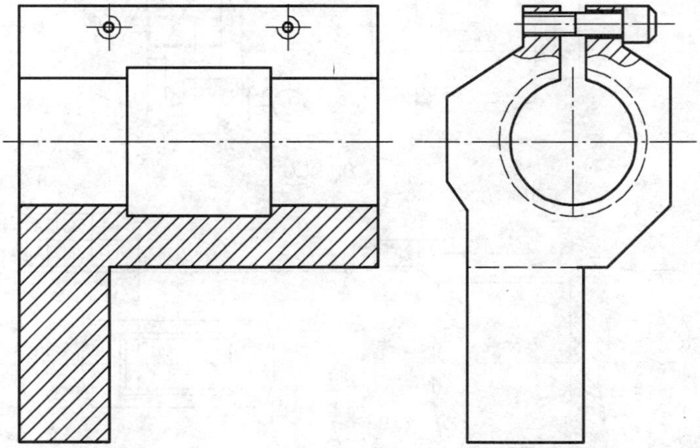

图2-20　刀杆夹持架示意图

3．导套支架

如果还需要安装导套支架，则导套支架安装于主轴与刀架床鞍之间，用于导杆导向，并支承工件和输送切削液。

4．浮动镗刀及镗杆

浮动镗刀及镗杆如图 2-21 所示，其装配组成见表 2-30。

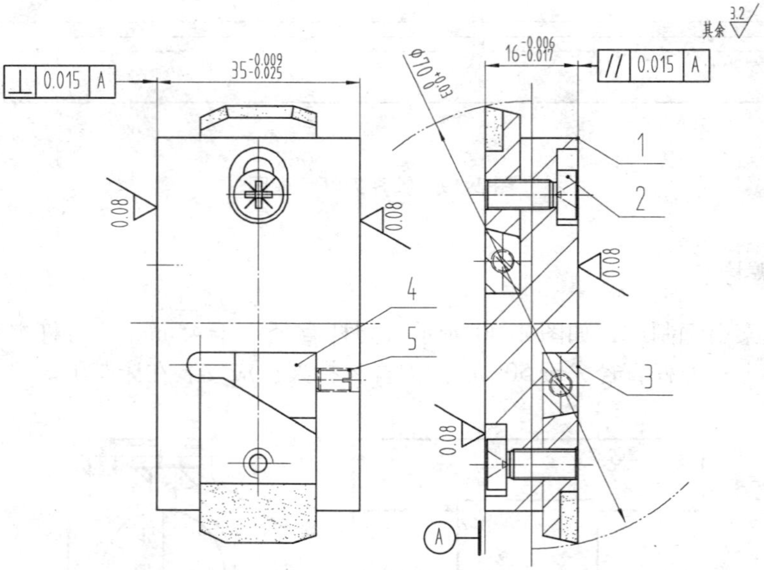

(a) 镗刀

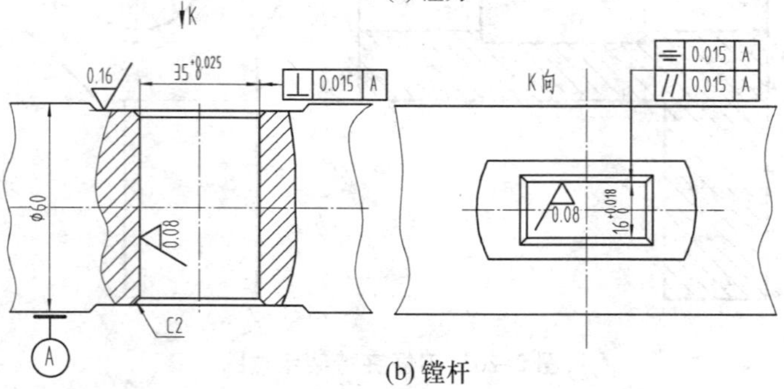

(b) 镗杆

图 2-21　动镗刀及镗杆

1. 刀体；2. 压紧螺钉；3. 刀片；4. 楔块；5. 调刀螺钉

表2-30　浮动镗刀装配明细表

序号	代号	名称	数量	材料
1	01	刀体	1	45
2	GB65—76	螺钉 M5×8	2	45
3	02	刀片	2	45/YG6X
4	03	楔块	2	45
5	GB73—76	螺钉 M4×8	2	45

六、工件的检测

液压缸关键工序的检测详见表2-31。

表2-31　第8道工序检测卡

<table>
<tr><td colspan="2" rowspan="2">检验工序卡片</td><td>零件名称</td><td>图号</td><td>工序号</td><td>工序名称</td><td colspan="2">共 1 页</td></tr>
<tr><td>液压缸</td><td>06</td><td>8</td><td>检验</td><td colspan="2">第 1 页</td></tr>
<tr><td rowspan="7">工序图</td><td colspan="3" rowspan="7">1. 跳动的检测
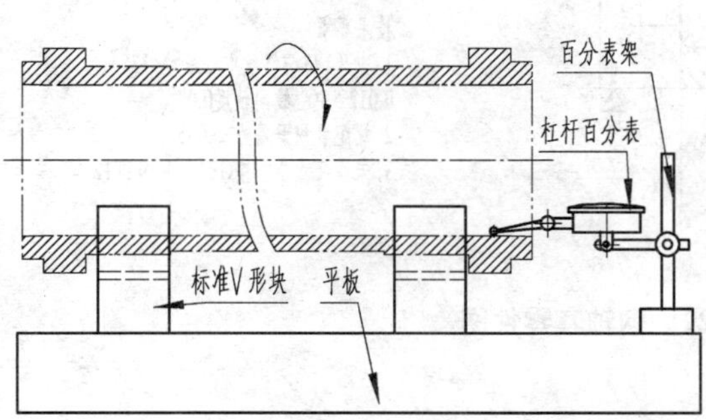
</td><td>材料</td><td>毛坯类型</td><td colspan="2">批量</td></tr>
<tr><td>HT200</td><td>铸件</td><td colspan="2">300件/批</td></tr>
<tr><td>检验项目</td><td colspan="3">工艺装备</td></tr>
<tr><td>1. 外径</td><td colspan="3">75～100 mm 千分尺</td></tr>
<tr><td>2. 跳动</td><td colspan="3">心轴、杠杆百分表及表座、平板、标准V形块</td></tr>
<tr><td>工序工时</td><td colspan="3">略</td></tr>
<tr><td>说明</td><td colspan="3">(1) 外径及其他检验项目从略；
(2) 跳动公差的检测方法如检测工序图所示：工件旋转一周，百分表最大与最小读数之差为所测公差值</td></tr>
<tr><td colspan="2">贵州航天职业技术学院</td><td>设计</td><td colspan="2"></td><td>日期</td><td colspan="2"></td></tr>
</table>

项目 2.7 轴套

一、轴套零件图

钢轴套零件图如图 2-22 所示。

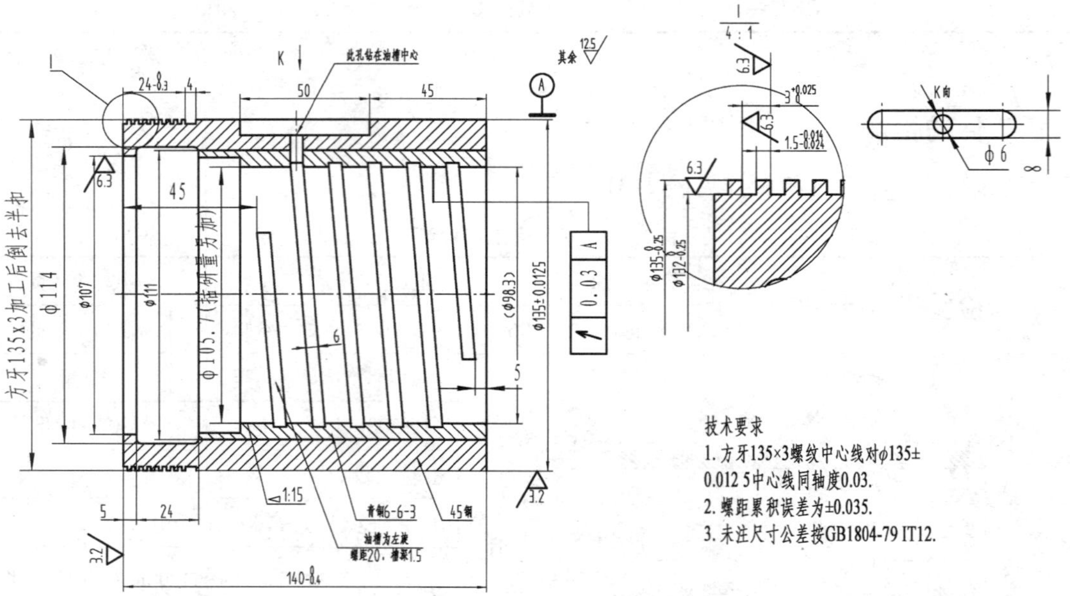

图 2-22 钢轴套零件图

零件图样分析如下。

（1）图 2-22 中以 $\phi135 \pm 0.125$ mm 外圆为最高精度要求，且表面粗糙度为 $Ra3.2$。

（2）图 2-22 中以 $\phi135 \pm 0.125$ mm 外圆为基准，方牙螺纹与外圆轴心线有同轴度公差，与内套油槽孔有跳动公差，公差值为 0.025 mm。

（3）工件材料钢套为 45 号钢，铜套为 35/青铜 6-6-3，零件尺寸变化不大，孔径较大，故采用管料做毛坯。铜套可以在钢套内加砂模浇铸后加工。

二、轴套毛坯图

钢轴套毛坯图如图 2-23 所示。

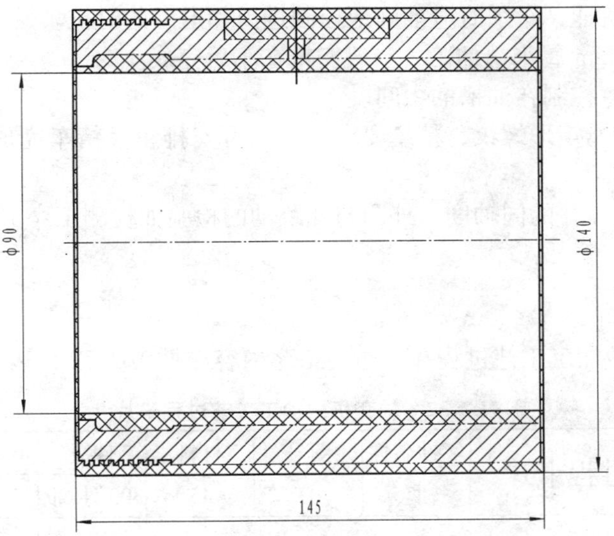

图 2-23　钢轴套毛坯图

三、工艺分析

（1）该零件是一个轴承，用两种金属材料制成。外套为45号钢，内套为锡青铜6-6-3。从零件图来看，该零件上的 $\phi135 \pm 0.125$ mm 外圆、$\phi98.3$ 的内孔要用以装配其他零件，并用方牙螺纹调节轴承轴向位置，使轴与轴承获得应有的间隙。因此必须保证方牙螺纹的中心线对 $\phi98.3$ mm 的内孔轴线的同轴度要求，必须保证 $\phi135 \pm 0.125$ mm 外圆对 $\phi98.3$ 内孔的跳动公差要求。

（2）零件属套类零件，可用心轴定位的方法，以保证基准统一。

（3）铜套应浇铸钢套内再进行内孔及油槽的加工，采用浇铸的方法能与钢套紧密牢固结合，钢套内孔一般在浇铸铜套前应加工几条矩形槽，用于浇铸铜套起固定作用，浇铸前钢套还需进行加热，降低温差。

（4）零件的最高精度和最高表面粗糙度为 $\phi135 \pm 0.125$ mm 外圆柱表面，据此，加工阶段应划分为“粗车—（浇铸—粗车）—半精车—精车—铣—钻”加工阶段，零件加工方案的选择请参阅附录5。

（5）零件为中小批量生产，采用6个加工阶段分别完成加工内容。

（6）零件钢套的材料为45号钢，毛坯为管料。45号钢有良好的切削加工性，加工时不会出现难加工现象。管料表面光滑，余量均匀，不会产生打刀。因此，该零件的加工对刀具没有特殊要求。铜套为35/青铜6-6-3，铜套为浇铸材料时表面会不光滑，余量不均匀，容易打刀。

（7）油槽为不贯通，车削时应准确地控制进刀和退刀的时机。

（8）铣油槽 50 mm 属半精加工，一般安排在车后完成。

（9）钻孔要注意控制在油槽的中间。

（10）方牙螺纹属矩形螺纹，精度要求较高，可安排粗、精车完成。螺纹车削的相关内容请参见本书附录 7。

（11）方牙螺纹与孔的同轴度、外圆与孔跳动的检验如检测工序卡所示。

四、工艺编制

轴套零件的机械加工工艺过程和各主要工序内容详见表 2-32～表 2-39。

表 2-32 轴套机械加工工艺过程卡片

<table>
<tr><td colspan="3" rowspan="2">机械加工工艺过程卡片</td><td>零件名称</td><td>图号</td><td>材料</td><td>件数</td><td>毛坯类型</td><td>毛坯尺寸</td></tr>
<tr><td>轴套</td><td>07</td><td>45</td><td>300 件/批</td><td>管料</td><td>$\phi140\times\phi90\times145$</td></tr>
<tr><td>工序号</td><td>工序名称</td><td colspan="4">工序内容</td><td>机床</td><td colspan="2">工艺装备</td></tr>
<tr><td>1</td><td>下料</td><td colspan="4">下料 $\phi140\times143$ mm 管料</td><td></td><td colspan="2"></td></tr>
<tr><td>2</td><td>粗车</td><td colspan="4">车钢套一端面见光即可，车外圆至 $\phi138$ mm，长度 143 mm。</td><td rowspan="3">CA6140</td><td colspan="2" rowspan="3">90°YT15 外圆车刀
45°YT15 端面车刀
内沟槽车刀
200×0.02 毫米游标卡尺</td></tr>
<tr><td>3</td><td>粗车</td><td colspan="4">车另一端，保证总长 142 mm。车内孔 $\phi111$ mm，长 115 mm，表面粗糙度 $Ra6.3$</td></tr>
<tr><td>4</td><td>粗车</td><td colspan="4">在内孔中切几条矩形槽</td></tr>
<tr><td>5</td><td>铸造</td><td colspan="4">用砂模浇铸铜套</td><td></td><td colspan="2">自制砂模</td></tr>
<tr><td>6</td><td>粗车</td><td colspan="4">车一端面，车铜套内孔 $\phi105.7$ mm，留精车余量 0.5 mm</td><td rowspan="4">CA6140</td><td colspan="2" rowspan="3">45°YT15 端面车刀
镗孔刀
方牙内螺纹车刀
200×0.02 毫米游标卡尺</td></tr>
<tr><td>7</td><td>精车</td><td colspan="4">车铜套内锥孔 $\phi105.7$ mm 至 $\phi105.6$ mm，留括研余量 0.1 mm</td></tr>
<tr><td>8</td><td>半精车</td><td colspan="4">车端面并保证总长 140 mm，车内孔至 $\phi107$ mm，切槽至 $\phi114\times24$ mm</td></tr>
<tr><td>9</td><td>精车</td><td colspan="4">用心轴安装工件，车外圆至 $\phi135\pm0.125$ mm，切槽 4×3 mm，车方牙螺纹 135 mm×3 mm 长 24 mm</td><td colspan="2">自制心轴
外沟槽刀
方牙螺纹车刀
90°YT15 外圆车刀</td></tr>
</table>

（续表）

工序号	工序名称	工序内容	机床	工艺装备
10	铣	铣油槽 6×50 mm 至图纸尺寸	X52	
11	钳	钻 ϕ6 油孔至图纸尺寸，并括研 1∶15 内锥孔 ϕ105.7 mm 至图纸要求	Z515	
12	车	从 ϕ6 油孔处对刀，车螺距为 20 mm 深度为 1.5 mm 的左旋油槽	CA6140	内沟槽车刀
13	检验	按图检查各部尺寸		详见检测工序图
14	入库	涂油入库		
贵州航天职业技术学院	工艺设计		日期	共 1 页　第 1 页

表 2-33　轴套机械加工工序卡片（第 2 工序）

机械加工工序卡片	零件名称	图号	工序号	工序名称	共 7 页
	轴套	07	2	粗车	第 1 页

工序图			
工序图	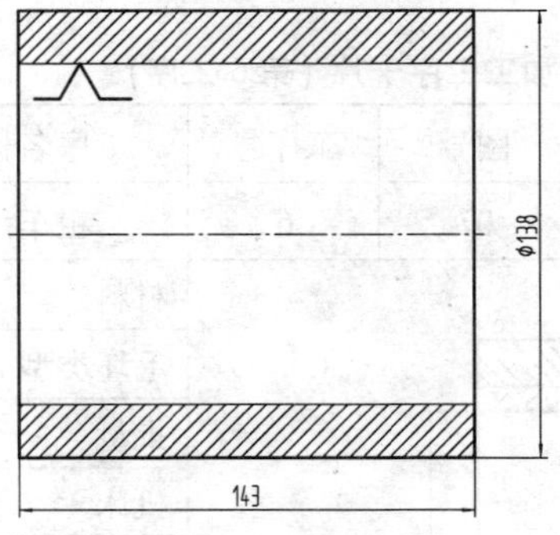	材料	45
		毛坯类型	管料
		批量	300/批
		机床	CA6140
		工序工时	
		工艺装备	
		90°YT15 外圆车刀 45°YT15 端面车刀 200×0.02 毫米游标卡尺	

工步号	工步内容	V（m/min）	f（mm/r）	a_p（mm）
1	车钢套一端面见光即可	60	0.3	1
2	车外圆至 ϕ138 mm，长度 143 mm	60	0.3	1
贵州航天职业技术学院	工艺设计		日期	

表 2-34　轴套机械加工工序卡片（第 4 工序）

<table>
<tr><td colspan="2" rowspan="2">机械加工工序卡片</td><td>零件名称</td><td>图号</td><td>工序号</td><td>工序名称</td><td>共 7 页</td></tr>
<tr><td>轴套</td><td>07</td><td>4</td><td>粗车</td><td>第 2 页</td></tr>
<tr><td rowspan="8">工序图</td><td colspan="4" rowspan="8">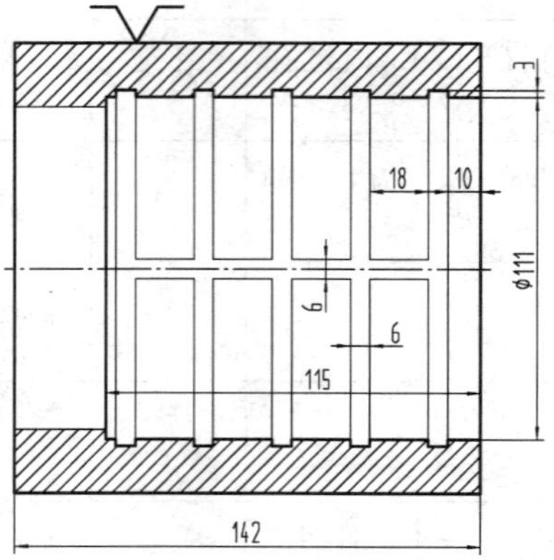
</td><td>材料</td><td>45</td></tr>
<tr><td>毛坯类型</td><td>管料</td></tr>
<tr><td>批量</td><td>300/批</td></tr>
<tr><td>机床</td><td>CA6140</td></tr>
<tr><td>工序工时</td><td></td></tr>
<tr><td colspan="2">工艺装备</td></tr>
<tr><td colspan="2">125 ×0. 02 毫米游标卡尺
45°外圆车刀
镗孔车刀
内切槽刀</td></tr>
</table>

<table>
<tr><td>工步号</td><td colspan="2">工步内容</td><td>V（m/min）</td><td>f（mm/r）</td><td>a_p（mm）</td></tr>
<tr><td>1</td><td colspan="2">车另一端，保证总长 142 mm；车内孔 ϕ111 mm，长 115 mm，表面粗糙度 Ra6. 3</td><td>60</td><td>0. 3</td><td>1</td></tr>
<tr><td>2</td><td colspan="2">在内孔中切几条矩形槽 Ra12. 5</td><td>24</td><td>手动进给</td><td></td></tr>
<tr><td>3</td><td colspan="2">用砂模浇铸铜套</td><td></td><td></td><td></td></tr>
<tr><td>贵州航天职业技术学院</td><td>工艺设计</td><td colspan="2"></td><td>日期</td><td></td></tr>
</table>

表 2-35　轴套机械加工工序卡片（第 6 工序）

<table>
<tr><td colspan="2" rowspan="2">机械加工工序卡片</td><td>零件名称</td><td>图号</td><td>工序号</td><td>工序名称</td><td>共 7 页</td></tr>
<tr><td>轴套</td><td>07</td><td>6</td><td>粗车</td><td>第 3 页</td></tr>
<tr><td rowspan="7">工序图</td><td colspan="4" rowspan="7">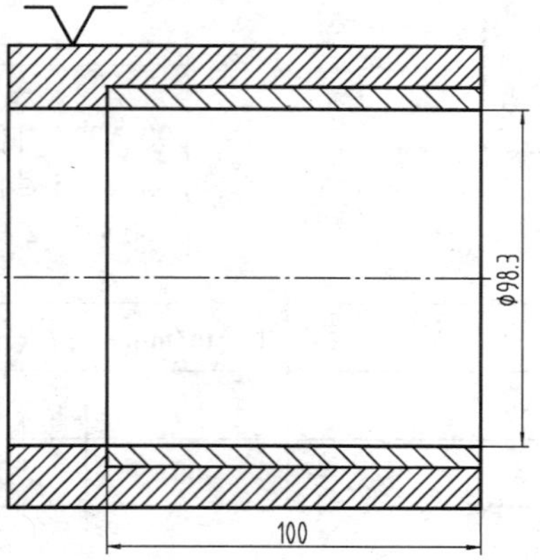
</td><td>材料</td><td>45</td></tr>
<tr><td>毛坯类型</td><td>管料</td></tr>
<tr><td>批量</td><td>300 件/批</td></tr>
<tr><td>机床</td><td>CA6140</td></tr>
<tr><td>工序工时</td><td></td></tr>
<tr><td colspan="2">工艺装备</td></tr>
<tr><td colspan="2">150 ×0. 02 毫米游标卡尺
45°YT15 端面车刀
镗孔车刀
1∶15 锥度规塞</td></tr>
</table>

（续表）

工步号	工步内容		V（m/min）	f（mm/r）	a_p（mm）
1	车一端面，车铜套内孔 φ105.7 mm，留精车余量 0.5 mm		60	0.3	1
2	车铜套内锥孔 φ105.7 mm 至 φ105.5 mm，留括研余量 0.2 mm		40	0.3	0.5
贵州航天职业技术学院	工艺设计			日期	

表 2-36　轴套机械加工工序卡片（第 8 工序）

机械加工工序卡片	零件名称	图号	工序号	工序名称	共　7　页
	轴套	07	8	半精车	第　4　页
工序图	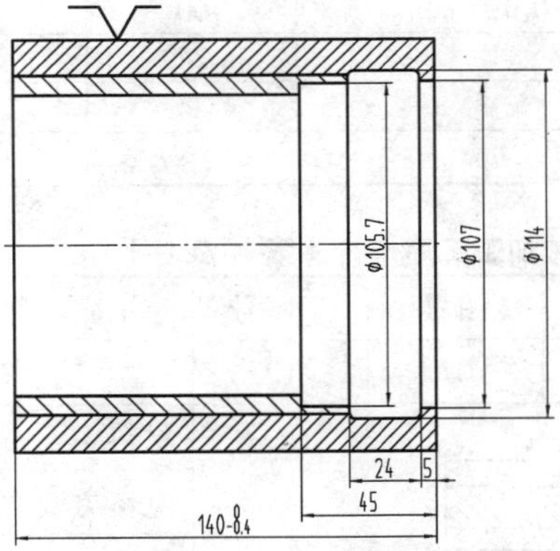			材料	45
				毛坯类型	管料
				批量	300/批
				机床	CA6140
				工序工时	
				工艺装备	
				150×0.02 毫米游标卡尺 150 mm 钢板尺 45°YT15 端面车刀 镗孔刀 内切槽刀	

工步号	工步内容		V（m/min）	f（mm/r）	a_p（mm）
1	车端面并保证总长 140 mm		60	0.3	
2	车内孔至 φ107 mm，长 5 mm		40	0.3	
3	车内孔至 φ114 mm，长 24 mm		40	0.3	
贵州航天职业技术学院	工艺设计			日期	

表 2-37　轴套机械加工工序卡片（第 9 工序）

机械加工工序卡片	零件名称	图号	工序号	工序名称	共 7 页
	轴套	07	9	半精车	第 5 页

工序图		
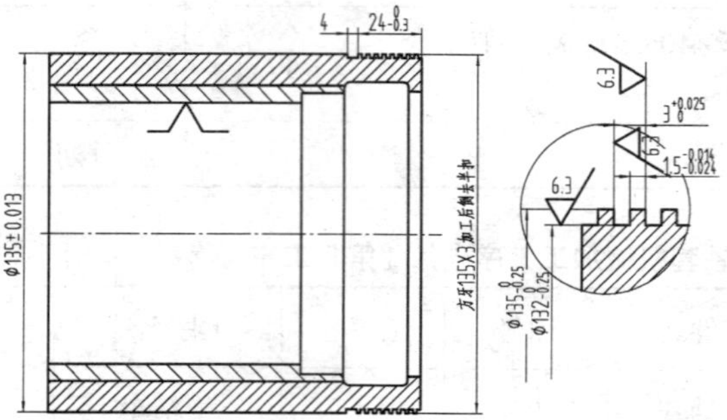	材料	45
	毛坯类型	管料
	批量	300/批
	机床	CA6140
	工序工时	
	工艺装备	
	150×0.02 毫米游标卡尺 90°YT15 外圆车刀 150 mm 钢板尺 方牙螺纹车刀 切槽刀	

工步号	工步内容	V（m/min）	f（mm/r）	a_p（mm）
1	用心轴安装工件，车外圆至 ϕ135±0.125 mm	60	0.3	0.5
2	切槽 4×3 mm	24	手动	
3	车方牙螺纹 135×3 mm 长 24 mm	24	3	
贵州航天职业技术学院	工艺设计		日期	

表 2-38　轴套机械加工工序卡片（第 10 工序）

机械加工工序卡片	零件名称	图号	工序号	工序名称	共 7 页
	轴套	07	10	铣	第 6 页

工序图		
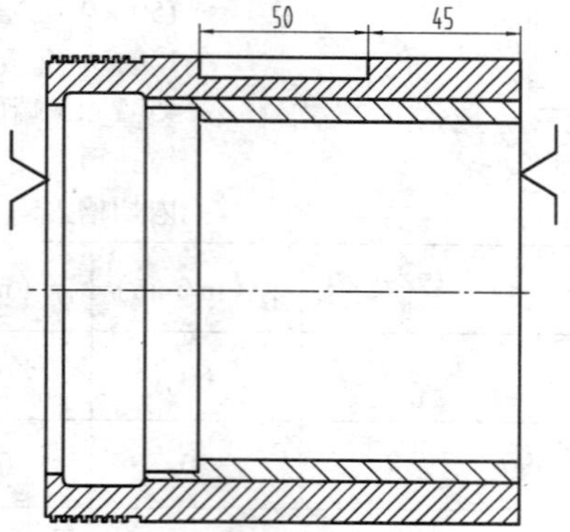	材料	45
	毛坯类型	管料
	批量	300 件/批
	机床	X52
	工序工时	
	工艺装备	
	ϕ8 键槽铣刀 150×0.02 毫米游标卡尺 V 形块 150 mm 钢板尺	

工步号	工步内容	V（m/min）	f（mm/r）	a_p（mm）
1	铣油槽至图纸尺寸	24	0.3	4
贵州航天职业技术学院	工艺设计		日期	

表2-39 轴套机械加工工序卡片（第11工序）

机械加工工序卡片	零件名称	图号	工序号	工序名称	共 7 页
	轴套	07	11	钳	第 7 页

工序图		
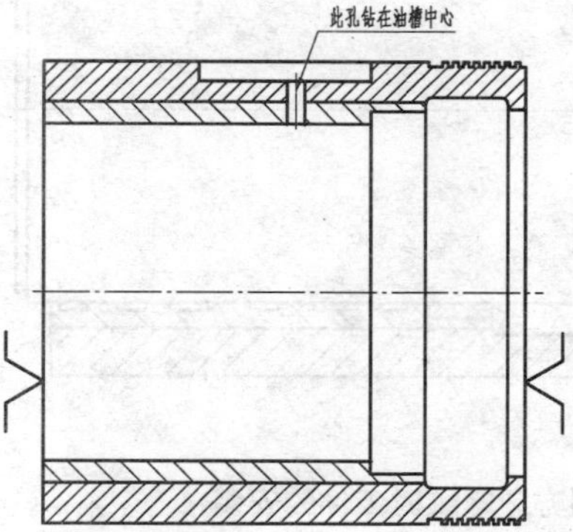	材料	45
	毛坯类型	管料
	批量	300 件/批
	机床	Z515
	工序工时	
	工艺装备	
	麻花钻 括刀 专用1:15锥度塞规	

工步号	工步内容	V（m/min）	f（mm/r）	a_p（mm）
1	钻 $\phi6$ 油孔至图纸尺寸	24	手动	3
2	括研 1：15 内锥孔至 $\phi105.6$ mm			
贵州航天职业技术学院	工艺设计		日期	

五、部分工序工件的装夹

1. 第9道工序精车方牙螺纹及外圆

第9道工序精车方牙螺纹及外圆时，工件安装在锥度心轴上，在车床的两顶尖上加工。如图2-24所示。

2. 第10道工序铣槽及第11道工序钻孔

第10道工序铣槽及第11道工序钻孔，均可按图2-25所示安装工件，即工件在机用平口钳上用V形块和垫铁定位并夹紧。

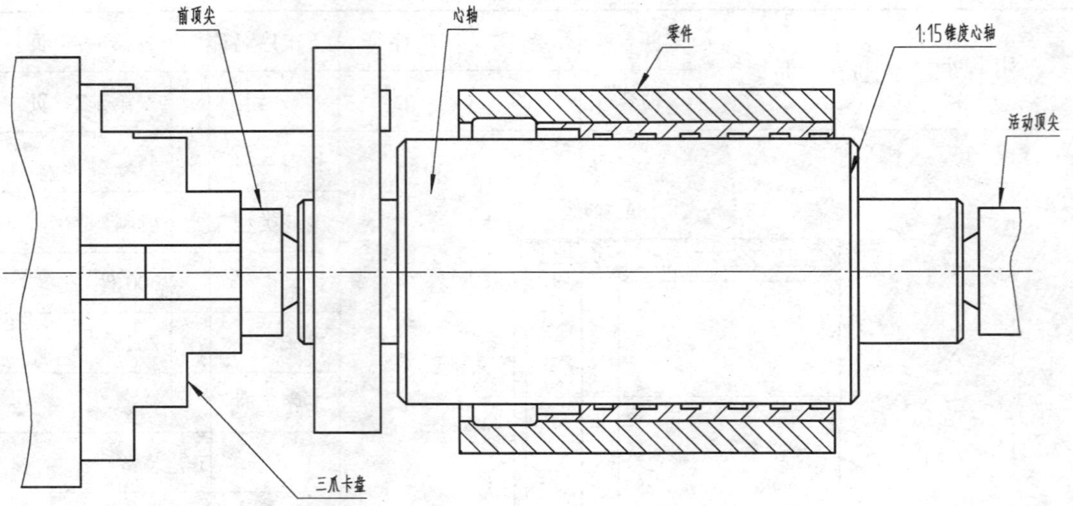

图 2-24 车削方牙螺纹时工件的安装

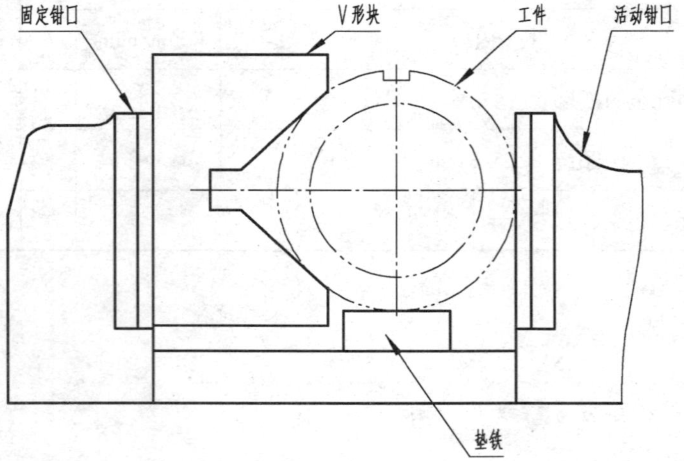

图 2-25 机用平口钳装夹工件

六、工件的检测

关键工序的检测详见表 2-40。

表 2-40　轴套第 13 道工序检测卡

<table>
<tr><td colspan="2" rowspan="2">检验工序卡片</td><td>零件名称</td><td>图号</td><td>工序号</td><td>工序名称</td><td>共 1 页</td></tr>
<tr><td>轴套</td><td>07</td><td>13</td><td>检验</td><td>第 1 页</td></tr>
<tr><td rowspan="7">工序图</td><td colspan="3" rowspan="7">2. 跳动
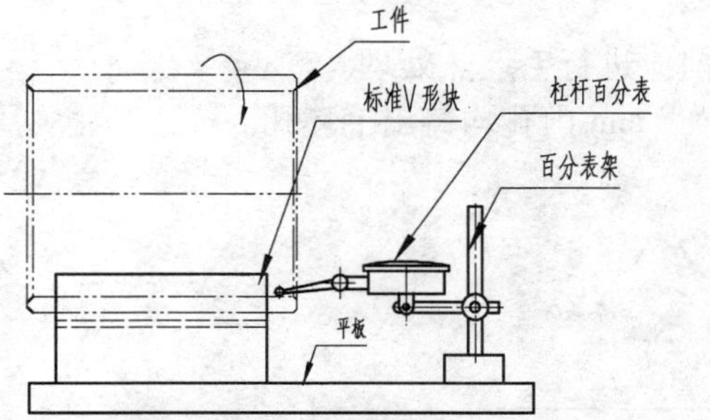
</td><td>材料</td><td>毛坯类型</td><td>批量</td></tr>
<tr><td>45</td><td></td><td>300 件/批</td></tr>
<tr><td>检验项目</td><td colspan="2">工艺装备</td></tr>
<tr><td>1. 外径</td><td colspan="2">125～150 千分尺</td></tr>
<tr><td>2. 跳动</td><td colspan="2">杠杆百分表及表座、平板、V 形块</td></tr>
<tr><td>工序工时</td><td colspan="2">略</td></tr>
<tr><td>说明</td><td colspan="2">（1）外径及其他检验项目从略；
（2）跳动公差的检测方法如检测工序图所示：工件旋转一周，百分表最大与最小读数之差为所测公差值</td></tr>
<tr><td colspan="2">贵州航天职业技术学院</td><td>工艺设计</td><td colspan="2"></td><td>日期</td><td></td></tr>
</table>

项目 2.8　直齿圆柱齿轮

一、直齿圆柱齿轮零件图

直齿圆柱齿轮零件图如图 2-26 所示。

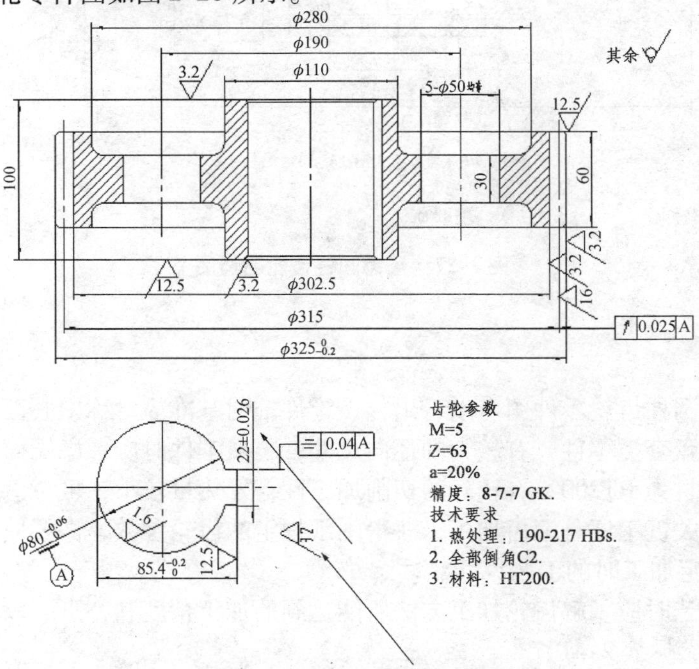

图 2-26　直齿圆柱齿轮零件图

零件图样分析如下。

（1）图中以 $\phi80_{0}^{+0.06}$ mm 内孔和齿面精度和表面粗糙度要求最高，轮齿精度为 8-7-7 级。

（2）工件材料为 HT200，只能通过铸造获得毛坯。由于生产类型为单件生产，采用木模手工造型。

（3）零件需进行人工时效，故加工前应进行毛坯热处理。

（4）工件内孔大于 30 mm，故 $\phi80_{0}^{+0.06}$ mm 内孔均铸出毛坯孔。

二、直齿圆柱齿轮毛坯图

直齿圆柱齿轮毛坯图如图 2-27 所示。

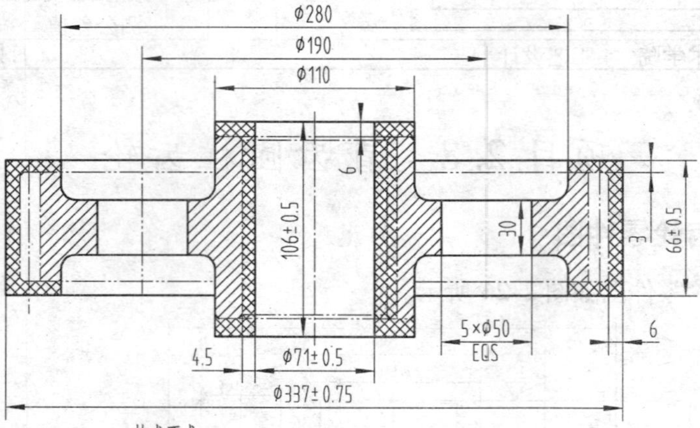

技术要求
1. 铸件精度为6级,检验标准:JB2845-80.
2. 拔模斜度20~30.
3. 未注铸造圆角R2 mm.

图 2-27 直齿圆柱齿轮毛坯图

三、工艺分析

（1）从直齿圆柱齿轮零件图可以看出，该零件轴向基准为对称中心面。

（2）零件属盘套类零件，有较大的径向尺寸，装夹工件时应考虑端面定位。

（3）零件用材为 HT200，有较好的切削加工性，发热量较小，可考虑加大切削用量。

（4）零件的关键工序是滚齿加工，获得图纸规定的齿轮参数，需要使用滚齿夹具并查阅有关资料以确定加工时的工艺尺寸。

（5）编制工艺时应了解齿轮加工方法所能达到的加工精度和特点，以便选择一种恰当的加工方法，可参见表 2-41。

（6）滚齿加工装夹示意如图2-28所示，插齿加工装夹示意如图2-29所示。滚齿夹具和插齿夹具的安装精度，可参见表2-42和表2-43。

（7）齿轮测量参见本书附录10。

表2-41　各种齿轮加工方法所能达到的精度及表面粗糙度

序号	加工方法	加工精度等级	表面粗糙度 $Ra/\mu m$
1	盘状成形铣刀铣齿	9	0.5～10
2	指状成形铣刀铣齿	9	0.2～10
3	滚齿加工	6～9	1.25～5
4	插齿加工	6～8	1.25～5
5	剃齿加工	6～7	0.32～1.25
6	磨齿加工	4～7	0.16～0.63

表2-42　滚齿夹具安装要求　（单位：mm）

检查位置	齿轮精度等级		
	6	7	8
a	0.01	0.015	0.025
b	0.005	0.01	0.015
c	0.003	0.007	0.01

表2-43　插齿夹具安装要求　（单位：mm）

检查项目位置	检查部位		
	a	b	c
径向跳动	0.01 mm	小于0.008	
端面跳动			0.005～0.03

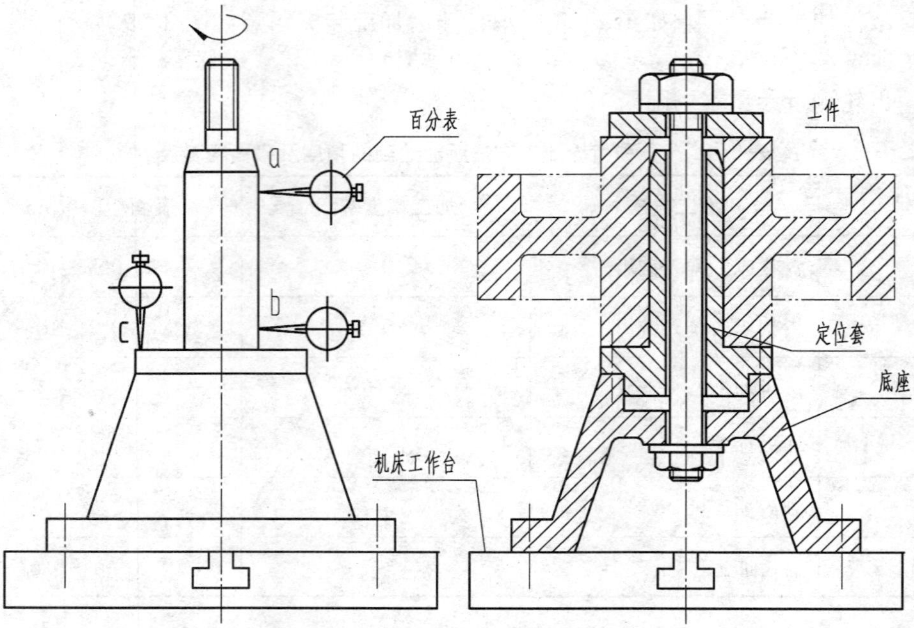

图 2-28　滚齿加工装夹示意图

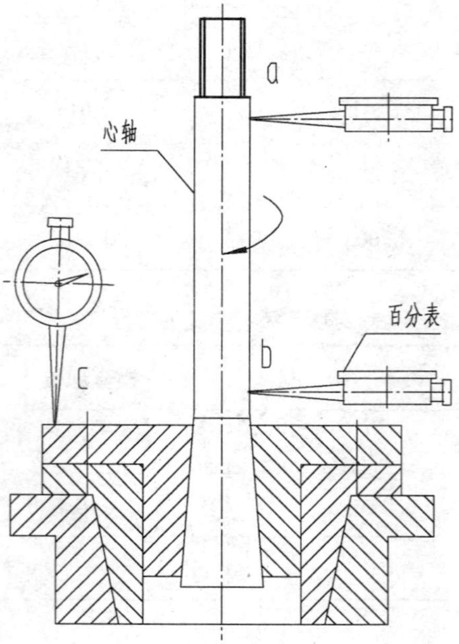

图 2-29　插齿加工装夹示意图

四、工艺编制

直齿圆柱齿轮零件的机械加工工艺过程和各主要工序内容详见表2-44～表2-50。

表2-44　圆柱齿轮机械加工工艺过程卡片

<table>
<tr><td colspan="3" rowspan="2">机械加工工艺过程卡片</td><td>零件名称</td><td>图号</td><td>材料</td><td>件数</td><td>毛坯类型</td><td>毛坯尺寸</td></tr>
<tr><td>圆柱齿轮</td><td>08</td><td>HT200</td><td>10</td><td>铸件</td><td>—</td></tr>
<tr><td>工序号</td><td>工序名称</td><td colspan="5">工序内容</td><td>机床</td><td>工艺装备</td></tr>
<tr><td>1</td><td>铸造</td><td colspan="5">铸造，木模手工造型</td><td></td><td></td></tr>
<tr><td>2</td><td>冷作</td><td colspan="5">清砂，去飞边、毛刺、浇冒口</td><td></td><td></td></tr>
<tr><td>3</td><td>热处理</td><td colspan="5">人工时效、正火</td><td></td><td></td></tr>
<tr><td>4</td><td>油漆</td><td colspan="5">非加工表面涂红色底漆</td><td></td><td></td></tr>
<tr><td>5</td><td>粗车</td><td colspan="5">夹工件一端轮辐内圆，找正不加工端面。内径车至 $\phi75\pm0.1$ mm，车轮齿端面，保证齿侧距轮辐18 mm；车轮毂端面，保证距齿侧20 mm，车外齿圈至 $\phi330$ mm</td><td>C630</td><td>45°、90° YG8 内外圆车刀，150 mm 钢板尺，500×0.02 毫米游标卡尺，划针盘</td></tr>
<tr><td>6</td><td>粗车</td><td colspan="5">翻面，用三爪自动定心卡盘夹 $\phi330$ mm 处，车尺寸60 mm至66 mm，车尺寸100 mm至106 mm</td><td>C630</td><td>同第4序</td></tr>
<tr><td>7</td><td>精车</td><td colspan="5">精车外齿圈，内孔至图样尺寸。精车齿圈外侧，将尺寸60 车至63 mm；精车轮毂端面，将尺寸100 车至103 mm</td><td>C630</td><td>同第4序</td></tr>
<tr><td>8</td><td>精车</td><td colspan="5">翻面，用夹具装夹工件，精车端面保证尺寸60和100 mm；精车外齿圈，注意接刀</td><td>C630</td><td>同第4序</td></tr>
<tr><td>9</td><td>插齿</td><td colspan="5">插内孔键槽至图样尺寸</td><td>B5040E</td><td>YG6 插槽刀，125×0.02 毫米游标卡尺，26±0.026 mm 键槽综合量规</td></tr>
<tr><td>10</td><td>滚齿</td><td colspan="5">以轮毂端面定位滚齿，在外齿侧面下端安置辅助支承，滚齿至图纸尺寸</td><td>Y3150E</td><td>100～125 mm 公法线千分尺，5m 高 YG6 齿轮滚刀</td></tr>
<tr><td>11</td><td>检验</td><td colspan="5">按图纸要求检查各部</td><td></td><td>100～125 mm 公法线千分尺，500×0.02 毫米游标卡尺</td></tr>
<tr><td>12</td><td>入库</td><td colspan="5">涂油入库</td><td></td><td></td></tr>
<tr><td colspan="2">贵州航天职业技术学院</td><td>工艺设计</td><td></td><td colspan="2">日期</td><td></td><td>共1页</td><td>第　1　页</td></tr>
</table>

表 2-45 圆柱齿轮机械加工工序卡片（第 4 工序）

机械加工工序卡片	零件名称	图号	工序号	工序名称	共 6 页
	圆柱齿轮	08	4	车	第 1 页

工序图		
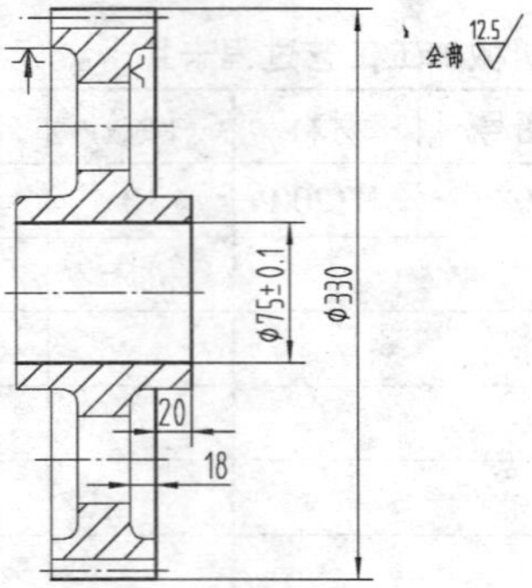	材料	HT200
	毛坯类型	铸件
	批量	10 件
	机床	C630
	工序工时	
	工艺装备	
	45°、90° YG8 内外圆车刀，150 mm 钢板尺，500 × 0.02 毫米游标卡尺，划针盘	

工步号	工步内容	V（m/min）	f（mm/r）	a_p（mm）
1	找正轮辐，车轮齿端面，保证齿侧距轮辐 18 mm	80	0.80	2
2	车轮毂端面，保证距齿侧 20 mm			
3	车外齿圈至 ϕ330 mm			2.5
4	内径车至 ϕ75 ±0.1 mm			
贵州航天职业技术学院	工艺设计		日期	

表 2-46 圆柱齿轮机械加工工序卡片（第 5 工序）

机械加工工序卡片	零件名称	图号	工序号	工序名称	共 6 页
	圆柱齿轮	08	5	车	第 2 页

工序图		
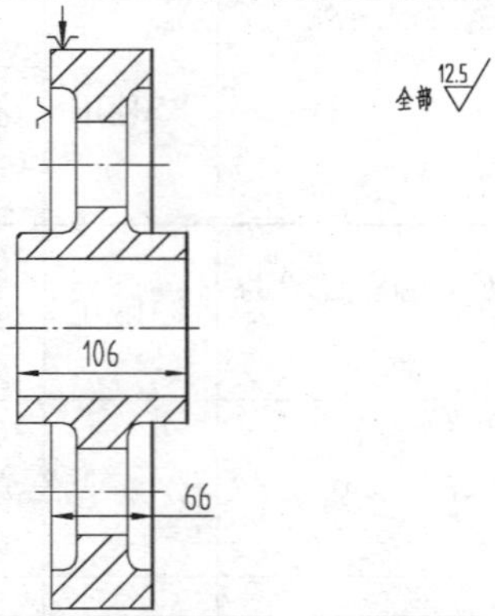	材料	HT200
	毛坯类型	铸件
	批量	10 件
	机床	C630
	工序工时	
	工艺装备	
	45°、90° YG8 内外圆车刀，150 mm 钢板尺，500 × 0.02 毫米游标卡尺	

（续表）

工步号	工步内容	V（m/min）	f（mm/r）	a_p（mm）
1	调头，用三爪自动定心卡盘夹 ϕ330 mm 处，车尺寸 60 mm 至 66 mm，车尺寸 100 mm 至 106 mm	80	0.80	2
贵州航天职业技术学院	工艺设计		日期	

表 2-47　圆柱齿轮机械加工工序卡片（第 6 工序）

<table>
<tr><td rowspan="2" colspan="2">机械加工工序卡片</td><td>零件名称</td><td>图号</td><td>工序号</td><td>工序名称</td><td>共 6 页</td></tr>
<tr><td>圆柱齿轮</td><td>08</td><td>6</td><td>车</td><td>第 3 页</td></tr>
<tr><td rowspan="7">工序图</td><td rowspan="7" colspan="4">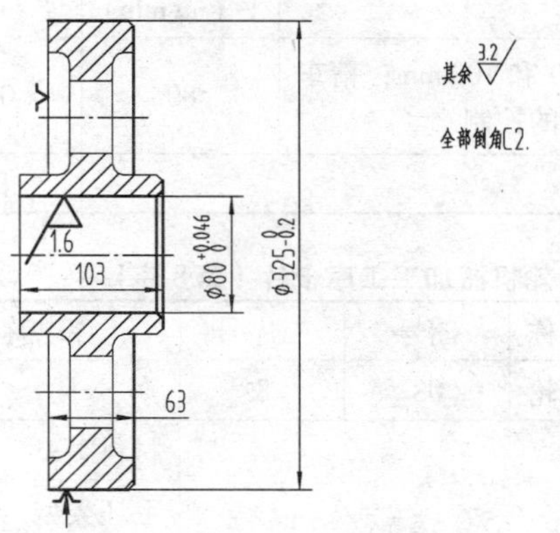
</td><td>材料</td><td>HT200</td></tr>
<tr><td>毛坯类型</td><td>铸件</td></tr>
<tr><td>批量</td><td>10 件</td></tr>
<tr><td>机床</td><td>C630</td></tr>
<tr><td>工序工时</td><td></td></tr>
<tr><td colspan="2">工艺装备</td></tr>
<tr><td colspan="2">45°、90° YG8 内外圆车刀，150 mm 钢板尺，125 × 0.02 毫米游标卡尺</td></tr>
</table>

工步号	工步内容	V（m/min）	f（mm/r）	a_p（mm）
1	精车外齿圈，内孔至图样尺寸。精车齿圈外侧，将尺寸 60 mm 车至 63 mm；精车轮毂端面，将尺寸 100 mm 车至 103 mm	80	0.20	1.5
贵州航天职业技术学院	工艺设计		日期	

表 2-48 圆柱齿轮机械加工工序卡片（第 7 工序）

机械加工工序卡片	零件名称	图号	工序号	工序名称	共 6 页
	圆柱齿轮	08	7	车	第 4 页

工序图	项目	内容
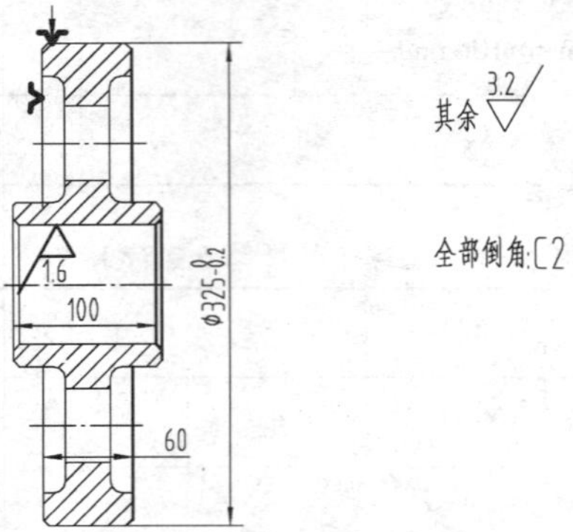	材料	HT200
	毛坯类型	铸件
	批量	10 件
	机床	C630
	工序工时	
	工艺装备	45°、90°YG8 内外圆车刀，150 mm 钢板尺，500 × 0.02 毫米游标卡尺

工步号	工步内容	V（m/min）	f（mm/r）	a_p（mm）
1	调头精车，精车端面保证尺寸 60 和 100 mm；精车外齿圈至图纸尺寸，注意接刀痕的控制	80	0.20	1.5
贵州航天职业技术学院	工艺设计		日期	

表 2-49 圆柱齿轮机械加工工序卡片（第 8 序）

机械加工工序卡片	零件名称	图号	工序号	工序名称	共 6 页
	圆柱齿轮	08	8	插	第 5 页

工序图	项目	内容
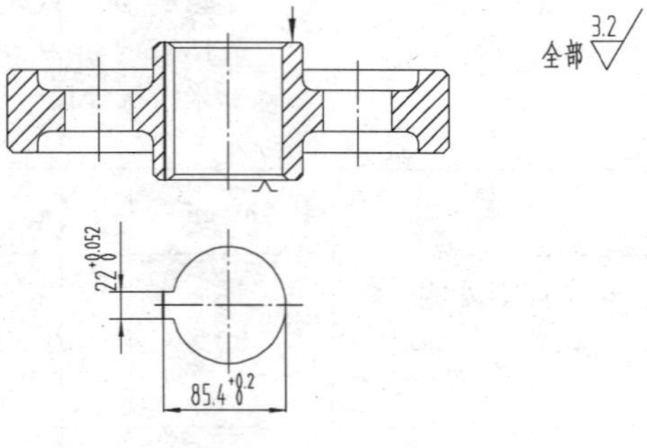	材料	HT200
	毛坯类型	铸件
	批量	10
	机床	C630
	工序工时	
	工艺装备	$22_{0}^{+0.052}$、YG6 插槽刀，200 × 0.02 毫米游标卡尺，26 ± 0.026 mm 键槽综合量规

工步号	工步内容	V	f	a_p（mm）
1	按图定位并夹紧，插内孔键槽至图样尺寸	50 次/min	0.12 mm/双行程	22
贵州航天职业技术学院	工艺设计		日期	

表2-50 圆柱齿轮机械加工工序卡片（第9工序）

<table>
<tr><td colspan="2" rowspan="2">机械加工工序卡片</td><td>零件名称</td><td>图号</td><td>工序号</td><td>工序名称</td><td>共 6 页</td></tr>
<tr><td>圆柱齿轮</td><td>08</td><td>9</td><td>滚齿</td><td>第 6 页</td></tr>
<tr><td rowspan="8">工序图</td><td colspan="4" rowspan="8">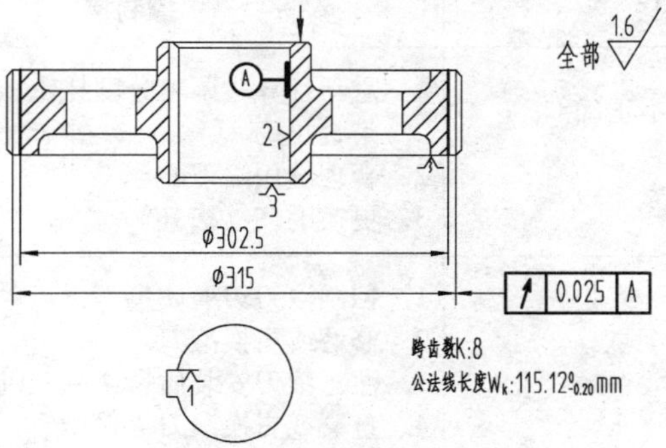
</td><td>材料</td><td>HT200</td></tr>
<tr><td>毛坯类型</td><td>铸件</td></tr>
<tr><td>批量</td><td>10</td></tr>
<tr><td>机床</td><td>C630</td></tr>
<tr><td>工序工时</td><td></td></tr>
<tr><td colspan="2">工艺装备</td></tr>
<tr><td colspan="2">夹具，5m、YG6硬质合金齿轮滚刀，100～125 mm公法线千分尺</td></tr>
</table>

工步号	工步内容	V（m/min）	f（mm/r）	a_p（mm）
1	以轮毂端面定位滚齿，在外齿侧面下端安置辅助支承，滚齿至图纸要求	18	0.12	3.5
贵州航天职业技术学院	工艺设计		日期	

五、齿轮检验

齿轮检验可参阅本书附录10，其他部位检验从略。

本项目跨齿数及公法线长度计算如下：

（1）跨齿数 $K=0.111z+0.5$（$\alpha=20°$，z：被测齿轮齿数）；

（2）公法线长度 $W_K=m[2.9521(K-0.5)+0.014Z]$。

以上两项也可以通过查表获得。

本项目中：

$K=7.493$，取 $K=8$；

$W_K=115.12$（mm）。

六、齿轮加工质量控制

齿轮的齿形常用滚齿方法加工，滚齿加工的质量原因分析及控制措施参见表2-51。

表2-51 滚齿加工的质量原因分析及控制措施

项目	质量不合格原因	控制措施
齿数不正确	1. 挂轮或分度交换齿轮调整不正确 2. 滚刀选用错误 3. 齿坯尺寸不正确	1. 重新计算、调整分度挂轮，并检查中间轮是否正确 2. 合理选用滚刀 3. 更换毛坯（齿坯）
齿面加工出棱面	1. 滚刀等分性差 2. 滚刀有制造缺陷 3. 滚刀径向跳动与轴向窜动 4. 滚刀磨损严重	1. 控制滚刀刃磨质量 2. 修磨或更换滚刀 3. 注意滚刀安装质量或调整机床 4. 重磨或更换滚刀
齿形不对称	1. 滚刀安装不对中 2. 重磨滚刀前刀面径向误差增大 3. 滚刀安装的误差较大	1. 用专用工具安装滚刀 2. 控制滚刀的刃磨质量 3. 重新调整滚刀的安装角
齿形角不对	1. 滚刀的齿形角误差太大或磨损严重 2. 重磨滚刀前刀面径向误差增大 3. 滚刀安装的误差较大	1. 合理选择滚刀精度或更换滚刀 2. 控制滚刀的刃磨质量 3. 重新调整滚刀的安装角
齿形周期性误差	1. 滚刀安装径向跳动、轴向窜动大 2. 机床工作台回转不均匀 3. 跨轮或分度交换齿轮安装偏心或齿面损伤 4. 刀架滑板松动 5. 工件安装时定位基面不可靠或夹紧力过小	1. 控制滚刀的安装精度 2. 检查工作台蜗杆是否有轴向窜动 3. 检查跨轮和分度齿轮安装及运转情况 4. 调整刀架楔铁，减小间隙 5. 合理确定工件定位方案和确定合适的夹紧力
齿圈径向跳动超差	1. 工作台径向跳动大 2. 定位心轴磨损、间隙过大 3. 上下顶尖不同轴或松动 4. 夹具定位支承面与工作台轴线不垂直 5. 定位精度太低 6. 工件孔径超差 7. 找正安装时找正精度低 8. 工艺系统刚性差	1. 检查并修复工作台 2. 更换定位心轴或使用可涨心轴 3. 修复或调整顶尖安装 4. 调整定位副，更换不合格元件 5. 提高定位副精度 6. 控制工件孔的精度 7. 精心找正工件 8. 支承面积尽量大，增加辅助支承

（续表）

项目	质量不合格原因	控制措施
齿向误差超差	1. 立柱导轨与工作台轴线不平行 2. 工作台端面跳动大 3. 上下顶尖不同轴 4. 工作台蜗轮副间隙过大 5. 工作台蜗轮副传动存在周期性误差 6. 垂直进给丝杆螺距误差大 7. 分度、差动挂轮误差大 8. 齿坯两端面不平行 9. 工件定位孔与端面不垂直	1. 修复立柱精度，控制机床热变形 2. 修复工作台、恢复回转精度 3. 修复或调整两顶尖精度 4. 合理调整工作台蜗轮副间隙 5. 修复工作台蜗轮副恢复精度 6. 修复或更换垂直进给丝杆 7. 重新计算分度和差动挂轮 8. 控制齿坯精度 9. 控制齿坯孔与端面的垂直度
齿距累积误差超差	1. 工作台蜗轮副传动精度低 2. 工作台径向和端面跳动大 3. 分度挂轮啮合间隙大或挂轮有缺陷	1. 修复工作台蜗轮副回转精度 2. 修复工作台轴套或台面精度 3. 检查分度挂轮的间隙和运转情况
齿面产生裂纹	1. 齿坯材质不均匀 2. 齿坯热处理方式不对 3. 切削用量选择不对，产生积屑瘤 4. 切削液选择不当，使用不合理 5. 滚刀磨损严重	1. 控制齿坯材质质量 2. 正确选择热处理方法，尤其注意调质处理后的硬度，建议采用正火处理 3. 正确选择切削用量 4. 提高切削液的润滑效能 5. 更换新刀
加工时发生啃齿	1. 立柱三角导轨与拖板配合太松，造成拖板进给突然变大；或者太紧造成拖板爬行 2. 刀架斜齿轮啮合间隙过大 3. 液压系统油压不稳	1. 调整三角导轨松紧程度，松紧适当 2. 调整刀架齿轮间隙或更换斜齿轮 3. 清洗液压系统
齿面产生振纹	1. 机床传动系统齿轮啮合间隙过大 2. 工艺系统刚性不足 3. 切削用量过大 4. 后托架间隙过大	1. 及时修理机床或更换易损件 2. 提高工艺系统刚性：缩短滚刀支承距离；加大工件安装时与工作台的接触面积；缩短两顶尖之间的距离 3. 正确选用切削用量 4. 正确使用后托架
齿轮表面出现鱼鳞	齿坯热处理方法不当，加工调质处理后的工件比较多见	1. 酌情控制调质处理后的硬度 2. 建议以正火处理作为齿坯的预处理，齿面根据需要而定

项目 2.9　车床改镗床镗薄壁管

一、管子零件图

管子零件图如图 2-30 所示，管子长度列表参见表 2-52。

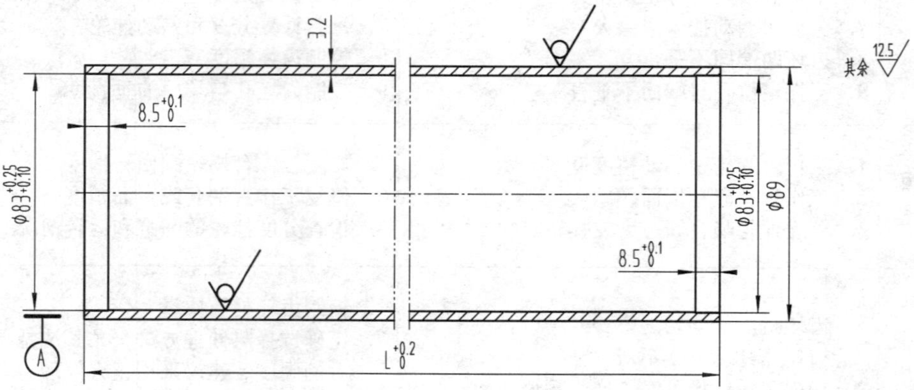

图 2-30　管子零件图

表 2-52　管子长度列表

长度	1	2	3	4
L（mm）	210	270	750	950

零件图样分析如下：

（1）图 2-30 中最主要的加工部分为 $\phi83^{+0.25}_{+0.1}$ mm 孔，深度 $8.5^{+0.1}_{0}$，表面粗糙度 $Ra12.5$；

（2）工件材料为 45 号钢，加工余量少，结构简单，采用焊接钢管做毛坯；

（3）工件无热处理要求，故加工过程中无须转序。

二、管子毛坯图

管子毛坯为焊接钢管，用锯床下料，其毛坯图如图 2-31 所示。

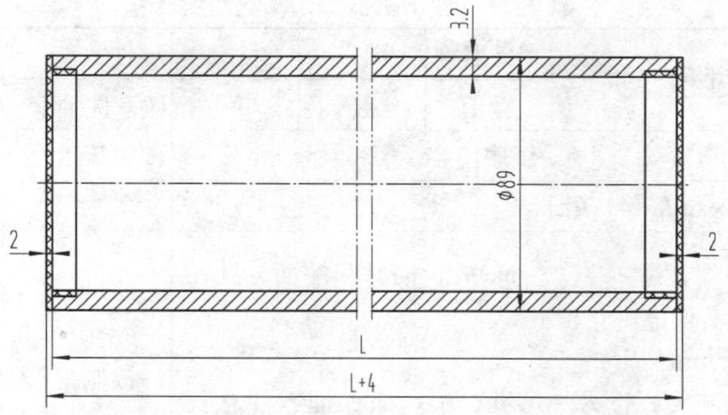

图 2-31　管子毛坯图

三、工艺分析

（1）从管子零件图中可以看出，零件两端 $\phi83^{+0.25}_{+0.1}$ mm 孔用于装配其他零件（例如轴承）。但其表面粗糙度要求不高，故可采用镗削的方式对其进行加工。

（2）零件结构简单，生产类型为大批量生产。

（3）由于零件的长度尺寸为 4 种规格，在装夹过程中会出现更换工装夹具的麻烦，增加了辅助时间，故应设计专用工装夹具。

（4）零件总长 L，$\phi83^{+0.25}_{+0.1}$ mm 孔径及孔深 $8.5^{+0.1}_{0}$ 这三个尺寸，如果分散加工会造成工序分散，增加转序时间，从而增加单件工时。因此，必须为该零件的加工设计专用刀具，对零件进行双工位加工，保证以上三个尺寸在同一工位加工完成。

（5）工件是薄壁零件，容易产生夹紧变形，装夹工件时夹紧点应远离工件加工部位，因此应选择 C630 车床，以便能将工件装入机床主轴孔内。装夹工件时要注意焊缝处不宜做定位基面。

（6）对长度为 750 mm 和 950 mm 的两种工件，必须使用中心架支承工件。由于工件是焊接钢管，焊缝的存在为使用中心架增加了困难。

（7）因为工件是焊接钢管，内壁存在焊接毛刺，镗孔时镗刀宜设计出负刃倾角，以保护刀尖。

根据以上分析，为实现优质、高产、低耗的目标，应采用专用机床对其进行加工。

四、工艺编制

管子零件的机械加工工艺过程和各主要工序内容详见表 2-53～表 2-55。

表 2-53　管子机械加工工艺过程卡

<table>
<tr><td colspan="3" rowspan="2">机械加工工艺过程卡片</td><td>零件名称</td><td>图号</td><td>材料</td><td>件数</td><td>毛坯类型</td><td>毛坯尺寸</td></tr>
<tr><td>管子</td><td>01</td><td>45</td><td>1000 件/批</td><td>管料</td><td>$\phi 89 \times (L+4)$</td></tr>
<tr><td>工序号</td><td>工序名称</td><td colspan="4">工序内容</td><td>机床</td><td colspan="2">工艺装备</td></tr>
<tr><td>1</td><td>下料</td><td colspan="4">$\phi 89 \times (L+4)$ 管料</td><td></td><td colspan="2"></td></tr>
<tr><td>2</td><td>镗</td><td colspan="4">夹一端，镗 $\phi 83_{+0.1}^{+0.25}$ mm 孔，同时车端面，见光即可，保证尺寸 $8.5^{+0.1}$</td><td rowspan="2">C620 改制</td><td colspan="2" rowspan="2">90° YT15 镗刀，90° YT15 端面车刀，125 × 0.02 毫米游标卡尺，1 000 × 0.05 毫米游标卡尺、$\phi 83_{+0.1}^{+0.25}$ mm 光滑极限量规</td></tr>
<tr><td>3</td><td>镗</td><td colspan="4">调头装夹，镗另一端孔，车端面保证零件总长 L，保证尺寸 $8.5^{+0.1}$</td></tr>
<tr><td>4</td><td>检验</td><td colspan="4">按图检查各部尺寸</td><td></td><td colspan="2">略</td></tr>
<tr><td>5</td><td>入库</td><td colspan="4">涂油入库</td><td></td><td colspan="2"></td></tr>
<tr><td colspan="3">贵州航天职业技术学院</td><td>工艺设计</td><td></td><td>日期</td><td></td><td>共 1 页</td><td>第 1 页</td></tr>
</table>

表 2-54　管子机械加工工序卡片（第 2 工序）

<table>
<tr><td colspan="2" rowspan="2">机械加工工序卡片</td><td>零件名称</td><td>图号</td><td>工序号</td><td>工序名称</td><td>共 2 页</td></tr>
<tr><td>管子</td><td>01</td><td>2</td><td>镗</td><td>第 1 页</td></tr>
<tr><td rowspan="8">工序图</td><td colspan="4" rowspan="8">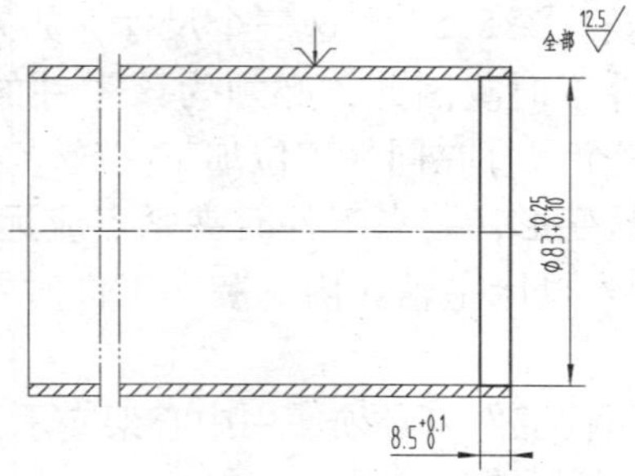</td><td>材料</td><td>45</td></tr>
<tr><td>毛坯类型</td><td>管料</td></tr>
<tr><td>批量</td><td>1 000 件/批</td></tr>
<tr><td>机床</td><td>C620 改制</td></tr>
<tr><td>工序工时</td><td></td></tr>
<tr><td colspan="2">工艺装备</td></tr>
<tr><td colspan="2" rowspan="2">125 × 0.02 毫米游标卡尺，90°端面车刀，镗刀，$\phi 83_{+0.1}^{+0.25}$ mm 光滑极限量规</td></tr>
<tr></tr>
<tr><td>工步号</td><td colspan="3">工步内容</td><td>V（m/min）</td><td>f（mm/r）</td><td>a_p（mm）</td></tr>
<tr><td>1</td><td colspan="3">夹一端，镗 $\phi 83_{+0.1}^{+0.25}$ mm 孔，同时车端面，见光即可，保证尺寸 $8.5^{+0.1}$ mm</td><td>27</td><td>0.25</td><td>0.6</td></tr>
<tr><td colspan="2">贵州航天职业技术学院</td><td>工艺设计</td><td colspan="2"></td><td>日期</td><td></td></tr>
</table>

表2-55 管子机械加工工序卡片（第3工序）

<table>
<tr><td colspan="2" rowspan="2">机械加工工序卡片</td><td>零件名称</td><td>图号</td><td>工序号</td><td>工序名称</td><td>共 2 页</td></tr>
<tr><td>管子</td><td>01</td><td>3</td><td>镗</td><td>第 2 页</td></tr>
<tr><td rowspan="8">工序图</td><td colspan="4" rowspan="8">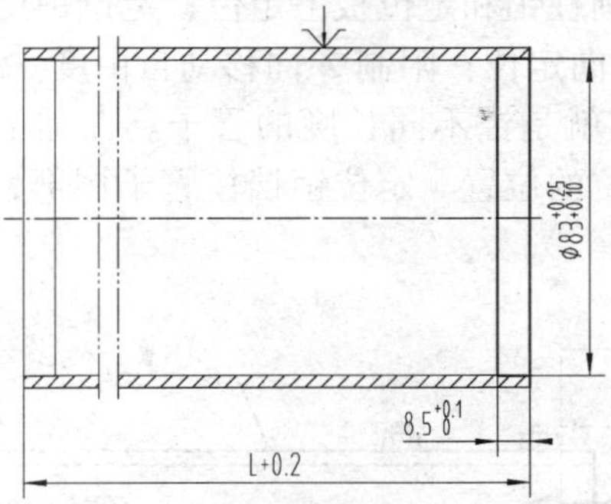
</td><td>材料</td><td>45</td></tr>
<tr><td>毛坯类型</td><td>管料</td></tr>
<tr><td>批量</td><td>1 000 件/批</td></tr>
<tr><td>机床</td><td>C620 改制</td></tr>
<tr><td>工序工时</td><td></td></tr>
<tr><td colspan="2">工艺装备</td></tr>
<tr><td colspan="2">125 × 0.02 毫米游标卡尺，
90°端面车刀、镗刀，
$\phi83_{+0.1}^{+0.25}$ mm 光滑极限量规</td></tr>
<tr></tr>
<tr><td>工步号</td><td colspan="3">工步内容</td><td>V（m/min）</td><td>f（mm/r）</td><td>a_p（mm）</td></tr>
<tr><td>1</td><td colspan="3">调头装夹，镗另一端孔，保证尺寸 $\phi83_{+0.1}^{+0.25}$ mm
车端面保证尺寸 L 和尺寸 $8.5^{+0.1}$ mm</td><td>27</td><td>0.25</td><td>0.6</td></tr>
<tr><td colspan="2">贵州航天职业技术学院</td><td colspan="2">工艺设计</td><td></td><td>日期</td><td></td></tr>
</table>

五、管子镗孔夹具设计方案

镗削加工工序的夹具设计包含定位方案设计、定位装置设计、夹紧机构设计等内容。

1. 定位方案设计

(1) 以外圆为主要定位面，限制 $\vec{X}$、$\vec{Y}$、$\widehat{X}$、$\widehat{Y}$ 4 个自由度；

(2) 以端面为止推定位面，限制 $\vec{Z}$ 1 个自由度。

这是一个不完全定位方案，如图 2-32 所示。

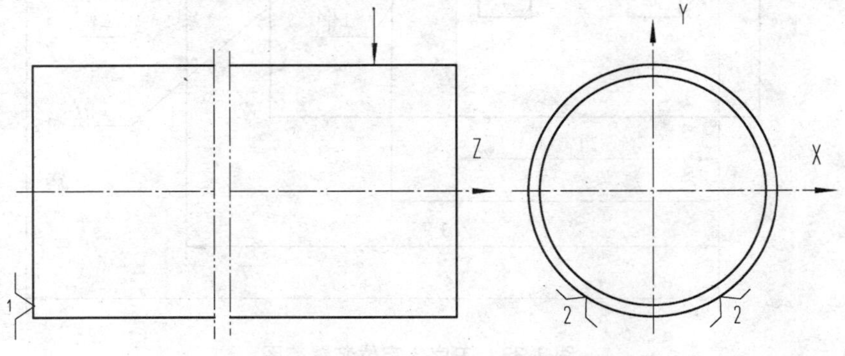

图2-32 第2、3工序定位简图

2. 定位装置设计

本零件为薄壁零件，选择其外圆为主要定位面，图中 2 个 V 形块起主要定位作用，限制工件的 4 个自由度；零件端面在夹具的圆柱销和定位板上定位；定位销用于短工件 1、2 的轴向定位；定位板用于长工件 3、4 的轴向定位；限制 $\vec{Z}$ 向移动自由度。

如图 2-33 所示，两个定位螺母的距离就是镗不同长度的管子。在加工不同长度管子时，可以拆卸、安装定位销来调整轴向限位的位置。定位销挡住管子尾部，限制工件在加

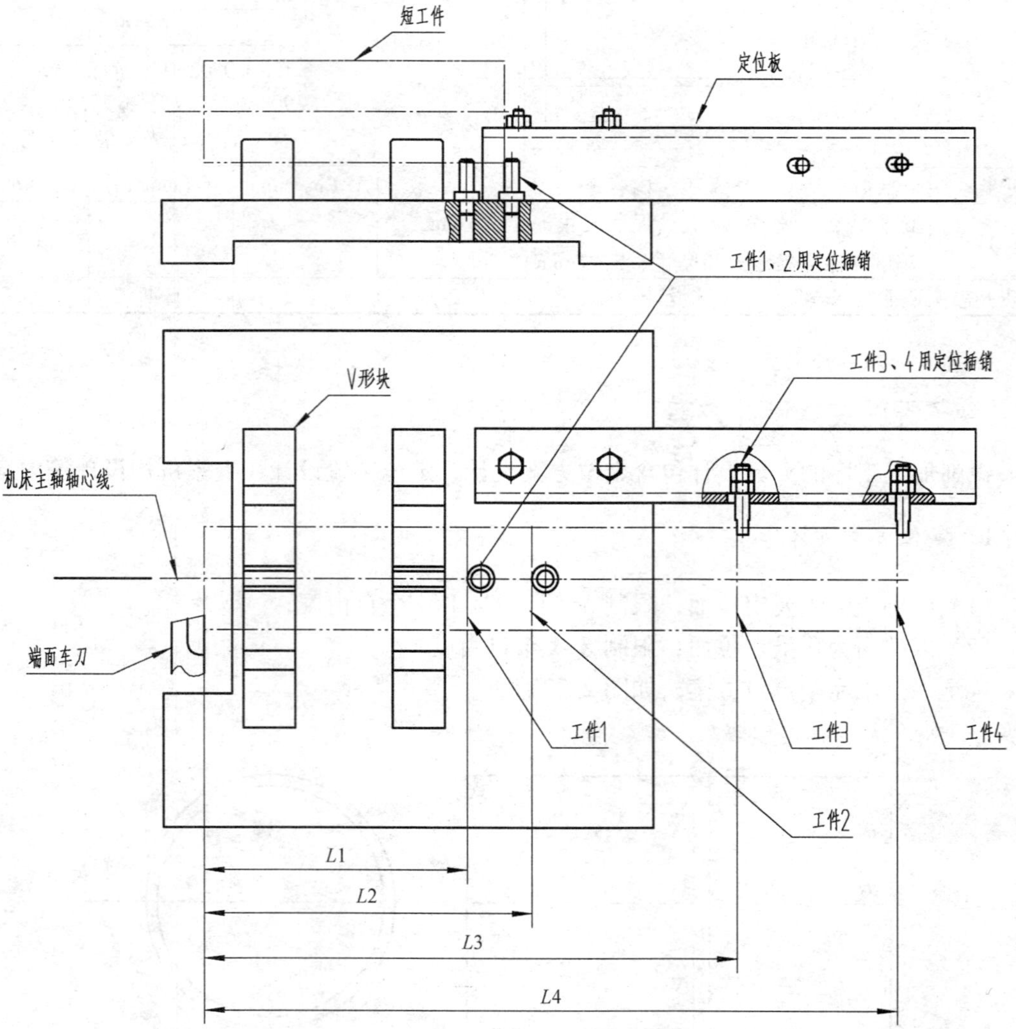

图 2-33 工序 3 定位装置简图

工过程中可能出现的轴向窜动。

3. 夹紧机构设计

该夹具采用螺旋压块夹紧机构。工件放置于两个V形块上，夹紧机构必须置于两个V形块之间，否则，无论在其他任何部位夹紧都会使工件中心线与机床主轴中心线偏移，影响加工质量。如图2-34所示。

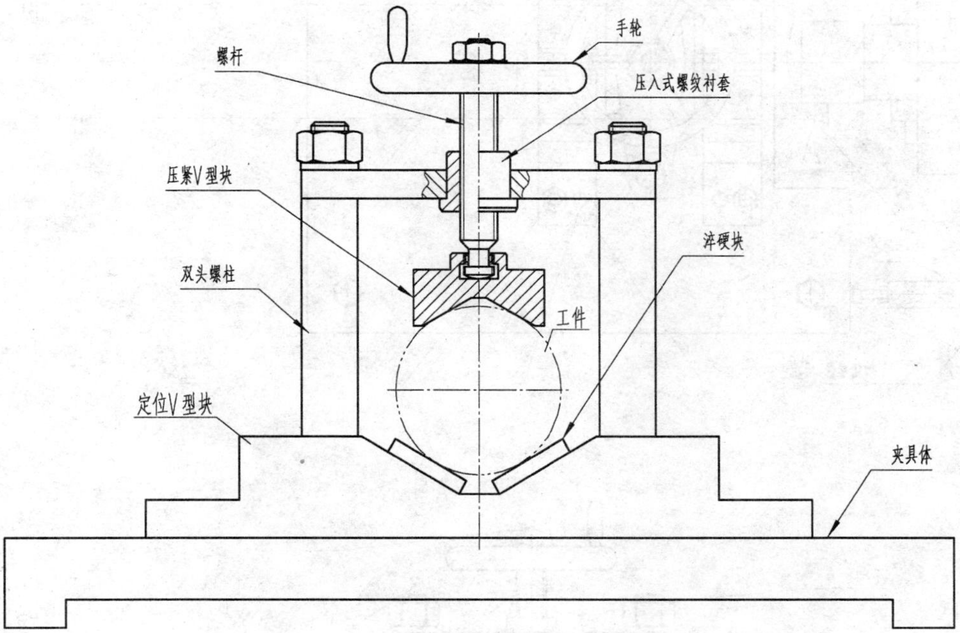

图2-34　工序3夹紧装置简图

六、镗孔夹具

1. 夹具装配图

夹具装配图如图2-35所示，装配明细表参见表2-56。

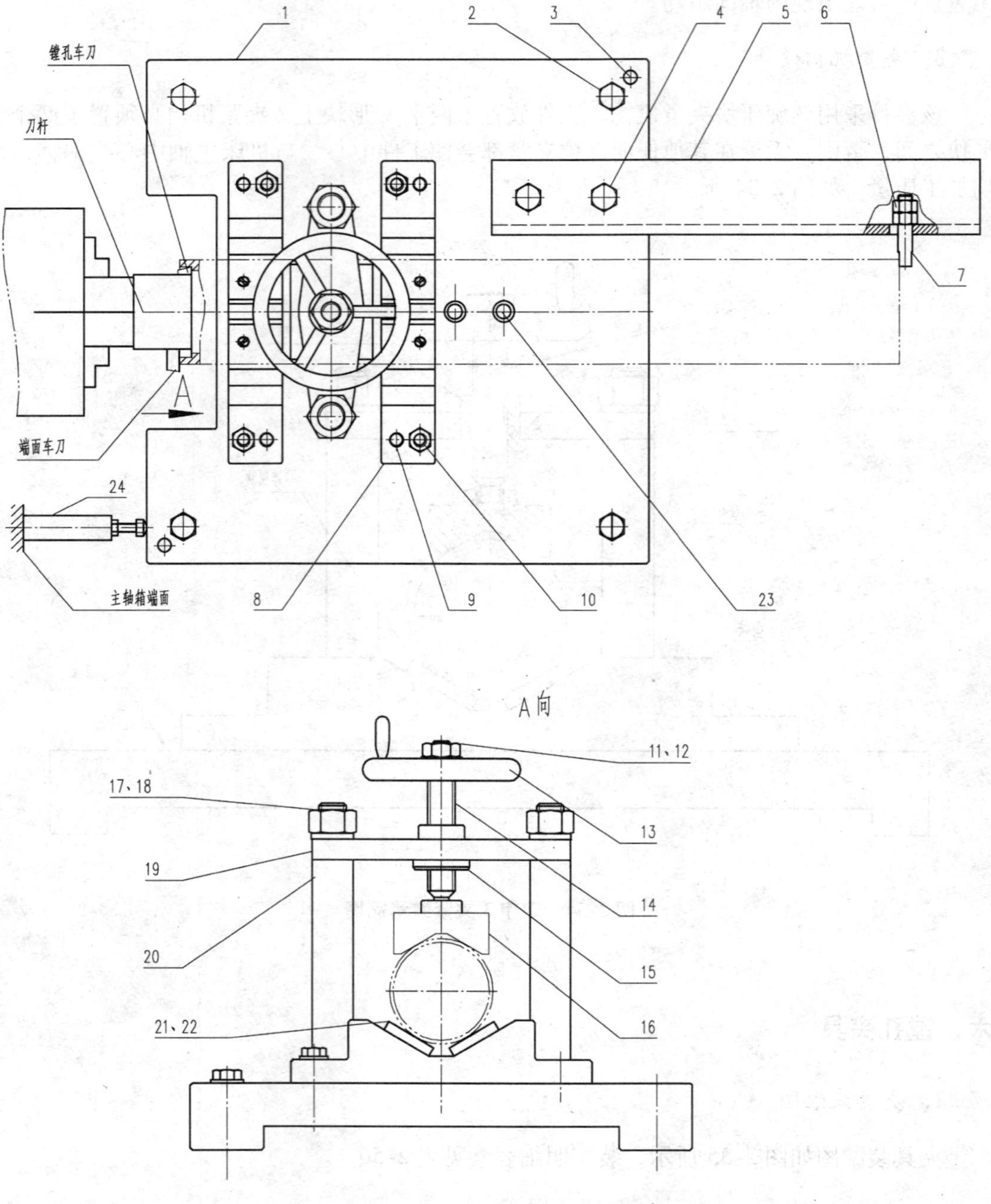

图 2-35　镗孔夹具装配图

（图注参见表 2-56）

表2-56　装配明细表

	代号	名称	材料	数量
1	01	夹具体	HT150	1
2	GB/T5780-2000	六角螺钉 M14×50	35	4
3	GB/T119.1-2000	圆柱销 10×50	35	2
4	GB/T5782-2000	六角螺栓 M12×30	35	2
5	02	定位板	35	1
6	GB51-76	螺母 M12	35	2
7	03	限位挡销	45	1
8	04	V形块	35	2
9	GB/T119.1-2000	圆柱销 10×30	35	4
10	GB/T5782-2000	六角螺栓 M12×30	35	4
11	GB51-76	螺母 M12	35	1
12	GB95-2002-C	平垫圈 12	35	1
13	借用	手轮（带半圆键）		1
14	05	丝杆	45	1
15	GB2157-80	压入式螺纹衬套	35	1
16	06	V形压块	35	1
17	GB/T41-2002-C	螺母 M20	35	2
18	GB95-2002-C	平垫圈 20	35	2
19	07	杠杆	35	1
20	GB900-76	双头螺柱 M20×120	35	2
21	08	淬硬块	45	4
22	GB68-76	沉头螺钉 M8×35	35	8
23	09	活动挡销	45	1
24	10	轴向定位器		1套

2. 镗刀杆

镗刀的设计是根据加工对象尺寸设计的，将镗孔和车端面在一道工序内完成。不仅能保证孔径的大小，还能保证镗孔深度。镗孔刀与端面刀的距离即是镗孔的深度。孔径的大小可由微调螺钉来调节，进而保证镗孔尺寸。镗刀杆装夹在三爪卡盘上并基本找正。如图 2-36 所示。

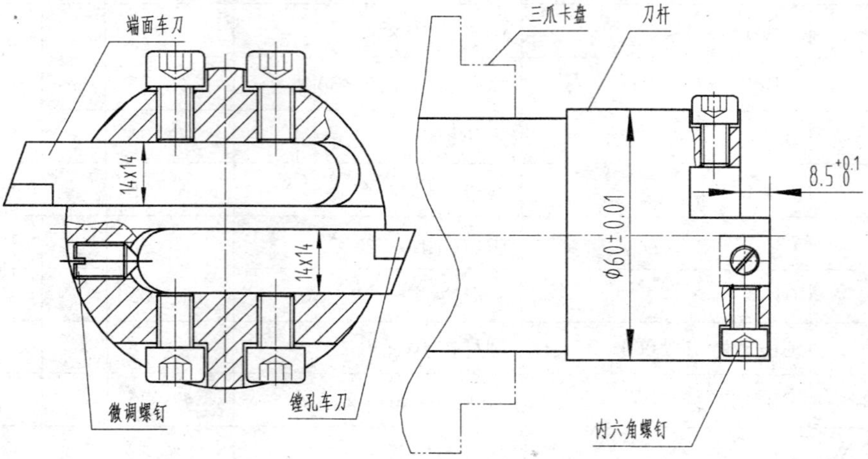

图 2-36 镗刀装夹简图

3. 对刀

为了减少辅助工时、方便对刀，设计了对刀仪。对刀仪由百分表、样件、V 形块、移动块等组成，如图 2-37 所示。样件是根据镗刀杆制作的，样件台阶直径与孔径大小相同；

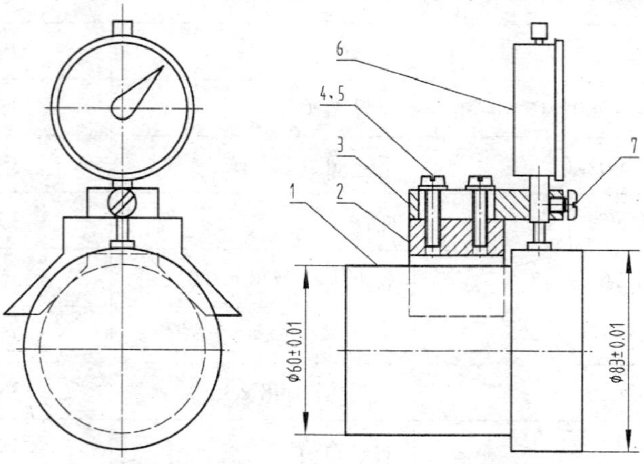

图 2-37 对刀装置

1. 样件；2. V 形块；3. 移动块；4，5，7. 螺钉、垫圈；6. 百分表测量基准与镗刀杆直径相同。

对刀时，先用百分表对出样件数值，然后到镗刀上对镗孔刀，用微调螺钉调节镗孔刀尾部，使镗孔刀所测读数与所测样件数相同即可。对刀简图如图 2-38 所示。

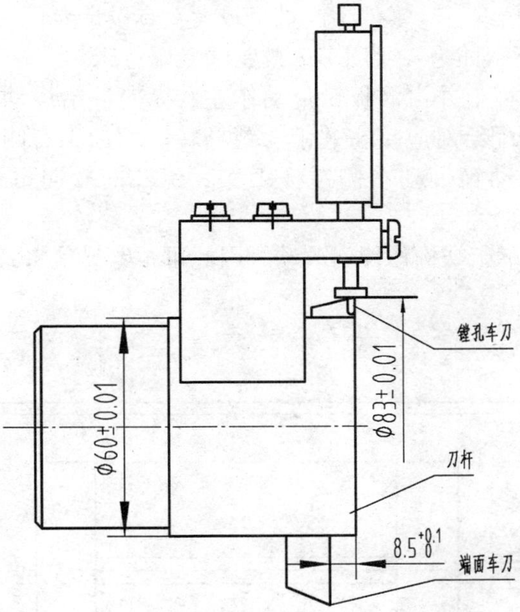

图 2-38　对刀简图

4．切削行程控制

切削行程的控制使用轴向定位器，通过调节轴向定位器的长度来控制大托板的行程，从而控制镗孔深度。如图 2-39 所示，轴向定位器的外圆铣一平面 A，便于将其放置在车床尾座平导轨上，用螺栓调节限位距离，用螺母锁紧即可。

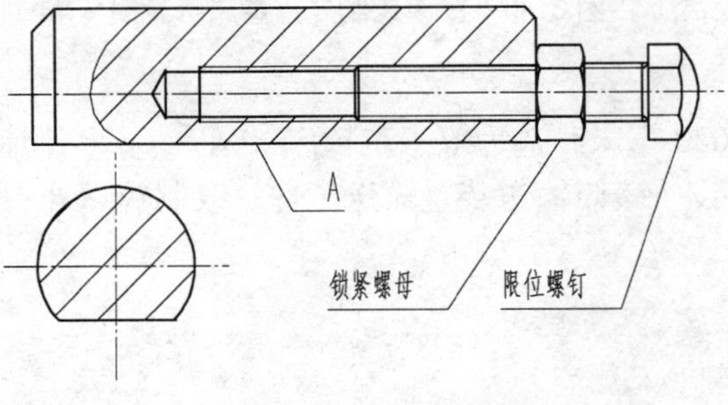

图 2-39　轴向定位器

七、车床改制专用镗床

在没有卧式镗床的情况下，零件生产批量较大，宜设计专用机床。专用镗床一般可用车床改制。如图 2-40 所示即为一台用车床改制的专用镗床。

夹具安装在车床拖板上并由溜板箱带动作左右纵向进给运动。车床主轴箱传递所需动力。动力经传动箱分配给对应接头并带动镗杆转动。加工右侧孔时，可安装上联轴器和传动轴，驱动右侧传动箱带动右侧镗杆工作。镗杆的旋向可通过车床的主轴正反转获得。

该专用镗床不需对车床结构作任何改动，因此可很容易地将其恢复为普通车床。

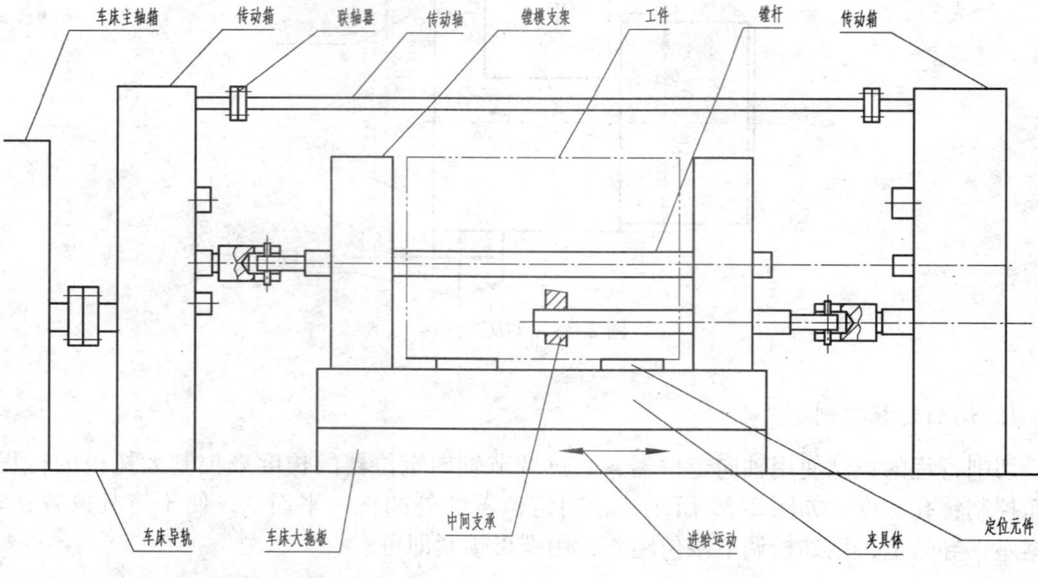

图 2-40 车床改制专用镗床示意图

本项目采用两台 C620 车床改造为双工位镗床。两台 C620 车床床尾相连，机床安装时基本找正，机床之间架设一滚筒输送装置输送工件。改制镗床外观如图 2-41 所示。

图 2-41　改制镗床外观图

单元3　异形零件加工

一、异形零件概述

1. 异形零件的功用和结构特点

异形零件是机器上常用的一种零件，也称叉架类零件，如拨叉、支架、轴承座、连杆等。常见的异形零件如图 3-1 所示。异形零件在机器中一般起支承和操作其他零件的作用。

异形零件结构复杂，形状特异，刚性较差，没有良好的定位基面。其尺寸和各向基准复杂，第一道工序粗基准选择比较困难。

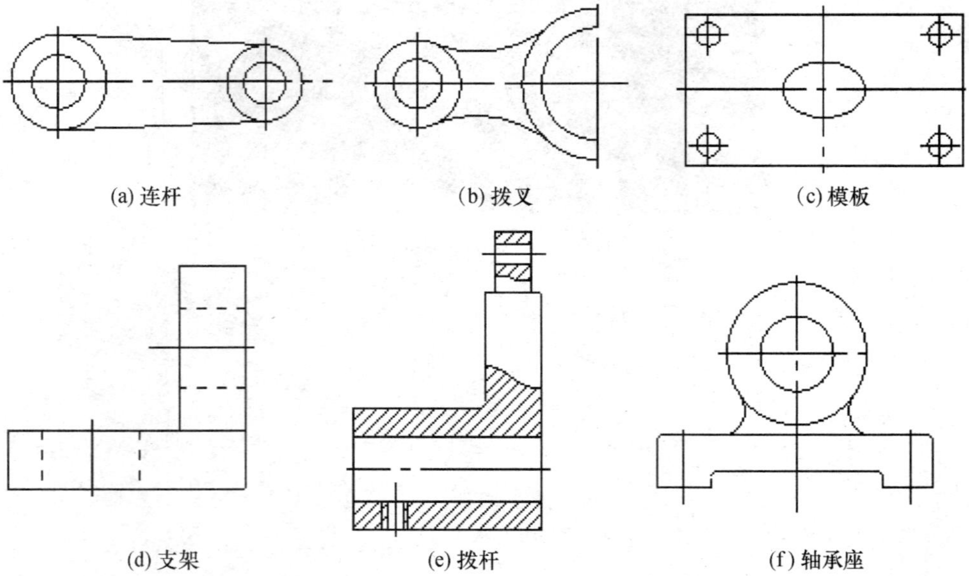

图 3-1　异形零件示意图

2．异形零件的技术要求

（1）内孔的技术要求。

异形零件通常有一重要的孔，是异形零件的设计和装配基准。此孔一般与一操纵轴外圆相配合，装配时一般需要“配作”一定位销孔。这个重要的孔一般为基准孔，其尺寸精度一般为IT6～IT7，表面粗糙度一般为$Ra6.3 \sim 1.6\ \mu m$。

（2）形状和位置精度要求。

异形零件上通常有一些工作表面与内孔之间有位置公差要求。一般在0.01～0.05 mm范围内。

（3）异形零件的材料及毛坯。

异形零件的毛坯一般为铸件，如果强度要求较高，可采用铸钢件或球墨铸铁，一般用灰铸铁。单件生产时也可以焊接。

二、异形零件的工艺分析

异形零件随其功用、结构形状、尺寸大小、材料、热处理方式不同，在加工工艺、定位与加工方法上有较大的差别。

1．尺寸精度的保证

（1）直径比较小的孔可采用钻、扩、铰的方法；直径比较大的孔可以采用在车床上精镗获得最终精度。大孔也可以选用半精镗后磨削加工获得最终精度。无台阶的通孔还可采用浮动镗获得最终精度。

（2）面加工一般采用铣削或刨削，有的高精度定位或安装基面需要刮研。

2．位置精度的保证

（1）异形零件的工作表面与设计基准有位置公差时，一般采用夹具安装保证。

（2）异形零件有时采用“就地加工”的方法来获得较高的位置精度。

（3）异形零件刚性较差，加工时应采取措施防止夹紧变形。一般需要增加辅助支承、多点夹紧。

项目 3.1 支架

一、支架零件图

支架零件图如图 3-2 所示。

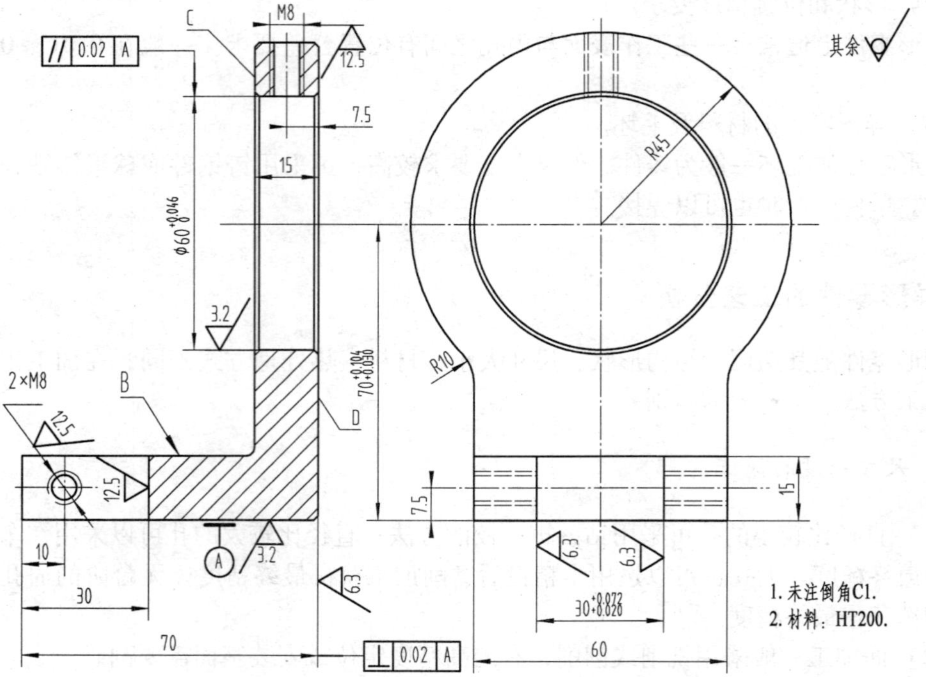

图 3-2　支架零件图

零件图样分析如下。

（1）图 3-2 中以 $\phi60_{0}^{+0.046}$ 内孔为最高精度表面，精度等级为 IT8，表面粗糙度为 3.2。

（2）工件材料为 HT200，只能通过铸造获得毛坯。由于生产类型为中小批生产，为确保质量和劳动生产率，采用金属模机器造型。

（3）毛坯需进行人工时效处理。零件在加工中不需进行热处理。故加工中无须转序。

（4）工件 30 mm 缺口和 $\phi60_{0}^{+0.046}$ 由毛坯做出。

（5）工件需进行油漆，这一工序应安排在加工前进行，如果加工后再油漆，则会污染已加工表面。毛坯油漆后便于钳工画线。

二、支架毛坯图

支架毛坯图如图 3-3 所示。

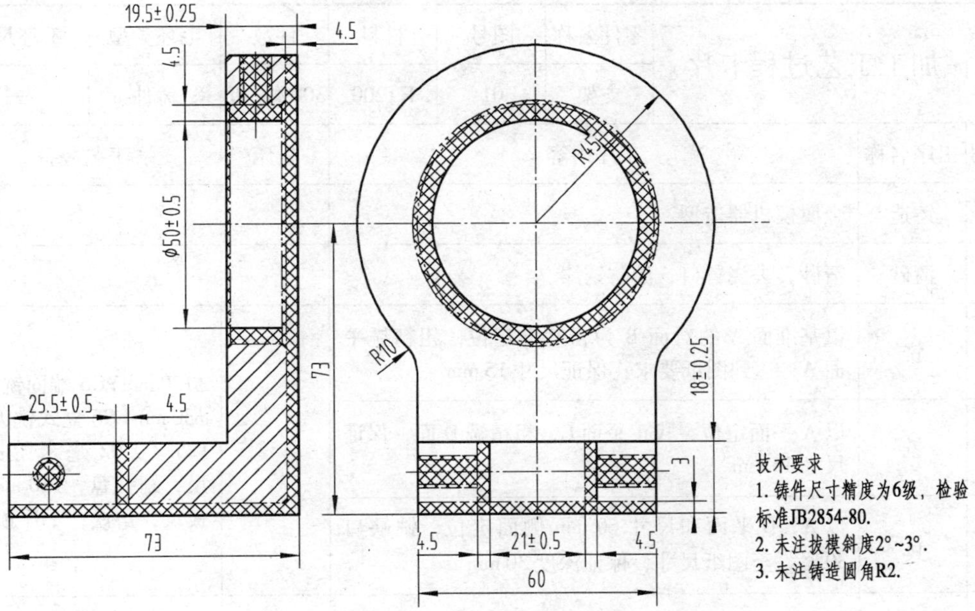

图 3-3　支架毛坯图

三、工艺分析

（1）从支架零件图可以看出，该零件属异型零件，零件在机床上的安装和基准的选择有一定难度。

（2）首先应确定零件有哪些不加工表面，应选择它们为粗基准，以保证这些不加工表面与加工表面之间有较高的相互位置精度。

（3）零件用材为 HT200，有较好的切削加工性，发热量较小，可考虑运用工序集中原则，以简化工艺和提高劳动生产率。

（4）零件有平行度和垂直度要求，应运用“基准重合原则”加以保证。

（5）尺寸 $70^{+0.104}_{+0.030}$ mm 由夹具保证。夹具结构详见图 3-4。

（6）铣削 D 时，由于定位基面远离加工表面，工艺系统刚性不足，故应在 D 平面下设置辅助支承。与此同时还应校正 D 平面以保证尺寸 15 mm 均匀。

四、工艺编制

支架零件的机械加工工艺过程和各主要工序内容详见表3-1～表3-6。

表3-1　支架机械加工工艺过程卡片

<table>
<tr><td rowspan="2">机械加工工艺过程卡片</td><td>零件名称</td><td>图号</td><td>材料</td><td>件数</td><td>毛坯类型</td><td>毛坯尺寸</td></tr>
<tr><td>支架</td><td>01</td><td>HT200</td><td>300件/批</td><td>铸件</td><td>—</td></tr>
</table>

<table>
<tr><td>工序号</td><td>工序名称</td><td>工序内容</td><td>机床</td><td>工艺装备</td></tr>
<tr><td>1</td><td>铸造</td><td>金属模机器造型</td><td></td><td></td></tr>
<tr><td>2</td><td>清砂</td><td>清砂，去浇冒口，涂防锈漆</td><td></td><td></td></tr>
<tr><td>3</td><td>铣</td><td>以基准面A的对面B为粗基准定位，粗精铣平面A，达到图纸要求；保证尺寸15 mm</td><td rowspan="3">X52</td><td rowspan="3">ϕ120 mmYG6端面铣刀，ϕ30 mmYG6立式铣刀，125×0.02毫米游标卡尺，划针盘，150 mm钢板尺，角铁，千斤顶</td></tr>
<tr><td>4</td><td>铣</td><td>以A平面定位，找正平面C，粗精铣D面，保证尺寸15 mm</td></tr>
<tr><td>5</td><td>铣</td><td>以A、D平面和尺寸60 mm侧面定位，铣缺口$30^{+0.072}_{+0.020}$至图纸尺寸，保证深度30 mm</td></tr>
<tr><td>6</td><td>车</td><td>以A、D平面和缺口内侧面定位，用车夹具，粗精镗$\phi60_{0}^{+0.046}$至图纸尺寸，保证尺寸$70^{+0.104}_{+0.030}$ mm；倒角C1</td><td>CA6140</td><td>车夹具，YG6端面及镗孔车刀，$\phi60_{0}^{+0.046}$光滑极限量规</td></tr>
<tr><td>7</td><td>钳</td><td>钳工画线并钻攻3M8符合图纸要求</td><td>Z512-1</td><td>ϕ6.5麻花钻，M8丝锥</td></tr>
<tr><td>8</td><td>检验</td><td>按图检查各部尺寸</td><td></td><td>详见检测工序图</td></tr>
<tr><td>9</td><td>入库</td><td>涂油入库</td><td></td><td></td></tr>
</table>

<table>
<tr><td>贵州航天职业技术学院</td><td>工艺设计</td><td></td><td>日期</td><td></td><td>共 1 页</td><td>第 1 页</td></tr>
</table>

表 3-2 支架机械加工工序卡片（第 3 工序）

<table>
<tr><td rowspan="2">机械加工工序卡片</td><td>零件名称</td><td>图号</td><td>工序号</td><td>工序名称</td><td>共 5 页</td></tr>
<tr><td>支架</td><td>01</td><td>3</td><td>铣</td><td>第 1 页</td></tr>
<tr><td rowspan="8">工序图</td><td colspan="3" rowspan="8">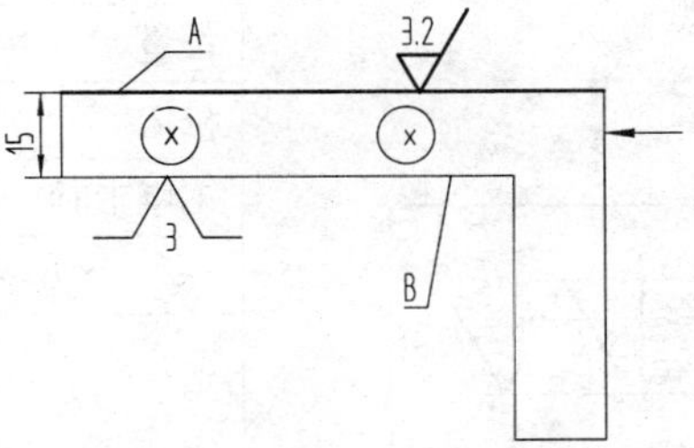
</td><td>材料</td><td>HT200</td></tr>
<tr><td>毛坯类型</td><td>铸件</td></tr>
<tr><td>批量</td><td>300 件/批</td></tr>
<tr><td>机床</td><td>X52</td></tr>
<tr><td>工序工时</td><td></td></tr>
<tr><td colspan="2">工艺装备</td></tr>
<tr><td colspan="2">ϕ120 mmYG6 端面铣刀，125 × 0.02 毫米游标卡尺，划针盘，150 mm 钢板尺，角铁，千斤顶</td></tr>
</table>

工步号	工步内容	V（m/min）	f（mm/r）	a_p（mm）
1	粗精铣平面 A，达到图纸要求；保证尺寸 15 mm	120（端铣）	36	3
贵州航天职业技术学院	工艺设计		日期	

表 3-3 支架机械加工工序卡片（第 4 工序）

<table>
<tr><td rowspan="2">机械加工工序卡片</td><td>零件名称</td><td>图号</td><td>工序号</td><td>工序名称</td><td>共 5 页</td></tr>
<tr><td>支架</td><td>01</td><td>4</td><td>铣</td><td>第 2 页</td></tr>
<tr><td rowspan="8">工序图</td><td colspan="3" rowspan="8">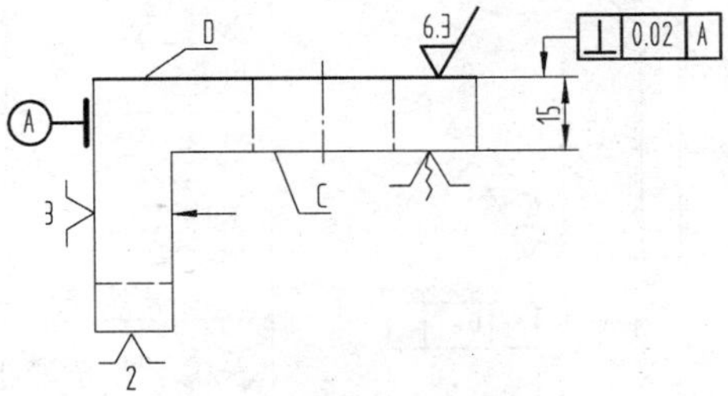
</td><td>材料</td><td>HT200</td></tr>
<tr><td>毛坯类型</td><td>铸件</td></tr>
<tr><td>批量</td><td>300 件/批</td></tr>
<tr><td>机床</td><td>X52</td></tr>
<tr><td>工序工时</td><td></td></tr>
<tr><td colspan="2">工艺装备</td></tr>
<tr><td colspan="2">ϕ120 mmYG6 端面铣刀，125 × 0.02 毫米游标卡尺，划针盘，150 mm 钢板尺，角铁，千斤顶</td></tr>
</table>

工步号	工步内容	V（m/min）	f（mm/min）	a_p（mm）
1	粗精铣 D 面，保证尺寸 15 mm 和垂直度	120	36	3
贵州航天职业技术学院	工艺设计		日期	

表 3-4 支架机械加工工序卡片（第 5 工序）

<table>
<tr><td rowspan="2" colspan="2">机械加工工序卡片</td><td>零件名称</td><td>图号</td><td>工序号</td><td>工序名称</td><td>共 5 页</td></tr>
<tr><td>支架</td><td>01</td><td>5</td><td>铣</td><td>第 3 页</td></tr>
<tr><td rowspan="7">工序图</td><td rowspan="7" colspan="4">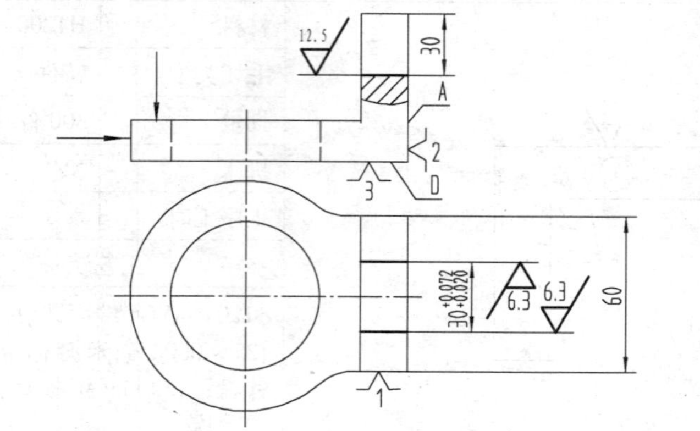
</td><td>材料</td><td>HT200</td></tr>
<tr><td>毛坯类型</td><td>铸件</td></tr>
<tr><td>批量</td><td>300 件/批</td></tr>
<tr><td>机床</td><td>X52</td></tr>
<tr><td>工序工时</td><td></td></tr>
<tr><td colspan="2">工艺装备</td></tr>
<tr><td colspan="2">$30^{+0.072}_{+0.020}$光滑极限量规，150 mm 钢板尺，$\phi30$ mmYG6 立式铣刀，铣床夹具</td></tr>
<tr><td>工步号</td><td colspan="3">工步内容</td><td>V（m/min）</td><td>f（mm/min）</td><td>a_p（mm）</td></tr>
<tr><td>1</td><td colspan="3">使用铣床夹具安装工件，铣缺口 30 mm，保证深度 30 mm</td><td>120</td><td>36</td><td>3</td></tr>
<tr><td>贵州航天职业技术学院</td><td>工艺设计</td><td colspan="3"></td><td>日期</td><td></td></tr>
</table>

表 3-5 支架机械加工工序卡片（第 6 工序）

<table>
<tr><td rowspan="2" colspan="2">机械加工工序卡片</td><td>零件名称</td><td>图号</td><td>工序号</td><td>工序名称</td><td>共 5 页</td></tr>
<tr><td>支架</td><td>01</td><td>6</td><td>车</td><td>第 4 页</td></tr>
<tr><td rowspan="7">工序图</td><td rowspan="7" colspan="4">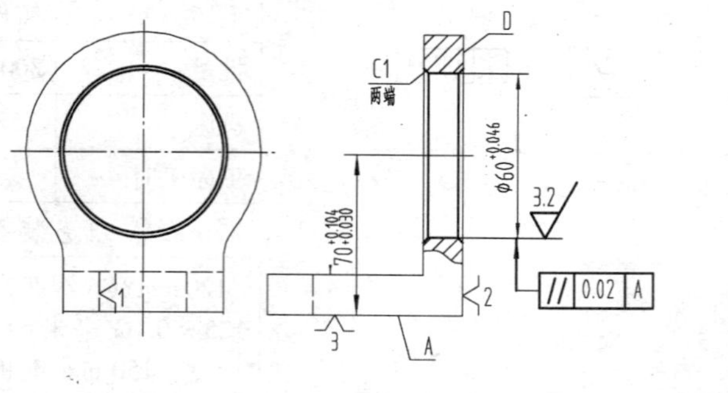
</td><td>材料</td><td>HT200</td></tr>
<tr><td>毛坯类型</td><td>铸件</td></tr>
<tr><td>批量</td><td>300 件/批</td></tr>
<tr><td>设备</td><td>CA6140</td></tr>
<tr><td>工序工时</td><td></td></tr>
<tr><td colspan="2">工艺装备</td></tr>
<tr><td colspan="2">$\phi60_0^{+0.046}$ 光滑极限量规，车夹具，YG6 端面及镗孔车刀</td></tr>
<tr><td>工步号</td><td colspan="3">工步内容</td><td>V（m/min）</td><td>f（mm/r）</td><td>a_p（mm）</td></tr>
<tr><td>1</td><td colspan="3">粗精镗 $\phi60_0^{+0.046}$ 至图纸尺寸，保证尺寸 $70^{+0.104}_{+0.030}$ mm，倒角 C1</td><td>80</td><td>0.08（精车）</td><td>0.1</td></tr>
<tr><td>贵州航天职业技术学院</td><td>工艺设计</td><td colspan="3"></td><td>日期</td><td></td></tr>
</table>

表 3-6　支架机械加工工序卡片（第 7 工序）

<table>
<tr><td rowspan="2" colspan="2">机械加工工序卡片</td><td>零件名称</td><td>图号</td><td>工序号</td><td>工序名称</td><td>共　5　页</td></tr>
<tr><td>支架</td><td>01</td><td>7</td><td>钳</td><td>第　5　页</td></tr>
<tr><td rowspan="8">工序图</td><td rowspan="8" colspan="4">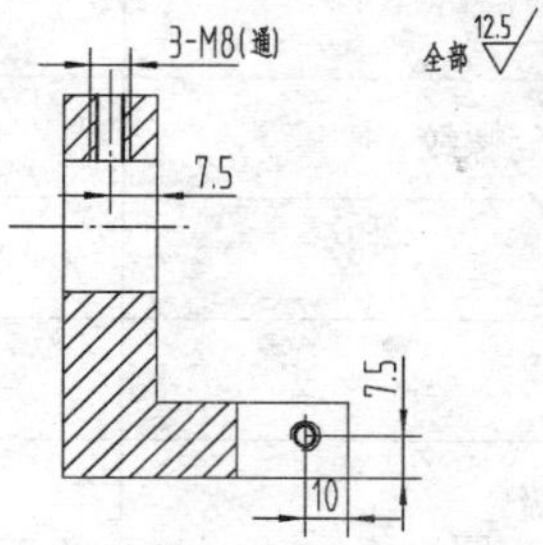
</td><td>材料</td><td>HT200</td></tr>
<tr><td>毛坯类型</td><td>铸件</td></tr>
<tr><td>批量</td><td>300 件/批</td></tr>
<tr><td>设备</td><td>Z512-1</td></tr>
<tr><td>工序工时</td><td></td></tr>
<tr><td colspan="2">工艺装备</td></tr>
<tr><td colspan="2">画线工具、ϕ6.5 麻花钻、M8 丝锥</td></tr>
</table>

工步号	工步内容	V（m/min）	f（mm/r）	a_p（mm）
1	划 3-M8 螺孔加工线			
2	钻螺纹底孔 ϕ6.5 mm	24	0.5	3.25
3	攻 3-M8 螺孔	5	手动	
贵州航天职业技术学院	工艺设计		日期	

五、车床夹具

第 6 道工序车床夹具如图 3-4 所示，装配图明细见表 3-7。

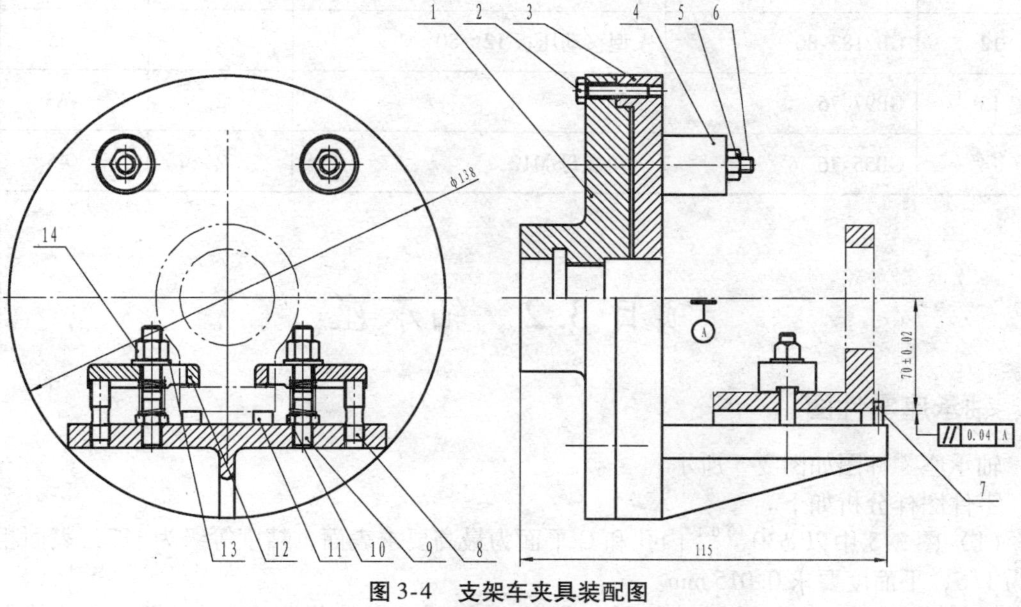

图 3-4　支架车夹具装配图

（图注参见表 3-7）

表 3-7 装配图明细表

序号	代号	名称	数量	材料
1	01-CJ-01	接盘	1	HT200
2	GB/T5783-2000	六角头螺栓—全螺纹	3	45
3	01-CJ-02	夹具体	1	HT200
4	01-CJ-03	配重铁	2	HT150
5	GB/741-2000	六角螺母—C 级	2	35
6	GB900-76	螺栓 M12×60	2	45
7	GB119-76	圆柱销 8jc4×15	2	45
8	GB900-76	螺栓 M12×80	2	45
9	GB900-76	螺栓 M12×120	2	45
10	GB54-76	六角螺母 A 和 B 级—倒角	2	35
11	GB2230-80	支承板 A×70	2	T8
12	GB2183-80	A 型移动压板 12×80	2	45
13	GB97-76	垫圈 12	2	A3
14	GB55-76	六角螺母 M12	2	45

项目 3.2 轴承座

一、轴承座零件图

轴承座零件图如图 3-5 所示。

零件图样分析如下。

（1）图 3-5 中以 $\phi30_{0}^{+0.021}$ 内孔和 C 平面为最高要求表面，精度等级为 IT7，表面粗糙度为 1.6，平面度要求 0.015 mm。

（2）工件材料为 HT200，通过铸造获得毛坯。由于生产类型为中小批生产，为确保质量和劳动生产率，节约材料，采用金属模机器造型。

（3）毛坯需经正火处理。

（4）工件 $\phi 30_{0}^{+0.021}$ 和 ϕ35 mm 内孔由毛坯做出，制造毛坯时只需做一通孔。不必做出内凹台阶，否则会增大铸造难度。

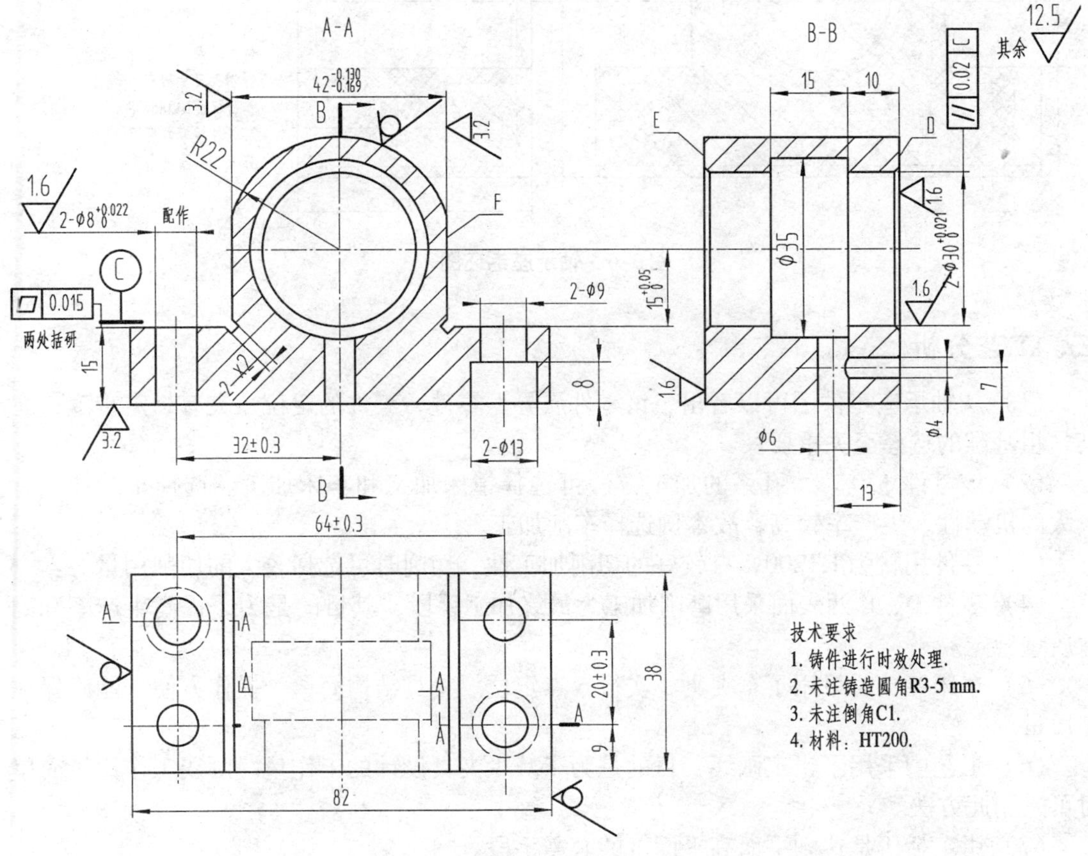

图 3-5　轴承座零件图

二、轴承座毛坯图

轴承座毛坯结构如图 3-6 所示。

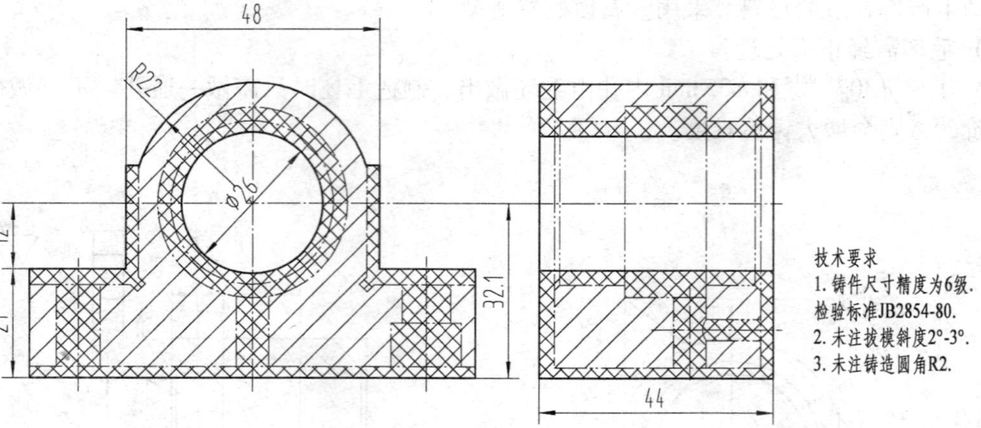

图 3-6 轴承座毛坯图

三、工艺分析

(1) 从轴承座零件图可以看出，该零件属异型零件，零件的定位装夹有一定难度，尤其是粗基准的选择至关重要。

(2) 该零件 $\phi30_{0}^{+0.021}$ 孔系的加工方法可选择镗床加工和车床加工。选择车床加工有较大的机动性，生产率较高，故本例选择车削加工。

(3) 零件用材为 HT200，有较好的切削加工性，切削时可选择较大的切削用量。

(4) 零件 D、E 两表面采用磨削加工为最终加工手段，其目的是为了提高生产率和确保质量稳定。

(5) 车床镗孔时采用了车夹具，实行 6 点定位。夹具结构简单，操作方便，能确保加工质量。

(6) 工艺中采用了钳工画线，目的是为了减少夹具设计的工作量。画线工作比较简单时可采用此方法。

(7) 钳工刮研是达到平面高平面度的必需手段。

(8) 零件上标有“配作”的 $\phi8_{0}^{+0.022}$ mm 孔，在机械加工工艺中未安排加工，待该零件流到装配环节后，由装配工艺安排配作。

四、工艺编制

轴承座零件的机械加工工艺过程和各主要工序内容详见表 3-8～表 3-12。

表3-8 轴承座机械加工工艺过程卡片

<table>
<tr><td colspan="2" rowspan="2">机械加工工艺过程卡片</td><td>零件名称</td><td>图号</td><td>材料</td><td>件数</td><td>毛坯类型</td><td>毛坯尺寸</td></tr>
<tr><td>轴承座</td><td>02</td><td>HT200</td><td>300件/批</td><td>铸件</td><td>—</td></tr>
<tr><td>工序号</td><td>工序名称</td><td colspan="4">工序内容</td><td>机床</td><td>工艺装备</td></tr>
<tr><td>1</td><td>铸造</td><td colspan="4">金属模机器造型</td><td></td><td></td></tr>
<tr><td>2</td><td>清砂</td><td colspan="4">清砂，去浇冒口</td><td></td><td></td></tr>
<tr><td>3</td><td>热处理</td><td colspan="4">人工时效：正火</td><td></td><td></td></tr>
<tr><td>4</td><td>表面处理</td><td colspan="4">涂防锈漆</td><td></td><td></td></tr>
<tr><td>5</td><td>铣</td><td colspan="4">铣D、E两平面，将尺寸38 mm加工至图纸要求</td><td>X52</td><td>ϕ120 mmYG6端面铣刀，125×0.02毫米游标卡尺，划针盘</td></tr>
<tr><td>6</td><td>钳</td><td colspan="4">钳工画线，以$\phi 30_{0}^{+0.021}$ mm孔为基准划底平面及$15_{0}^{+0.05}$ mm加工线</td><td></td><td>钳工画线工具</td></tr>
<tr><td>7</td><td>铣</td><td colspan="4">按图定位并夹紧，将底面铣至画线位置</td><td>X52</td><td>ϕ120 mmYG6端面铣刀，125×0.02毫米游标卡尺，划针盘</td></tr>
<tr><td>8</td><td>铣</td><td colspan="4">按图定位并夹紧，铣2-C平面，保证尺寸$15_{0}^{+0.05}$ mm和尺寸$42_{-0.169}^{-0.013}$至图纸尺寸</td><td>X52</td><td>用三面刃组合铣刀，125×0.02毫米游标卡尺</td></tr>
<tr><td>9</td><td>钳</td><td colspan="4">括研C平面至图纸尺寸</td><td></td><td>括刀、平板等</td></tr>
<tr><td>10</td><td>车</td><td colspan="4">以2-C平面、D平面、F平面定位并夹紧，使用车床夹具，加工孔系至图纸要求</td><td>CA6140</td><td>车床夹具，$\phi 30_{0}^{+0.021}$塞规，125×0.02毫米游标卡尺</td></tr>
<tr><td>11</td><td>钳</td><td colspan="4">按图纸要求画线并钻ϕ4、ϕ6孔，锪阶梯孔2-ϕ9和2-ϕ13至图纸要求</td><td>Z512-1</td><td>ϕ4、6、9麻花钻，ϕ13锪钻</td></tr>
<tr><td>12</td><td>检验</td><td colspan="4">按图检查各部尺寸</td><td></td><td>详见检测工序图</td></tr>
<tr><td>13</td><td>入库</td><td colspan="4">涂油入库</td><td></td><td></td></tr>
<tr><td colspan="3">贵州航天职业技术学院</td><td>工艺设计</td><td></td><td>日期</td><td></td><td>共 1 页 第 1 页</td></tr>
</table>

表 3-9　轴承座机械加工工序卡片（第 5 工序）

<table>
<tr><td colspan="3" rowspan="2">机械加工工序卡片</td><td>零件名称</td><td>图号</td><td>工序号</td><td>工序名称</td><td>共 4 页</td></tr>
<tr><td>轴承座</td><td>02</td><td>5</td><td>铣</td><td>第 1 页</td></tr>
<tr><td rowspan="8">工序图</td><td colspan="5" rowspan="8">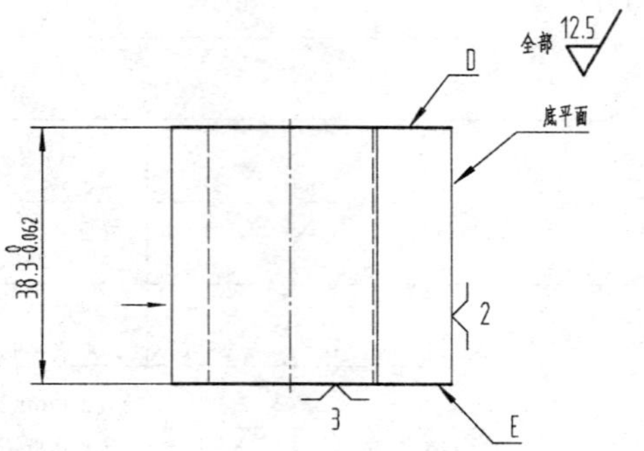
</td><td>材料</td><td>HT200</td></tr>
<tr><td>毛坯类型</td><td>铸件</td></tr>
<tr><td>批量</td><td>300 件/批</td></tr>
<tr><td>设备</td><td>X52</td></tr>
<tr><td>工序工时</td><td></td></tr>
<tr><td colspan="2">工艺装备</td></tr>
<tr><td colspan="2">YG6 端铣刀，125 × 0.02 毫米游标卡尺</td></tr>
<tr><td colspan="2"></td></tr>
<tr><td>工步号</td><td colspan="4">工步内容</td><td>V（m/min）</td><td>f（mm/min）</td><td>a_p（mm）</td></tr>
<tr><td>1</td><td colspan="4">铣 D、E 平面，将尺寸 38 mm 加工至 $38.3^{0}_{-0.062}$ mm</td><td>120</td><td>54</td><td>2.5</td></tr>
<tr><td colspan="2">贵州航天职业技术学院</td><td>工艺设计</td><td colspan="3"></td><td>日期</td><td></td></tr>
</table>

表 3-10　轴承座机械加工工序卡片（第 7 工序）

<table>
<tr><td colspan="3" rowspan="2">机械加工工序卡片</td><td>零件名称</td><td>图号</td><td>工序号</td><td>工序名称</td><td>共 4 页</td></tr>
<tr><td>轴承座</td><td>02</td><td>7</td><td>铣</td><td>第 2 页</td></tr>
<tr><td rowspan="8">工序图</td><td colspan="5" rowspan="8">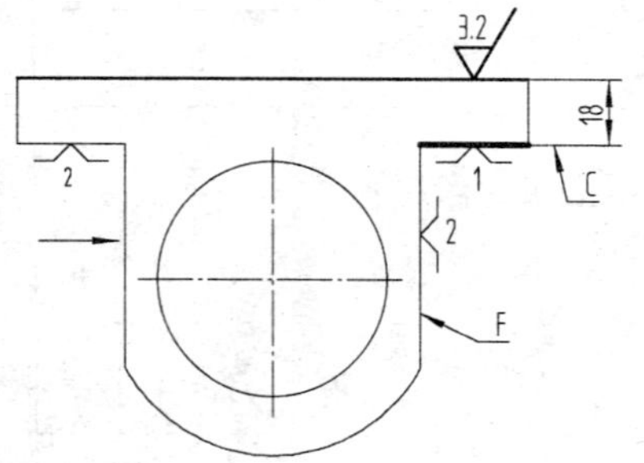
</td><td>材料</td><td>HT200</td></tr>
<tr><td>毛坯类型</td><td>铸件</td></tr>
<tr><td>批量</td><td>300 件/批</td></tr>
<tr><td>设备</td><td>X52</td></tr>
<tr><td>工序工时</td><td></td></tr>
<tr><td colspan="2">工艺装备</td></tr>
<tr><td colspan="2">YG6 端铣刀，125 × 0.02 毫米游标卡尺，划针盘</td></tr>
<tr><td colspan="2"></td></tr>
<tr><td>工步号</td><td colspan="4">工步内容</td><td>V（m/min）</td><td>f（mm/min）</td><td>a_p（mm）</td></tr>
<tr><td>1</td><td colspan="4">按画线铣底面</td><td>120</td><td>40</td><td>3</td></tr>
<tr><td colspan="2">贵州航天职业技术学院</td><td>工艺设计</td><td colspan="3"></td><td>日期</td><td></td></tr>
</table>

表 3-11　轴承座机械加工工序卡片（第 8 工序）

机械加工工序卡片	零件名称	图号	工序号	工序名称	共 4 页
	轴承座	02	8	铣	第 3 页

工序图		
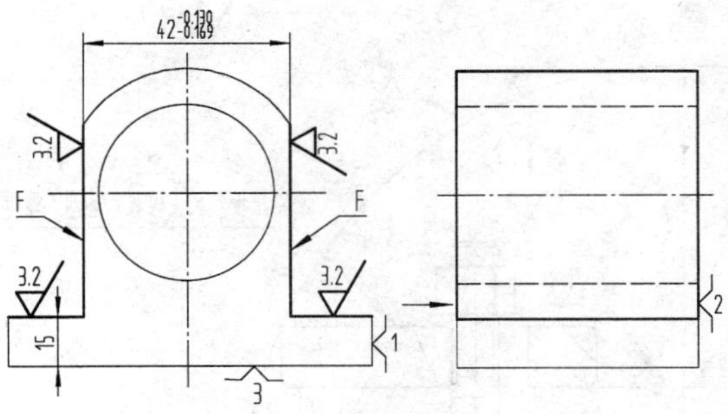	材料	HT200
	毛坯类型	铸件
	批量	300 件/批
	设备	X52
	工序工时	
	工艺装备	
	ϕ120 × 30 三面刃铣刀，125 × 0.02 毫米游标卡尺	

工步号	工步内容	V（m/min）	f（mm/min）	a_p（mm）
1	铣 2-F 面，保证尺寸 15 mm 和尺寸 42$^{-0.130}_{-0.169}$ mm	40	25	3
贵州航天职业技术学院	工艺设计		日期	

表 3-12　轴承座机械加工工序卡片（第 10 工序）

机械加工工序卡片	零件名称	图号	工序号	工序名称	共 4 页
	轴承座	02	10	车	第 4 页

工序图		
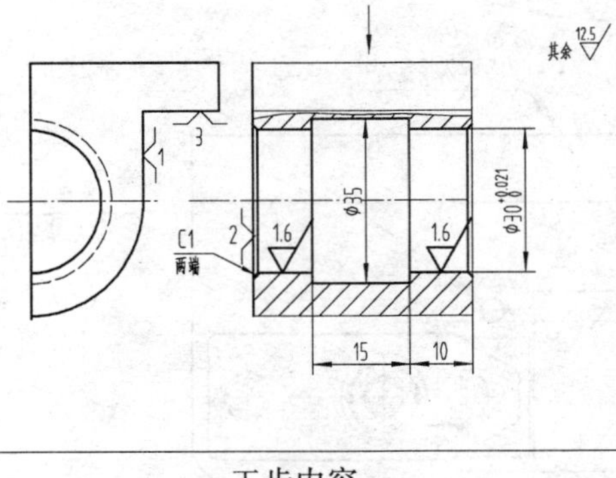	材料	HT200
	毛坯类型	铸件
	批量	300 件/批
	设备	CA6140
	工序工时	
	工艺装备	
	车床夹具、125 × 0.02 毫米游标卡尺，YG6 镗孔车刀，45°内孔倒角刀，$\phi30_0^{+0.021}$ 塞规	

工步号	工步内容	V（m/min）	f（mm/r）	a_p（mm）
1	镗孔 $\phi30_0^{+0.021}$ 和 ϕ35 至图纸要求	80	0.08	0.15
贵州航天职业技术学院	工艺设计		日期	

五、车床夹具

第 10 道工序为车孔，车床夹具如图 3-7 所示。

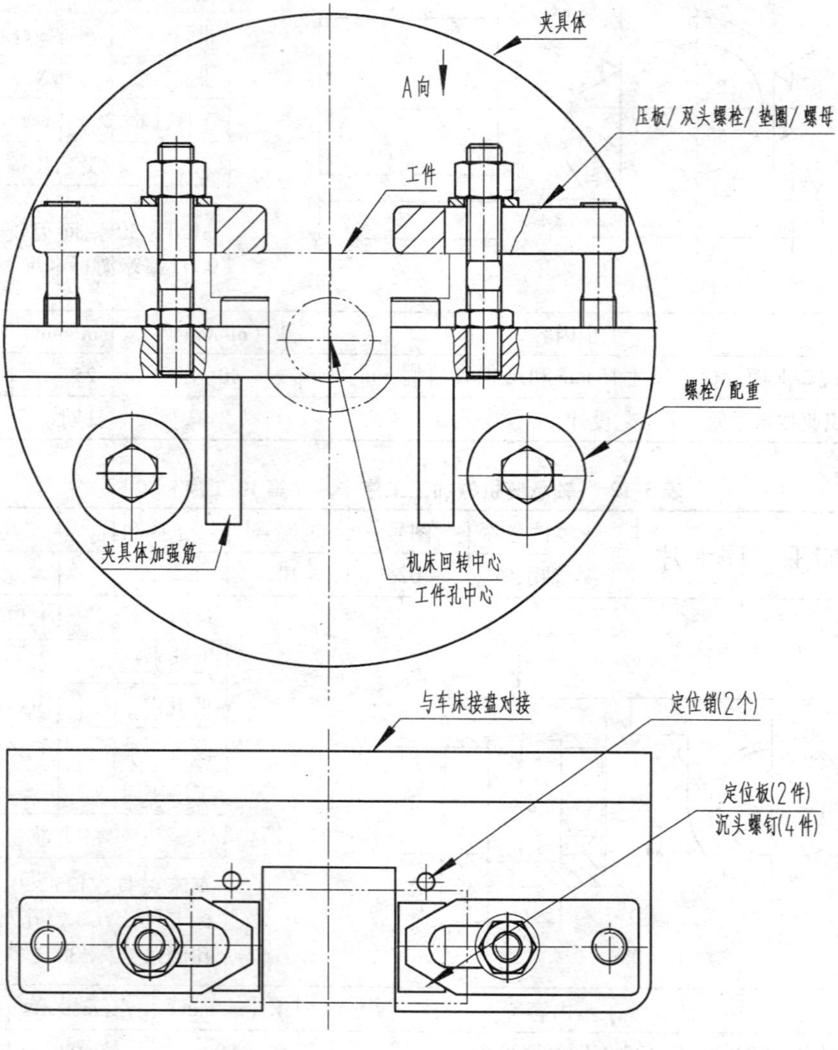

图 3-7 轴承座第 10 序车夹具示意图

知识衔接

刮研

1．刮研的过程

刮研是指用刮刀在工件或校准工具（或与其相配合的工件）上涂一层显示剂，通过推研，使工件上较高的部位显示出来，然后用刮刀刮去较高部分的金属层；经过反复推研、刮削，使工件达到要求的尺寸精度、形状精度及表面粗糙度。刮研又称刮削。

2．刮研的特点及作用

刮研具有切削量小、切削力小、切削热少和切削变形小的特点，所以能获得很高的尺寸精度、形状精度、接触精度和很小的表面粗糙度值。

刮研后的表面会形成比较均匀的微小凹坑，创造了良好的存油条件，有利于润滑。因此，机床导轨、滑板、滑座、滑动轴承、工具量具等的接触表面常用刮研的方法进行加工。

刮研虽然有很多优点，但是工人劳动强度大，生产率低。较大型的企业在制造、修理过程中，对机床导轨、滑板、滑座等配合表面，大多采用以磨代刮的新工艺。

3．刮削余量

刮削余量参见表3-13。

表3-13　刮削余量　(mm)

平面刮削余量					
平面宽度	平面长度				
	100～500	501～1000	1001～2000	2001～4000	4001～6000
100以下	0.1	0.15	0.20	0.25	0.30
100～500	0.15	0.20	0.25	0.30	0.40

孔的刮削余量			
孔径	孔长		
	100以下	100～200	201～300
80以下	0.05	0.08	0.12
80～100	0.10	0.15	0.25
181～360	0.15	0.20	0.35

4. 括研种类

（1）平面括研：有单个平面括研、组合平面括研。
（2）曲面括研：有内圆柱面、内圆锥面、球面括研。

5. 括研工具

（1）括刀：有平面括刀、曲面括刀。
（2）校准工具：有校准平板、校准平尺、角度平尺。
（3）显示剂：红丹粉、蓝油。

项目 3.3 拨杆

一、拨杆零件图

拨杆零件图如图 3-8 所示。

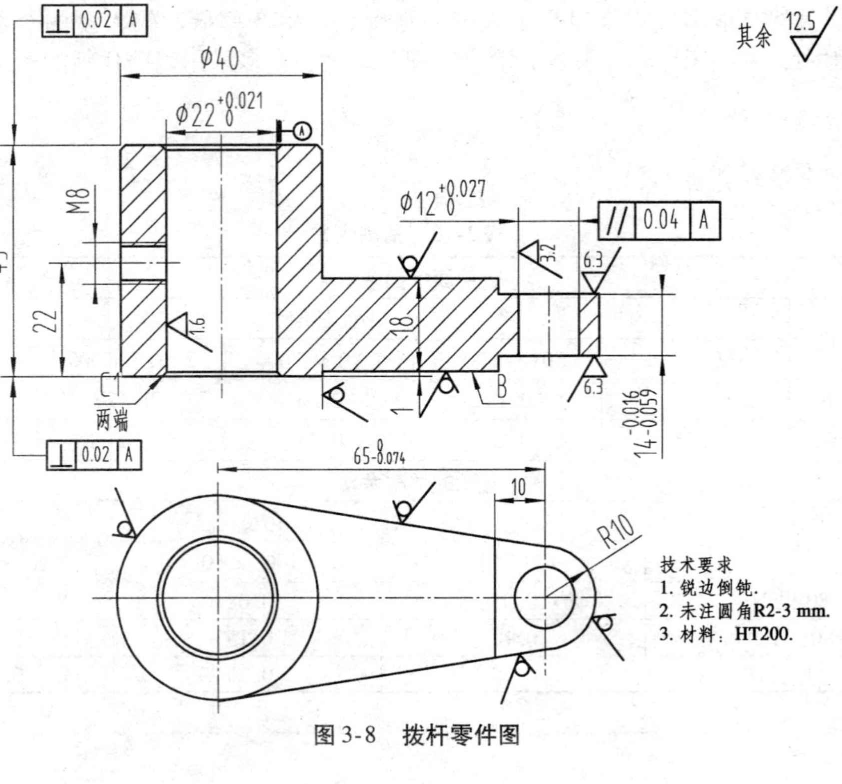

图 3-8 拨杆零件图

零件图形分析如下。

（1）该零件属异型零件。

（2）该零件有两个精度要求较高的孔，且两孔有较高的平行度要求。

（3）孔两端面与孔有较高的垂直度要求。

（4）加工孔时要保证孔与不加工的外圆壁厚均匀。

（5）此件为批量生产。

二、拨杆毛坯图

拨杆毛坯图如图 3-9 所示。

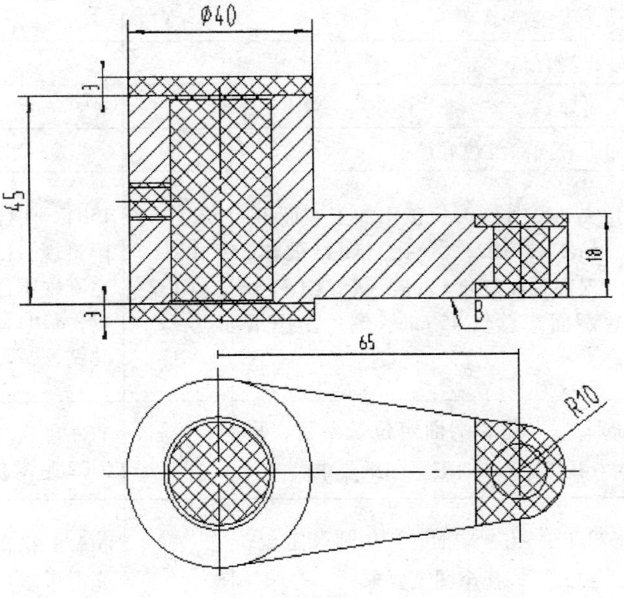

图 3-9　拨杆毛坯图

三、工艺分析

（1）拨杆是一个异形零件，但它有良好的加工工艺性和良好的定位基面。

（2）拨杆上的 $\phi22_{0}^{+0.021}$ 和 $\phi12_{0}^{+0.027}$ 精度要求较高，可采用钻、扩、铰的方法获得。

（3）其中 $\phi22_{0}^{+0.021}$ 孔在车床上加工，可一并加工出下端平面和倒角。$\phi12_{0}^{+0.027}$ 孔可在钻床上使用钻夹具加工出，这样可以保证平行度要求。

（4）尺寸 $14_{-0.059}^{-0.016}$ 可在卧式铣床上用两把三面刃铣刀并列加工出。

(5) 值得一提的是，钻、扩、铰孔 $\phi12_{0}^{+0.027}$ 应在加工好尺寸 $14_{-0.059}^{-0.016}$ 之后进行，以体现“先面后孔”的原则。

四、工艺编制

拨杆零件的机械加工工艺过程和各主要工序内容详见表 3-14～表 3-17。

表 3-14 拨杆机械加工工艺过程卡片

机械加工工艺过程卡		零件	图号	材料	件数	毛坯类型	毛坯尺寸
		拨杆	05	HT200	500 件/批	铸件	—

序号	工序名称	工序内容	机床	工艺装备
1	铸造	木模，手工造型		
2	冷作	清砂，浇冒口		
3	热处理	人工时效		
4	油漆	非加工表面涂红色底漆		
5	车	(1) 夹 $\phi40$ 外圆，找正不加工表面 B；钻扩铰 $\phi22_{0}^{+0.021}$ 孔至图纸要求，保证轴向尺寸 1 mm；倒角 C1； (2) 翻面车总长 45 mm、倒角至图纸要求	C6132	150 mm 钢板尺，$\phi22_{0}^{+0.021}$ 光滑极限量规，125 ×0.02 毫米游标卡尺 YG6 硬质合金 45°端面车刀，划针盘，$\phi16$ mm 麻花钻，$\phi21.9$ mm 扩孔钻，$\phi22_{0}^{+0.021}$ 铰刀，翻面心轴
6	铣	以 $\phi22_{0}^{+0.021}$ 孔和端面定位铣台阶，将尺寸 $14_{-0.059}^{-0.016}$ mm 加工至图纸要求	X62	YG6 硬质合金三面刃铣刀，125 × 0.02 毫米游标卡尺，铣床夹具
7	钻	以 $\phi22_{0}^{+0.021}$ 孔、端面、R10 圆弧定位，钻铰 $\phi12_{0}^{+0.027}$ 孔至图纸要求	Z3025	$\phi11.8$ 麻花钻，$\phi12_{0}^{+0.027}$ 铰刀和光滑极限量规，钻床夹具
8	钻	划 M8 螺孔位置线，钻、攻螺孔至图纸要求	Z4012	钳工画线工具，相应钻头与丝锥
9	检验	按图纸要求检验各部尺寸及形位公差		
10	入库	清洗，加工表面涂防锈油，入库		

贵州航天职业技术学院	工艺设计		日 期		共 页	第 页

表 3-15 拨杆机械加工工序卡片（第 5 工序）

机械加工工序卡片	零件名称	图号	工序号	工序名称	共 1 页
	拨杆	03	5	车	第 1 页

工序图		
工序图	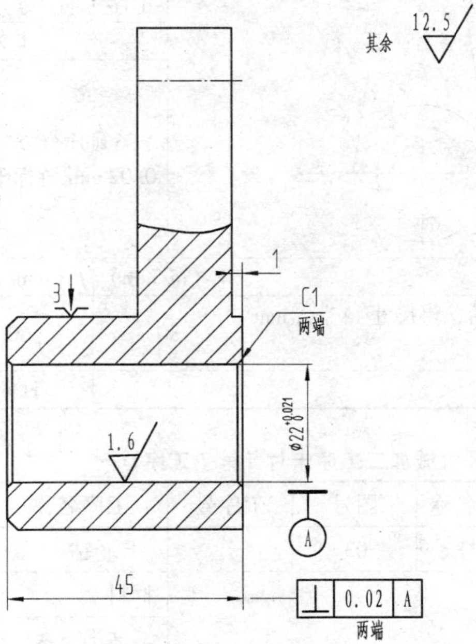	材料：HT200 毛坯类型：铸件 批量：500 件/批 机床：CA6140 工序工时： 工艺装备 150 mm 钢板尺，$\phi22_{0}^{+0.021}$ 光滑极限量规，125 × 0.02 毫米游标卡尺，YG6 硬质合金 45° 端面车刀，划针盘，$\phi16$ mm 麻花钻，$\phi21.9$ mm 扩孔钻，$\phi22_{0}^{+0.021}$ 铰刀，翻面心轴

工步号	工步内容	V（m/min）	f（mm/r）	a_p（mm）
1	夹 $\phi40$ 外圆，找正不加工表面 B；钻扩铰 $\phi22_{0}^{+0.021}$ 孔至图纸要求，保证轴向尺寸 1 mm；倒角 C1	24	手动	0.1（铰）
2	翻面车总长 45 mm，倒角至图纸要求			
贵州航天职业技术学院	工艺设计		日期	

表 3-16 拨杆机械加工工序卡片（第 6 工序）

机械加工工序卡片	零件名称	图号	工序号	工序名称	共 1 页
	拨杆	03	6	铣	第 1 页

工序图			
工序图	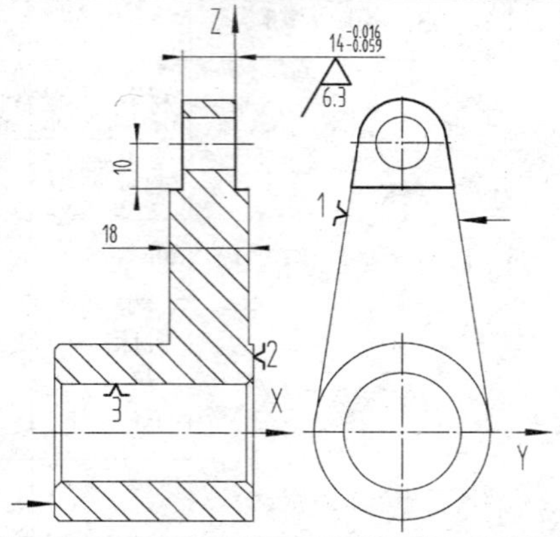	材料	HT200
		毛坯类型	铸件
		批量	500 件/批
		机床	X62
		工序工时	
		工艺装备	
		YG6 硬质合金三面刃铣刀，125 × 0. 02 mm 游标卡尺，铣床夹具	

工步号	工步内容	V（m/min）	f（mm/min）	a_p（mm）
1	以 $\phi22_0^{+0.021}$ 孔和端面定位铣台阶，将尺寸 $14^{-0.016}_{-0.059}$ mm 加工至图纸要求	80	60	2
贵州航天职业技术学院	工艺设计		日期	

表 3-17 拨杆机械加工工序卡片（第 7 工序）

机械加工工序卡片	零件名称	图号	工序号	工序名称	共 1 页
	拨杆	03	7	钻	第 1 页

工序图			
工序图	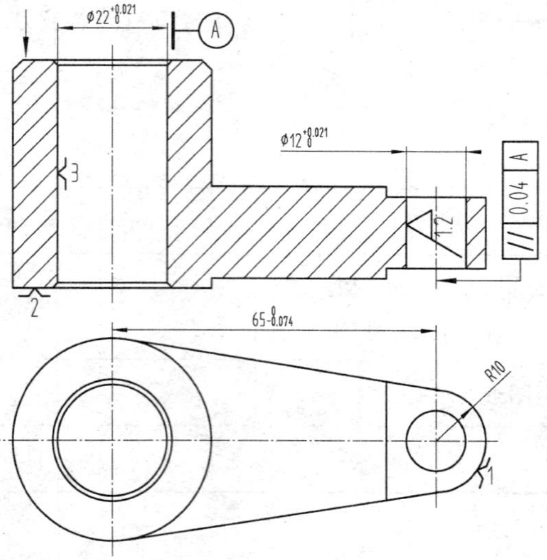	材料	HT200
		毛坯类型	锻件
		批量	500 件/批
		机床	Z3025
		工序工时	
		工艺装备	
		$\phi11.8$ 麻花钻，$\phi12_0^{+0.027}$ 铰刀和光滑极限量规，钻床夹具	

（续表）

工步号	工步内容	V（m/min）	f（mm/r）	a_p（mm）
1	以 $\phi22_0^{+0.021}$ 孔、端面、R10 圆弧定位，钻铰 $\phi12_0^{+0.027}$ 孔至图纸要求	20	手动	0.1 铰
贵州航天职业技术学院	工艺设计		日期	

五、夹具设计

1. 第 6 道工序铣夹具

（1）在设计定位心轴时，轴肩直径应略小于定位凸台，以便轴肩能与工件定位面全部接触，使轴肩磨损均匀。

（2）装配夹具时，工件首件画线，调整防转支承钉，找正画线，锁紧防转支承钉。重新使用夹具或更换零件批次时，须重新画线找正夹具方能使用。

（3）在 $\phi22_0^{+0.021}$ 内孔定位心轴上端设计螺纹或设计双头螺柱，从工件左端面用螺母和开口垫圈压紧，夹紧力垂直于轴向定位面。

（4）垂直工件斜面定位元件用螺钉进行辅助夹紧，以防工件在加工过程中产生转动。夹紧方案可参见图 3-4。

（5）在设计两螺钉支座的位置时，应尽可能高，这样可提高防转精度；但是不能超过切削的最低位置，不能与铣刀发生干涉。

（6）使用开口垫圈目的是可以不卸下螺母就取下工件，其使用条件是螺母六角最大外径小于工件内孔直径。

（7）本工序的对刀尺寸如图 3-10 所示，夹具按此尺寸进行调整。

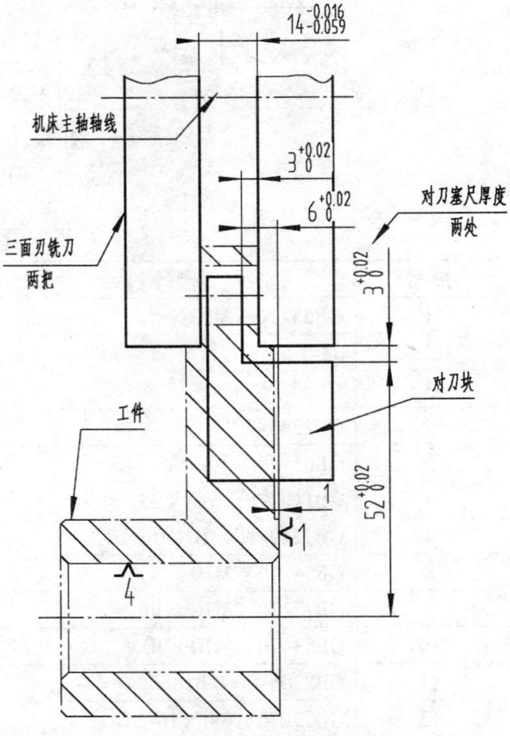

图 3-10　铣床夹具对刀尺寸

2. 夹具总装图

根据以上分析，设计出如图 3-11 所示的铣床夹具，装配图明细见表 3-18。

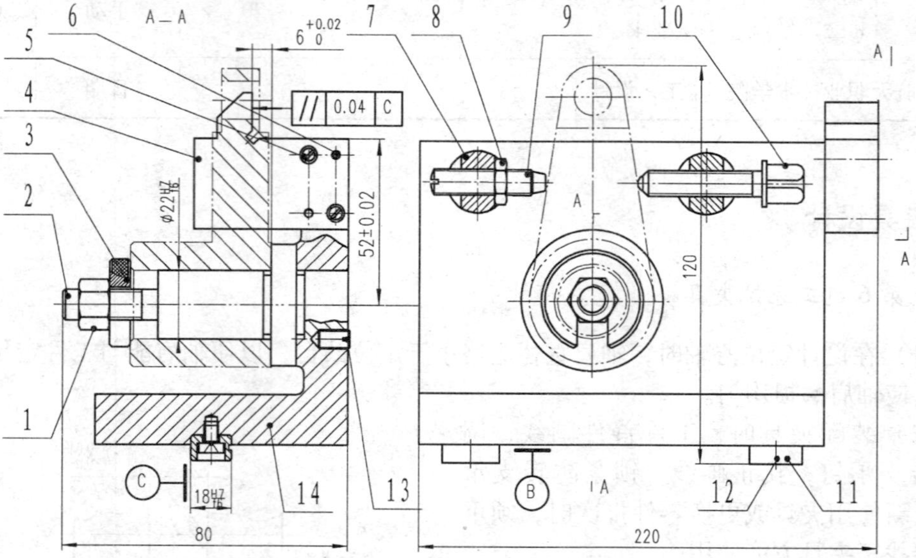

图 3-11 第 6 序铣床夹具

(图注参见表 3-18)

表 3-18 装配图明细表

序号	代号	名称	数量	材料
1	GB55-76 M12	螺母	1	45
2	03-1	定位心轴	1	45
3	GB50-76	开口垫圈	1	45
4	GB2243-80	对刀块	1	20
5	GB65-76 M6×25	螺钉	2	35
6	GB119-76 5n6×25	圆柱销	2	35
7	GB2249-80 BM10×20	支座	2	45
8	GB54-76 M10	螺母	1	35
9	GB72-76 M10×30	螺钉	1	45
10	GB83-76 M10×30	螺钉	1	45
11	GB2206-80 B18h6	定位键	2	45
12	GB65-76 M6×16	螺钉	2	35
13	GB72-76 M6×20	螺钉	1	35
14	03-2	夹具体	1	HT200

项目 3.4　拉深凹模

一、拉深凹模零件图

拉深凹模零件图如图 3-12 所示。

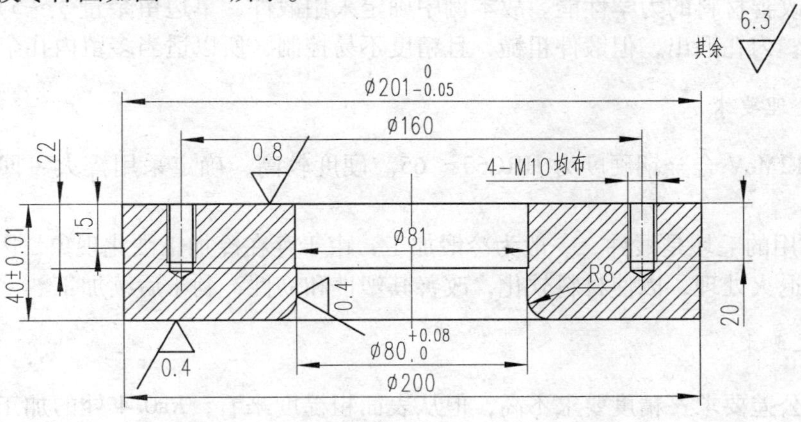

技术要求
1. 材料：Cr12MoV,硬度HRC60-65.
2. 未注尺寸公差按GB1804-79 IT12级精度.

图 3-12　拉深凹模零件图

零件图形分析如下。

(1) 模具零件多属异形零件，但此零件特殊，是一回转体零件。该零件尺寸精度不高，但表面粗糙要求度高。

(2) 材料种类：模具用钢，Cr12MoV。

(3) 全部表面均进行机械加工。

二、拉深凹模毛坯图

拉深凹模毛坯图如图 3-13 所示。

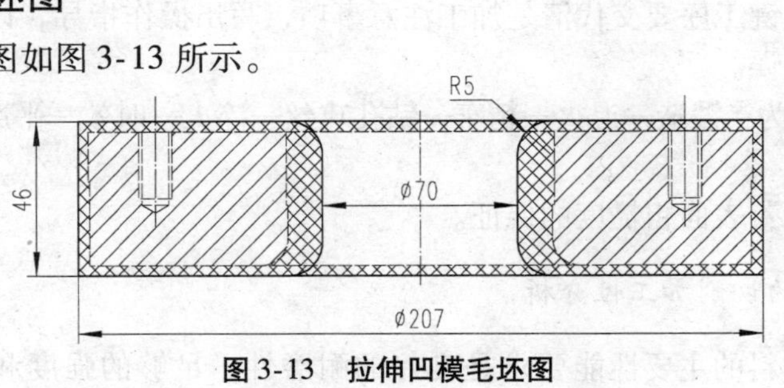

图 3-13　拉伸凹模毛坯图

三、工艺分析

1. 确定毛坯

该零件是模具上的凹模，要求有良好的机械加工性能，一般多采用锻件，目的是为了细化晶粒，改善材料的力学性能。故本例中确定采用锻件，单边留余量 3～5 mm，为了减少加工余量，内孔锻出，但锻件粗糙，且精度不易控制，所以适当多留内孔余量。

2. 热处理要求

（1）Cr12MoV 合金钢硬度为 HRC60～65。硬度较高，确定采用淬火＋回火的热处理工艺。

（2）采用的毛坯是锻件，一般为冷锻加工，由于存在冷加工硬化现象，因此需要在机加工前安排退火处理，以使材料软化，改善其塑性和韧性，利于后续加工。

3. 加工要求

内孔有公差要求，精度要求不高，但从表面粗糙度来看，*R*a0.4 处的加工表面要求较高，一般的车铣，甚至磨削都难以达到，判断采用热处理淬火后抛光工艺加工方法。

零件图上有 4-M10 均布的螺纹孔加工，一般采用钻底孔、攻丝的加工方法。攻丝的工具是丝锥，这里是模具的凹模加工，不是批量生产，决定采用手用丝锥加工。有条件也可采用机用丝锥。

4. 加工方法选择

精车、攻丝、磨削、抛光。

5. 加工方案确定

模具零件多为单件、小批，工艺卡片不能像批量产品一般仔细详尽，但要力求一目了然，无有遗漏，关键工序要交代清楚加工注意事项，写出操作指导，以减少操作者的适应时间，减少加工失误。

加工方案确定为：锻造—退火—精车—钻孔攻丝—淬火—时效—平磨—内磨—抛光—检验—钳工配模。

加工难点分析：表面粗糙度的保证。

6. 零件材料的切削加工性分析

对冷作模具材料的主要性能要求是良好的耐磨性，足够的强度和韧性，高的疲劳寿命，良好的抗擦伤和咬合性能以及良好的工艺性能。

Cr12系列冷作模具钢是较广泛采用的钢种系列，具有良好的淬透性和耐磨性，但共晶碳化物偏析较严重，韧性较差，淬火后异常变形较大。所以，一定要安排时效处理，去除应力。

7. 切削液的选择和使用

车削和磨削时采用乳化液，攻丝时采用乳化油，抛光不用。

8. 工艺装备的确定

（1）机床：CA6140及相关机床附件（查阅设备的参考资料）。
（2）刀具：45°端面（倒角）车刀、90°外圆车刀、内孔镗刀、R8成形车刀。
（3）量具：300 mm ×0.02 mm游标卡尺、75～100内径千分尺、25～50千分尺。
（4）夹具：无。

四、工艺编制

拉深凹模零件的机械加工工艺过程和各主要工序内容详见表3-19～表3-23。其中，热处理工序卡片和全检卡片以及入库卡片略。

表3-19　拉深凹模机械加工工艺过程卡片

<table>
<tr><td colspan="3" rowspan="2">机械加工工艺过程卡片</td><td>零件名称</td><td>图号</td><td>材料</td><td>件数</td><td>毛坯类型</td><td>毛坯尺寸</td></tr>
<tr><td>拉伸凹模</td><td>04</td><td>Cr12MoV</td><td>1</td><td>锻件</td><td>ϕ207 ×46</td></tr>
<tr><td>工序号</td><td>工序名称</td><td colspan="4">工序内容</td><td>机床</td><td colspan="2">工艺装备</td></tr>
<tr><td>1</td><td>锻</td><td colspan="4">冷锻毛坯至毛坯图要求</td><td>锻锤</td><td colspan="2"></td></tr>
<tr><td>2</td><td>热处理</td><td colspan="4">退火 HB250</td><td></td><td colspan="2">布洛氏硬度机</td></tr>
<tr><td>3</td><td>车</td><td colspan="4">精车全件至工序图要求</td><td>C A 6140</td><td colspan="2">90°YT15外圆车刀，45° YT15端面车刀，R8成形车刀，300 ×0.02毫米游标卡尺</td></tr>
<tr><td>4</td><td>钳</td><td colspan="4">加工4-M10均布螺纹孔</td><td>Z512</td><td colspan="2">ϕ8.5钻头、M10丝锥</td></tr>
<tr><td>5</td><td>热处理</td><td colspan="4">淬火 HRC HRC60～65</td><td>盐浴炉</td><td colspan="2">洛氏硬度机</td></tr>
<tr><td>6</td><td>热处理</td><td colspan="4">时效处理</td><td></td><td colspan="2"></td></tr>
<tr><td>7</td><td>磨</td><td colspan="4">平磨两端面，保证图纸尺寸</td><td>M7120A</td><td colspan="2">25～50 mm千分尺</td></tr>
<tr><td>8</td><td>磨</td><td colspan="4">校正外圆，磨内孔为$\phi 80_{0}^{+0.08}$</td><td>M2110</td><td colspan="2">内径千分尺75～100 mm</td></tr>
<tr><td>9</td><td>钳</td><td colspan="4">抛光表面粗糙度为Ra0.4的表面</td><td>抛光机</td><td colspan="2"></td></tr>
<tr><td>10</td><td>检验</td><td colspan="4">全件按零件图检验，重点Ra0.4处及螺纹孔</td><td></td><td colspan="2"></td></tr>
<tr><td>11</td><td>钳</td><td colspan="4">配模</td><td></td><td colspan="2"></td></tr>
<tr><td colspan="3">贵州航天职业技术学院</td><td>工艺设计</td><td></td><td>日期</td><td></td><td>共　1　页</td><td>第　1　页</td></tr>
</table>

表 3-20 拉深凹模机械加工工序卡片（第 3 工序）

机械加工工序卡片	零件名称	图号	工序号	工序名称	共 1 页
	拉伸凹模	04	3	车	第 1 页

工序图		
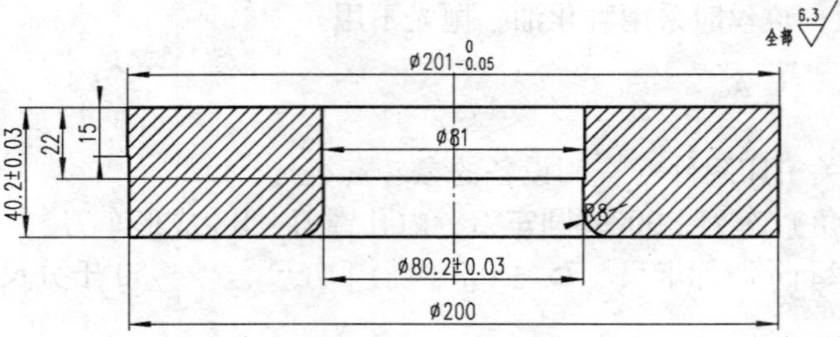	材料	Cr12MoV
	毛坯类型	锻件
	批量	1
	机床	CA 6140
	工序工时	
	工艺装备	
	300×0.02 毫米游标卡尺，90° YT15 外圆车刀，45° YT15 端面车刀，R8 成形车刀，内孔镗刀	

工步号	工步内容	V（m/min）	f（mm/r）	a_p（mm）
1	精车全件至工序图纸要求	60	0.3	3.5
贵州航天职业技术学院	工艺设计		日期	

说明：

（1）工序 3 中，后续工序中要磨削的加工面留出余量约 0.1～0.2 mm，其余部位在淬火前直接加工到图纸尺寸。

（2）有时在编制工艺时，考虑到工序集中原则和操作工熟练程度，可以将同类加工放在一个工序中。

表 3-21 拉深凹模机械加工工序卡片（第 4 工序）

机械加工工序卡片	零件名称	图号	工序号	工序名称	共 1 页
	拉伸凹模	04	4	钳	第 1 页

工序图		
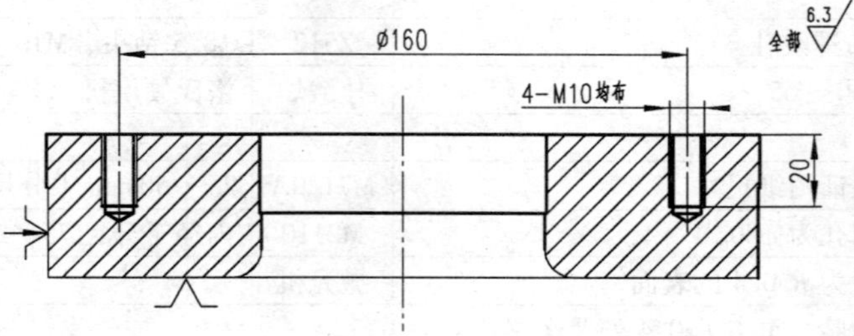	材料	Cr12MoV
	毛坯类型	锻件
	批量	1
	机床	Z512
	工序工时	
	工艺装备	
	ϕ8.5 麻花钻 M10 丝锥	

（续表）

工步号	工步内容	V（m/min）	f（mm/r）	a_p（mm）
1	钻孔攻丝 4-M10 均布，保证螺纹深 20 mm	24	手动	
贵州航天职业技术学院	工艺设计		日期	

表 3-22　拉深凹模机械加工工序卡片（第 7 工序）

机械加工工序卡片	零件名称	图号	工序号	工序名称	共 1 页
	拉伸凹模	05	7	磨	第 1 页
工序图				材料	Cr12MoV
				毛坯类型	锻件
				批量	1
				机床	M7120A
				工序工时	
				工艺装备	
				25～50 mm 千分尺	

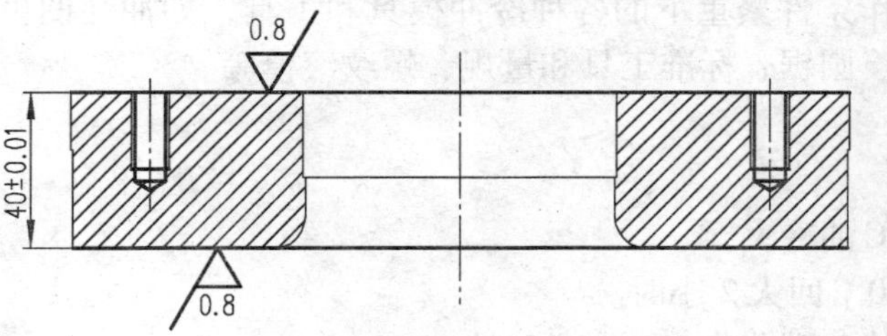

工步号	工步内容	V（m/min）	f（mm/r）	a_p（mm）
1	平磨两端面	35m/s	60	0.2
贵州航天职业技术学院	工艺设计		日期	

表 3-23　拉深凹模机械加工工序卡片（第 8 工序）

机械加工工序卡片	零件名称	图号	工序号	工序名称	共 1 页
	拉伸凹模	04	8	内磨	第 1 页
工序图				材料	Cr12MoV
				毛坯类型	锻件
				批量	1
				机床	M2110
				工序工时	
				工艺装备	
				75～100 mm 内径千分尺	

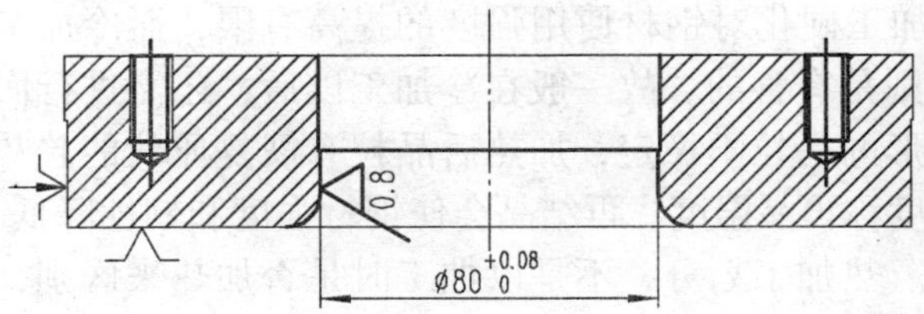

工步号	工步内容	V（m/min）	f（mm/r）	a_p（mm）
1	磨内孔为 $\phi80_{0}^{+0.08}$			
贵州航天职业技术学院	工艺设计		日期	

本例无工装设计。

知识衔接一

模具用钢

合金工具钢

Cr12MoV 标准：GB/T 1299-1985

特性及适用范围

冷作模具钢，钢的淬透性、淬火回火的硬度、耐磨性、强度均比 Cr12 高。用于制造截面较大、形状复杂、工作条件繁重下的各种冷冲模具和工具，如冲孔凹模、切边模、滚边模、钢板深拉伸模、圆锯、标准工具和量规、螺纹滚模等。

热处理规范及金相组织

热处理规范：

（1）淬火：950～1 000℃油冷；

（2）淬火：1 020℃，200℃回火 2 小时。

金相组织：细粒状珠光体＋碳化物。

知识衔接二

金属的冷加工硬化现象

在工程中，有时需用对钢件进行冷加工，如锻打、压延、弯曲、冲压等。当冷加工产生塑性变形时，不但其外形发生了变化，其内部的晶粒形状也会发生变化，晶粒沿受力方向被拉长。冷加工塑性变形较大时，还会产生较大内应力，硬度变高。这种现象称为冷加工硬化。利用冷加工硬化对钢材使用强度的提高有限，而冷加工硬化引起的塑性降低及残存的内应力则是有害的。故一般在冷加工以后，还需进行回火或退火处理予以消除。冷加工后变形的晶粒不稳定，加热后晶粒有恢复原状的趋势，这就是再结晶，出现再结晶时的温度称再晶温度。再结晶会使钢材强度和韧性降低，球化、石墨化进程加速。工程上对冷、热加工划分，不是以加工时是否加热来区别，而是以加工时的温度是否高于再结晶温度来划分。高于再结晶温度属热加工，低于再结晶温度即为冷加工。在低于再结晶温度下加工，冷加工硬化的一些缺陷就会出现。因此，在制订合金钢的弯制、锻打等热加工工艺时，对加工温度的下限作了严格规定，即热加工低于某一温度时应立即停止加工。否则，就等于进行冷加工，会出现冷加工硬化所造成的缺陷。

知识衔接三

退火

将金属缓慢加热到一定温度，保持足够时间，然后以适宜速度冷却（通常是缓慢冷却，有时是控制冷却）的金属热处理工艺称为退火。目的是使经过铸造、锻轧、焊接或切削加工的材料或工件软化，改善塑性和韧性，使化学成分均匀化，去除残余应力，或得到预期的物理性能。退火工艺随目的之不同而有多种，如重结晶退火、等温退火、均匀化退火、球化退火、去除应力退火、再结晶退火以及稳定化退火、磁场退火等等。

退火的一个最主要工艺参数是最高加热温度（退火温度），大多数合金的退火加热温度的选择是以该合金系的相图为基础的，如碳素钢以铁碳平衡图为基础。各种钢（包括碳素钢及合金钢）的退火温度，视具体退火目的的不同而在各该钢种的 Ac3 以上、Ac1 以上或以下的某一温度。各种非铁合金的退火温度则在各该合金的固相线温度以下、固溶度线温度以上或以下的某一温度。

总之，退火可以减低金属硬度和脆性，增加可塑性。

知识衔接四

抛光

抛光不仅增加工件的美观度，而且能够改善材料表面的耐腐蚀性、耐磨性，还可以使模具拥有其他优点，如使塑料制品易于脱模，减少生产注塑周期等。因而抛光在塑料模具制作过程中是很重要的一道工序。

利用柔性抛光工具和磨料颗粒或其他抛光介质对工件表面进行的修饰加工称为抛光。抛光不能提高工件的尺寸精度或几何形状精度，而是以得到光滑表面或镜面光泽为目的，有时也用以消除光泽（消光）。

通常以抛光轮作为抛光工具。

抛光轮一般用多层帆布、毛毡或皮革叠制而成，两侧用金属圆板夹紧，其轮缘涂敷由微粉磨料和油脂等均匀混合而成的抛光剂。抛光时，高速旋转的抛光轮（圆周速度在 20 米/秒以上）压向工件，使磨料对工件表面产生滚压和微量切削，从而获得光亮的加工表面，表面粗糙度一般可达 Ra 0.63～0.01 μm；当采用非油脂性的消光抛光剂时，可对光亮表面消光以改善外观。

大批量生产轴承钢球时，常采用滚筒抛光的方法。粗抛时将大量钢球、石灰和磨料放在倾斜的罐状滚筒中，滚筒转动时，使钢球与磨料等在筒内随机地滚动碰撞以达到去除表面凸锋而减小表面粗糙度的目的，可去除 0.01 毫米左右的余量。精抛时在木桶中装入钢球和毛皮碎块，连续转动数小时可得到耀眼光亮的表面。

精密线纹尺的抛光是将加工表面浸在抛光液中进行的，抛光液由粒度为 W5～W0.5 的氧化铬微粉和乳化液混合而成。抛光轮采用材质均匀经脱脂处理的木材或特制的细毛毡制成，其运动轨迹为均匀稠密的网状，抛光后的表面粗糙度不大于 *R*a0.01 微米，在放大 40 倍的显微镜下观察不到任何表面缺陷。

此外还有电解抛光等方法。

知识衔接五

时效处理

为了消除精密量具或模具、零件在长期使用中尺寸、形状发生的变化，常在低温回火后（低温回火温度 150～250℃）精加工前，把工件重新加热到 100～150℃，保持 5～20 小时，这种为稳定精密制件质量的处理，称为时效。对在低温或动载荷条件下的钢材构件进行时效处理，可消除残余应力，稳定钢材组织和尺寸，尤为重要。

时效处理是指合金工件经固溶处理，冷塑性变形或铸造、锻造后，在较高的温度放置或室温保持其性能、形状、尺寸随时间而变化的热处理工艺。

将工件加热到较高温度，并较短时间进行时效处理的时效处理工艺，称为人工时效处理。

低碳钢冷态塑性变形后在室温下长期放置，强度提高，塑性降低，这种现象称为机械时效。

将工件放置在室温或自然条件下长时间存放而发生的时效现象，称为自然时效处理。这种时效不属于金属热处理工艺。

知识衔接六

配作

配作是利用一个已加工好的工件上的要素（如孔、外形）来加工与之有关系的工件。例如在冲裁模的凹模和凸模的间隙有尺寸精度要求，还有间隙的均匀要求，从尺寸链的角度上看，间隙是凸模和凹模刃口的两尺寸所组成的尺寸链的封闭环，根据尺寸链理论可知，所有组成环公差之和应小于、等于封闭环公差。若采用分开的办法，凹模、凸模的加工精度会很高，因此多采用配作，即先成型磨削凸模，然后用凸模本身或与其一起加工的样板做电加工的电极加工凹模。其优点是可将凸模的公差放大到所冲裁的工件的公差的三分之一。

配作的优点是容易获得高的精度，缺点是没有互换性。配作主要运用在单件小批量生产中，如工装、模具的生产。

项目 3.5　方刀架

一、方刀架零件图

方刀架零件图如图3-14所示。

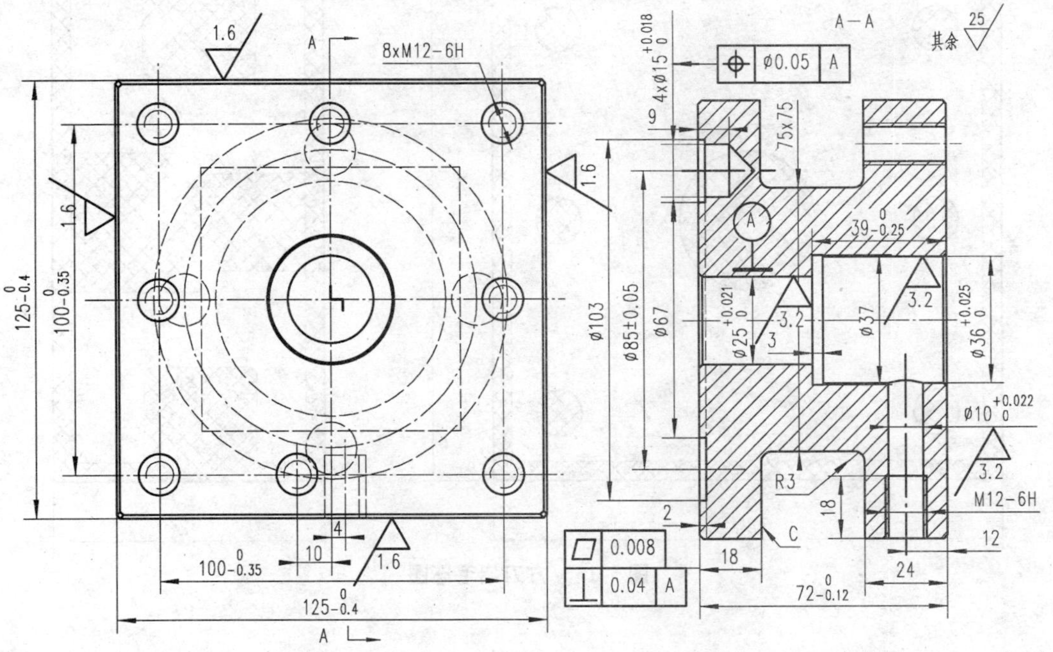

技术要求

1. C平面淬火40~45 HRC.

2. 未注倒角C1.

图3-14　方刀架零件图

零件图样分析如下。

（1）零件图中 B-B 剖面图左端一面要求很高，平面度的公差为 0.008 mm。

（2）零件图中以 $\phi25_0^{+0.021}$ mm 孔的轴线为基准，$125^0_{-0.4}$ mm 两大面与其有垂直度公差，公差值为 0.04 mm。

（3）图中 $4\times\phi15_0^{+0.018}$ mm 与 $\phi25_0^{+0.021}$ mm 孔的轴线有位置度公差，公差值 $\phi0.05$ mm。

（4）零件图中 $\phi25_0^{+0.021}$ mm 与 $\phi36_0^{+0.025}$ mm 孔的公差较小，两孔应同轴。

（5）零件图技术要求对 C 面淬火 40～45HRC。

（6）零件图中 $\phi10_0^{+0.022}$ mm 孔偏离基准孔 $\phi25_0^{+0.021}$ 轴线 4 mm，外端有 8 × M12 – 6H 深 18 的螺纹孔。

（7）零件结构不复杂，单件小批量生产应采用自由锻获得毛坯。

二、方刀架毛坯图

方刀架毛坯图如图 3-15 所示。

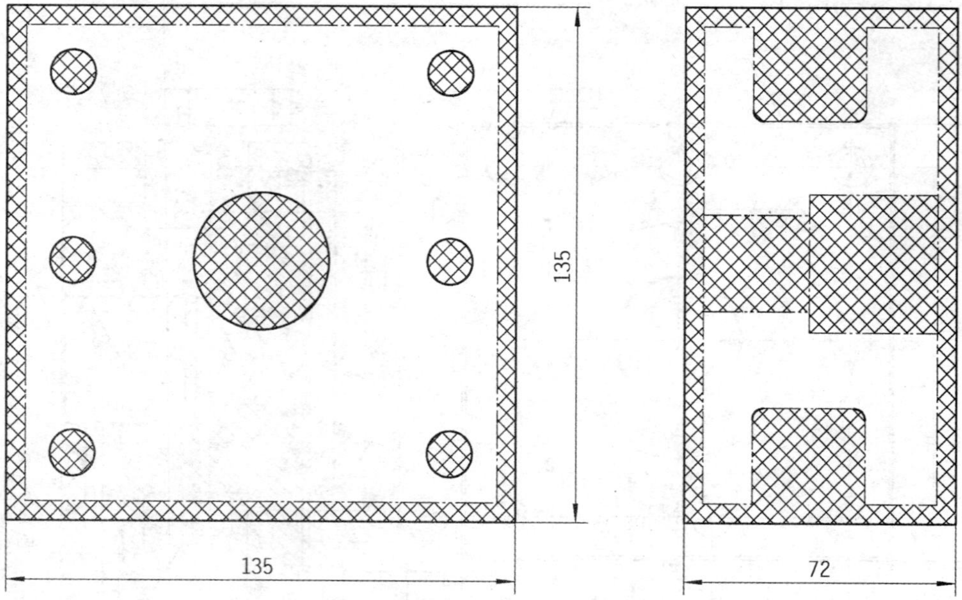

图 3-15 方刀架毛坯图

三、工艺分析

（1）零件图中 B-B 剖面图左端一面平面度为 0.008 mm，须经磨削后刮削加工此平面。

（2）从零件图可以看出，该零件上的 $\phi25_0^{+0.021}$ mm 及 $\phi36_0^{+0.025}$ mm 孔用以装配其他零

件，因此必须保证两孔的同轴度，一般采用一次装夹完成车削加工，同时切出 $\phi37$ mm × 3 mm的槽及孔口倒角 C1。

（3）方刀架零件的最高表面粗糙度为 $\phi25_{0}^{+0.021}$ mm 孔和 $125_{-0.4}^{0}$ mm × $125_{-0.4}^{0}$ mm 四侧面 $Ra1.6$，可通过粗车—半精车—精车及粗铣—半精铣—精铣床达到表面粗糙度要求。

（4）在加工 $\phi25_{0}^{+0.021}$ mm 孔和 $\phi36_{0}^{+0.025}$ mm 孔时应遵循“先面后孔”的原则。为了保证 $\phi25_{0}^{+0.021}$ mm 轴线与 B-B 剖面图左右两端垂直度 0.04 mm，须在加工 $\phi25_{0}^{+0.021}$ mm 孔之前磨削两面，使其平行，并且以该平面定位加工孔。

（5）平面度公差为 0.008 mm 的底平面需要经钳工括研才能达到精度要求。

（6）$\phi25_{0}^{+0.021}$ mm 孔和 $\phi36_{0}^{+0.025}$ mm 孔的轴线应在方刀架的几何中心上，但因尺寸 $125_{-0.4}$ 公差较大，以其定位会造成孔系单边，故应设计自动定心夹具加工 $\phi25_{0}^{+0.021}$ mm 孔系。

（7）方刀架底面（B-B 剖面图左端面）上的 $4\times\phi15_{0}^{+0.018}$ mm 孔，应用专用钻模，通过钻、铰获得位置度 $\phi0.05$ mm 和孔径 $\phi15_{0}^{+0.018}$ mm。

（8）铣削压刀槽时，首选三面刃铣刀提高切削效率，应对标准三面刃铣刀进行改制，将圆周切削刃两尖角磨成 R3 的圆角，使其一次切削成形。

（9）方刀架零件的材料为 45 号钢。锻件在粗加工之后进行调质处理，以消除粗加工产生的内应力。

四、工艺编制

方刀架零件的机械加工工艺过程和各主要工序内容详见表 3-24～表 3-25。

表 3-24　方刀架机械加工工艺过程卡片

机械加工工艺过程卡片		零件名称	图号	材料	件数	毛坯类型	毛坯尺寸
		方刀架	05	45	300 件/批	锻件	135 × 135 × 82
工序号	工序名称	工序内容			机床	工艺装备	
1	下料	$\phi120$ mm × 135 mm 棒料			锯床		
2	锻	自由锻毛坯尺寸为 135 mm × 135 mm × 82 mm					
3	粗铣	用平口钳装夹工件毛坯粗铣六面，保证尺寸 130 mm × 130 mm × 77 mm，保证相邻面相互垂直			X52	YT15$\phi160$ 端铣刀，300 × 0.02 毫米游标卡尺	
4	热处理	调质处理 28-32 HRC			盐浴炉		

（续表）

工序号	工序名称	工序内容	机床	工艺装备
5	铣精	先铣出一大面（135×135）为基准面，然后以基准面为基准铣其余各面至尺寸要求（$125^{0}_{-0.4}\times125^{0}_{-0.4}\times72_{0}^{+0.1}$）mm，保证相邻面相互垂直	X52	YT15ϕ160 端铣刀，300×0.02 毫米游标卡尺
6	铣	上下表面棱边倒角 C1	X52	
7	铣	卧铣上平口，钳装夹工件，利用三面刃铣刀铣压刀槽，分别保证尺寸 75 mm×75 mm、18 mm、24 mm及 R3	X62	镶齿三面刃铣刀 100×16×12 齿
8	热处理	压刀槽底面（C 面）高频淬火至 40-45 HRC		
9	磨	磨削两大面（底面、上面）保证尺寸 $72^{0}_{-0.12}$ mm，平行度为 0.02 mm	M7125	50～75 mm 千分尺
10	钳	刮研底平面至平面度 0.008 mm		括研工具及检验平板
11	车	用专用车夹具装夹工件 ① 钻 $\phi25_{0}^{+0.021}$ mm 孔至 ϕ23 mm； ② 扩 ϕ23 mm 孔至 ϕ34 mm，孔深 39 mm； ③ 粗精镗 ϕ34 mm 孔至尺寸 $\phi36_{0}^{+0.025}$ mm 的要求，孔深 $39^{-0.2}_{-0.4}$ mm； ④ 粗精镗孔 $\phi25_{0}^{+0.021}$ mm 至图纸要求； ⑤ 切孔内槽 ϕ37 mm×3 mm，保证 $39^{0}_{-0.25}$ mm； ⑥ $\phi36_{0}^{+0.025}$ mm 孔口倒角 C1	CA6140	ϕ23 钻头，ϕ34 钻头，镗孔刀，内切槽刀，端面切槽刀，倒角刀，200×0.02 毫米深度游标卡尺，用专用车夹具，$\phi36_{0}^{+0.025}$ 和 $\phi25_{0}^{+0.021}$ 光滑极限量规
12	车	调头车端面环形槽，保证尺寸 ϕ103 mm 及 ϕ67 mm，深为 2 mm 及 $\phi25_{0}^{+0.021}$ mm，孔口倒角 1×45°	CA6140	使用与 11 道工序相同的专用车夹具，300×0.02 毫米游标卡尺
13	钳	（1）钻、铰 $\phi15_{0}^{+0.018}$ mm 四孔至图纸要求； （2）钻、攻 8M12 螺纹孔； （3）钻 $\phi10_{0}^{+0.022}$ mm 至 ϕ9.8 mm．铰至图纸要求； （4）钻攻侧面 M12 螺纹孔保证深度 $18_{0}^{+0.2}$ mm； （5）孔口倒角为 1×45°	Z3025	ϕ14.8 钻头，ϕ9.8 钻头，ϕ10.1 钻头，$\phi15_{0}^{+0.018}$ 铰刀，$\phi10_{0}^{+0.022}$ 铰刀，ϕ13 钻头，M12-6H 丝锥，平面刮刀，$\phi10_{0}^{+0.022}$ 光滑极限量规，钻床夹具
14	检验	按图检查各部尺寸		
15	入库	涂油入库		

贵州航天职业技术学院	工艺设计		日期		共　页	第　页

表3-25 方刀架机械加工工序卡片（第11工序）

机械加工工序卡片	零件名称	图号	工序号	工序名称	共 1 页
	方刀架	05	11	车	第 1 页

工序图		项目	内容
工序图	工序图从略，请参考夹具装配图了解工件的安装	材料	45号钢
		毛坯类型	锻件
		批量	300件/批
		机床	CA6140
		工序工时	
		工艺装备	
		200×0.02毫米游标卡，150 mm钢板尺，90° YT15内孔车刀，$\phi36_0^{+0.025}$和$\phi25_0^{+0.021}$光滑极限量规，内切槽刀，端面切槽刀，倒角刀	

工步号	工步内容	V（m/min）	f（mm/r）	a_p（mm）
1	钻$\phi25_0^{+0.021}$ mm孔至$\phi23$ mm	24	手动	11.5
2	扩$\phi23$ mm孔至$\phi34$ mm，孔深39 mm	24	手动	5.5
3	粗精镗$\phi34$ mm孔至尺寸$\phi36_0^{+0.025}$ mm的要求，孔深$39_{-0.4}^{-0.2}$ mm	80	0.3	0.1（精镗）
4	粗精镗孔$\phi25_0^{+0.021}$ mm至图纸要求			
5	切孔内槽$\phi37\times3$ mm，保证$39_{-0.25}^{0}$ mm	24	手动	
6	$\phi36_0^{+0.025}$ mm孔口倒角C1	80	手动	
贵州航天职业技术学院	工艺设计		日期	

五、方刀架车床夹具

方刀架车床夹具如图 3-16 所示。

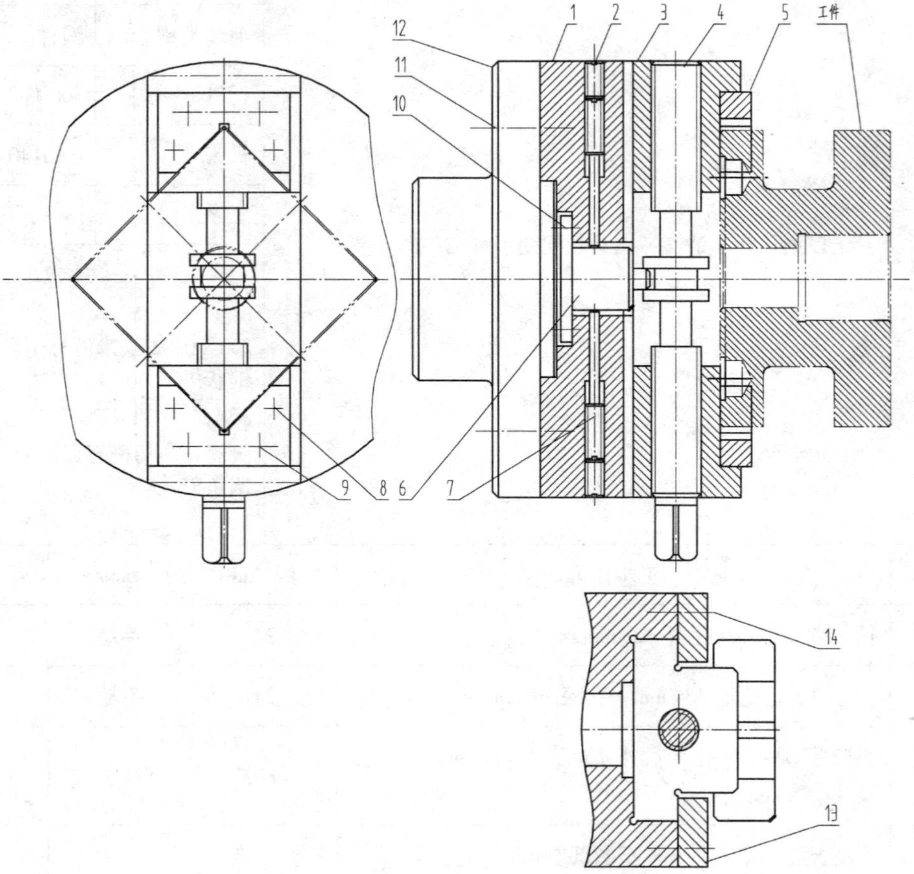

图 3-16 方刀架车床夹具（第 11、12 道工序）

1. 夹具体；2. 锁紧螺钉；3. 螺母；4. 左右旋丝杆；5. V 形块；6. 调整块；7. 调整螺钉；
8. 圆锥销；9. 内六角螺钉；10. 螺钉；11. 六角螺栓；12. 车床法兰盘；13. 盖板；14. 内六角螺钉

该夹具以工件 $125_{-0.4}$ mm × $125_{-0.4}$ mm4 个平面定位，采用左右旋丝杆同时带动螺母和 V 形块趋近工件，使工件始终对中。对中的准确程度取决于装配夹具时的调整精度。夹具调整方法如下：

（1）微松螺钉 10，将夹具安装到车床法兰盘上，拧紧六角螺栓 11；

（2）将一工件（样件）置于夹具V形块中，微夹紧；
（3）转动调整螺钉7，用杠杆百分表检查样件内孔，直到满意为止；
（4）拧紧锁紧螺钉2；
（5）卸下夹具，拧紧螺钉10，再将夹具装到车床法兰盘上即可使用。
该夹具的双向梯形螺纹规格为Tr28×3－7H/7e。
使用该夹具时因车床转速不高，夹具质量均匀对称，可以不设计配重装置。

附　录

附录1　切削加工性

一、材料切削加工性

附表 1-1　材料切削加工性等级表

等级	名称及种类		Kr	代表性材料
1	很容易切削	一般有色金属	＞3.0	5-5-5 铜铅合金，9-4 铝铜合金，铝镁合金
2	容易切削	易切削钢	2.5～3.0	退火 15Cr，σ_b =0.373～0.441Gpa 自动机钢 σ_b =0.393～0.491Gpa
3		较易切削钢	1.6～2.5	正火 30 钢 σ_b =0.441～0.549Gpa
4	普通材料	一般钢及铸铁	1.6～1.0	45 钢，灰铸铁
5		稍难切削材料	0.65～1.0	2Cr13 调质 σ_b =0.834 Gpa 85 钢 σ_b =0.883 Gpa
6	难切削材料	较难切削材料	0.5～0.65	45Cr 调质 σ_b =1.03 Gpa 65Mn 调质 σ_b =0.932～0.981Gpa
7		难切削材料	0.15～0.5	50CrV 调质，1Cr18Ni9Ti，某些钛合金
8		很难切削材料	＜0.15	某些钛合金，铸造镍基高温合金

附表 1-2　材料切削加工性分级表

切削加工性		易切钢			较易切削	
等级代号		0	1	2	3	4
硬度	HB	≤50	＞50～100	＞100～150	＞150～200	＞200～250
	HRC					＞14～24.8
抗拉强度 σ_b（GPa）		≤0.196	＞0.196～0.44	＞0.44～0.589	＞0.589～0.785	＞0.785～0.981
延伸率 δ（%）		≤10	＞10～15	＞15～20	＞20～25	＞25～30
冲击值 a_k（MJ/m^2）		≤0.196	＞0.196～0.392	＞0.392～0.589	＞0.589～0.785	＞0.785～0.981
导热系数 K（w/m℃）		410～293	＜293～167	＜167～83.7	＜83.7～62.8	＜62.8～41.9

（续表）

切削加工性		较难切削			难切削			
等级代号		5	6	7	8	9	9_a	9_b
硬度	HB	＞250～300	＞300～350	＞350～400	＞400～480	＞480～635	＞635	
	HRC	＞24.8～32.3	＞32.3～38.1	＞38.1～43	＞43～50	＞50～60	＞60	
抗拉强度 σ_b（GPa）		＞0.981～1.18	＞1.18～1.37	＞1.37～1.57	＞1.57～1.77	＞1.77～1.96	＞1.96～2.45	＞2.45
延伸率 δ（%）		＞30～50	＞35～40	＞40～50	＞50～60	＞60～100	＞100	
冲击值 a_k（MJ/m^2）		＞0.981～1.37	＞1.37～1.77	＞1.77～1.96	＞1.96～2.45	＞2.45～2.94	＞2.94～3.92	
导热系数 K（w/m℃）		＜41.9～33.5	＜33.5～25.1	＜25.1～16.7	＜16.7～8.37	＜8.37		

附表 1-3　几种材料物理机械性能表

牌号	热处理状态	力学性能				导热系数 K（w/m℃）
		硬度 HB	抗拉强度 σ_b（GPa）	延伸率 δ（%）	冲击值 a_k（MJ/m^2）	
08F	正火	≤131	0.294	35	—	60.3
30	正火	≤179	0.491	21	0.785	50.7
45	正火	≤229	0.598	16	0.491	50.2
40Cr	调质	229～269	0.981	9	0.589	32.7
GCr15	退火	170～207	0.589～0.716	15～25	0.441	40.1
1Cr18Ni9Ti	水淬时效	229	0.642	55	2.45	16.3

二、举例

使用举例：确定 1Cr18Ni9Ti 的切削加工性。

查表得：

$HB=229$	$\sigma_b=0.642$	$\delta=55$	$a_k=2.45$	$K=16.3$
4	3	8	8	8

（1）该材料的硬度和强度分别为 4 级和 3 级，属于较易切削范围。

（2）塑性和韧性均为8级，与刀具容易产生冷焊，切削变形严重，加工硬化和切削力都比较大，且断屑困难。

（3）导热性能为8级，导热性能差，切削温度高，刀具容易产生磨损，所以刀具材料应选择耐热性能较好的硬质合金。

根据以上分析，1Cr18Ni9Ti是一种较难切削或难切削的材料，切削时可以采取如下措施：

① 选用较大前角，以减小切削变形；

② 选用YW类或YG类硬质合金，以抗高温，提高刀具的耐磨性。避免选用YT类刀具材料，以免与工件材料产生亲和作用；

③ 采用有效的前刀面槽形以增强刀具的断屑性能；

④ 选用比加工碳素钢时低的切削速度，防止产生过高的切削温度；

⑤ 可适当提高进给量和背吃刀量，减小产生冷硬现象并保护刀尖；

⑥ 当切削用量较大或选用高速钢刀具材料时，应选择恰当的冷却润滑液。

附录2 工件的安装

一、摆动车偏心卡盘

1. 主要用途

摆动车偏心夹具主要用于加工带有较小偏心距的轴类零件偏心部位的加工。

2. 结构特点

摆动车偏心夹具见附图2-1所示，主要由花盘与自定心卡盘组成，借助于A、B两销孔位置，调整两盘的轴心线偏移量，从而达到调整偏心距的目的。

3. 动作原理

将工件用三爪自动定心卡盘夹紧，先使用定位孔A车削 d_1 和 d_2。加工完毕后，松开摆动盘压紧装置（图中未画出），从孔A中拔出定位插销（图中未画出），旋转摆动盘至孔B，将定位销插入孔B，压紧摆动盘，车削圆柱 d_3。加工完毕后，将摆动盘恢复至原位。

摆动盘的摆角度根据工件偏心距 e 和摆动盘旋转半径经计算获得，此处从略。

因工件偏心距较小，夹具可不设计配重装置，但是机床转速不宜过高。设计时，三爪牙自动定心卡盘中心应与摆动盘几何中心重合。

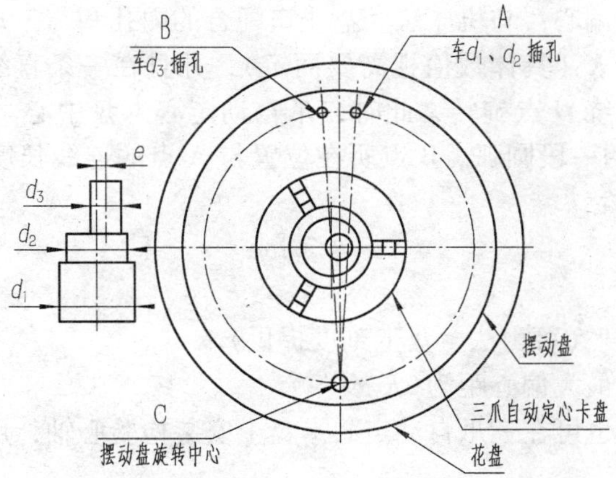

附图 2-1　摆动车偏心夹具

二、旋转式偏心车夹具

1. 主要用途

这是一种需要事先进行粗略计算，调整时进行测量的偏心夹紧机构。适用于偏心精度较高的零件加工。

2. 结构特点

旋转式偏心车夹具如附图 2-2 所示，由法兰盘、偏心盘和三爪卡盘等组成。

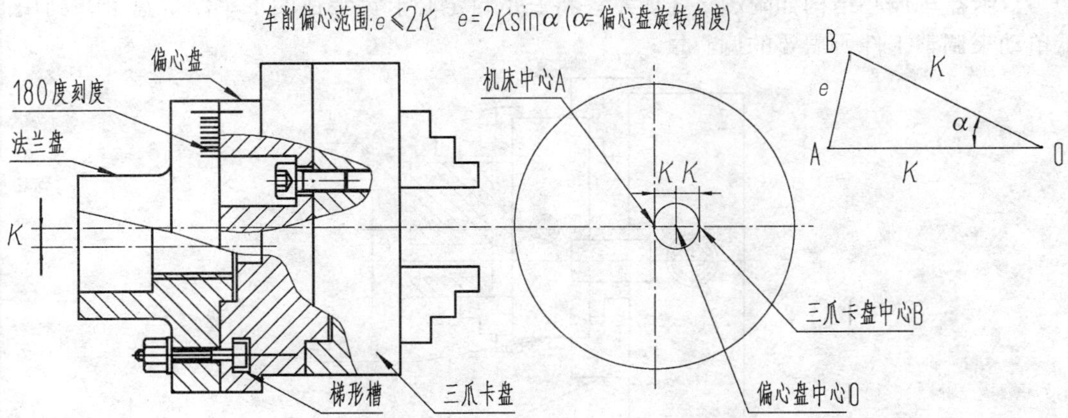

附图 2-2　旋转式偏心车夹具

在偏心盘上有两个偏心：与机床法兰盘止口配合的内孔和与三爪自动定心卡盘止口配合的外圆，偏心距均为 K（具体数值视需要而定），并且在一条直线上。松开梯形槽螺钉即可旋转偏心盘，使其绕 O 点旋转，此时三爪自动定心卡盘中心（即工件中心）的运动轨迹为从 B 点到 A 点的一段圆弧。B 点所在位置与 A 点的连线长度即为工件的偏心距 e。计算公式如下：

$$e = 2\sin\alpha$$

e—工件偏心距；

α—偏心盘旋转角度（可由法兰盘上刻度提供）。

该夹具车削工件的最大偏心距为 $2K$。

工件的实际偏心距也可在三爪自动定心卡盘上安装检验心轴，用百分表直接测出。

3. 动作原理

松开梯形槽螺钉，将偏心盘回转计算所得角度，略紧梯形槽螺钉，将检验棒夹在三爪自动定心卡盘上，百分表触头接触检验棒，回转机床主轴，微调偏心距，最终拧紧梯形槽螺钉。注意，百分表量值应为 2 倍偏心距。

三、双卡盘车偏心

1. 主要用途

此法适合有一定批量、且偏心距精度要求不高的场合。

2. 结构特点

双卡盘车偏心结构如附图 2-3 所示。将三爪自定心卡盘装在四爪单动卡盘上，利用四爪单动来调整工件所需要的偏心量。

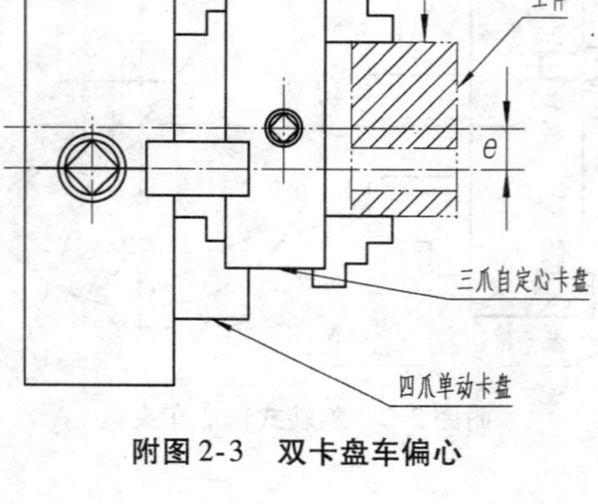

附图 2-3 双卡盘车偏心

3. 动作原理

先在三爪自动定心卡盘上夹持检验心轴，用百分表找正三爪自动定心卡盘，使其偏心与工件偏心相同，找到所需偏心距 e（注意：百分表的读数应为 $2e$）。

四、V 形块装夹偏心工件

1. 主要用途

此法适合有一定批量、且偏心距精度要求不高的场合。

2. 结构特点

V 形块装夹偏心工件如附图 2-4 所示，四爪卡盘、V 形块均为常用机床附件，结构简单，操作方便。

3. 动作原理

将 V 形块调装在四爪单动卡盘上，按工件直径和偏心距要求调整 V 形块位置，以实现偏心加工要求。

工件首件按画线找正，以后只需移动卡爪 A 即可完成工件安装。

五、端面快速找正

大而薄的工件在车床上加工端面时，找正端面是比较困难的，为了快速找正端面，可用附图 2-5 所示的方法。使用此法时要注意安全，即三个等直径的销要固定牢，防止飞出伤人。

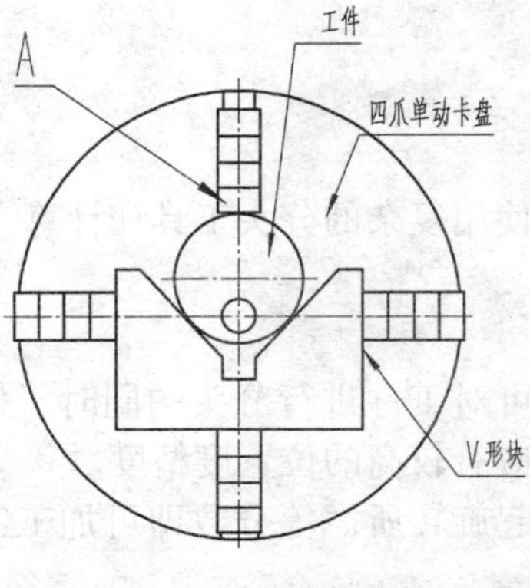

附图 2-4　V 形块装夹偏心工件

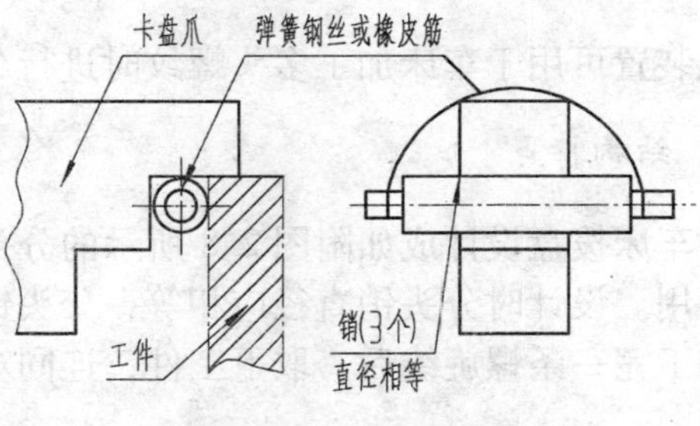

附图 2-5　端面快速找正

六、卡盘上的辅助支承

如果工件的加工表面远离夹持部分，工艺系统刚性严重不足，增设如附图2-6所示的辅助支承，既可增加工艺系统刚性，也可为找正工件端面提供极大方便。

七、薄板车磨

机床上无法安装极薄的工件，使用如附图2-7所示的夹具即可解决这个问题。工件靠顶尖和固定盘端面定位，靠两盘产生的摩擦力夹紧即可进行切削加工。

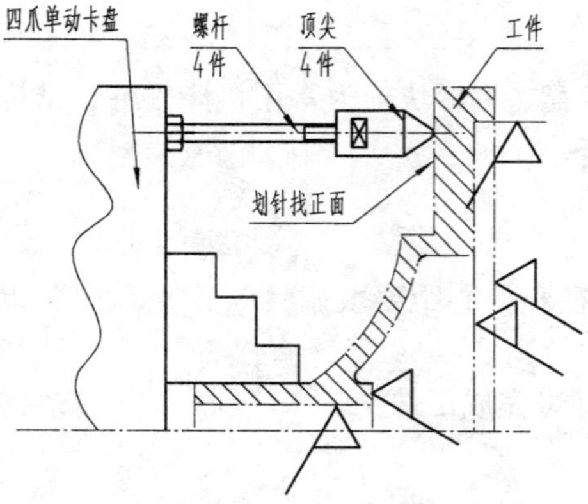

附图2-6　卡盘上的辅助支承

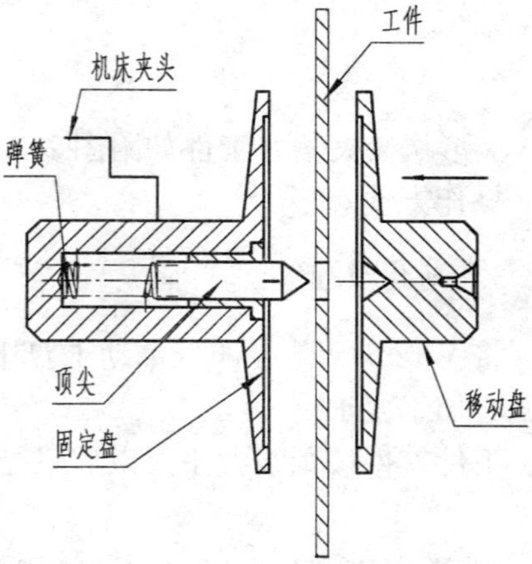

附图2-7　薄板车磨

八、拨盘分头

1. 主要用途

此装置可用于车床加工多头螺纹时进行分头，避免使用复杂的分头工具和计算。

2. 结构特点

将车床拨盘设计成如附图2-8所示的分头装置，在可对工件进行分头的同时，仍可当拨盘使用。设计时分头销直径应相等，分头销的等分性应有较高的位置度精度。

加工完一条螺旋线后，取下工件，连同鸡心夹头一起旋转所需等分数即可加工第二条螺旋线。

该装置若有12个分头销，即可进行2、3、4、6等分分头。

3. 动作原理

每加工完一头螺线后，卸下工件并将其转过一定数量的分头销即可。

九、专用分头拨盘

1. 主要用途

如附图 2-9 所示，此装置可用于车床上加工多头螺纹时进行分头。

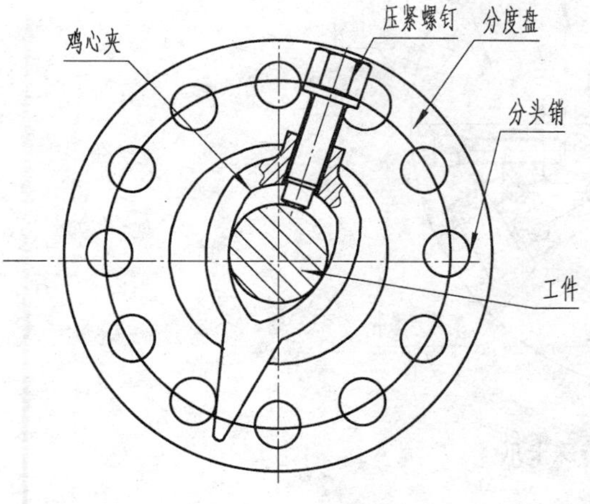

附图 2-8　拨盘分头

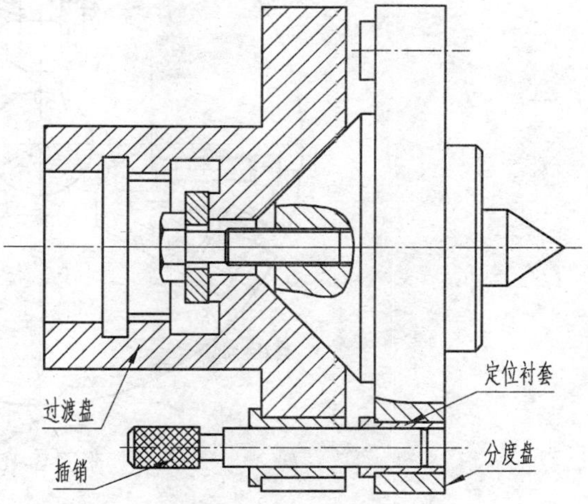

附图 2-9　专用分头拨盘

2. 动作原理

车完第一头后，提起开合螺母，将插销取出，将分度盘（有若干等分孔）连同工件旋转，再将插销插入另一个孔内，从而完成一次分头。

3. 结构特点

加工完一条螺旋线后，旋转分度盘和工件到所需位置，利用定位插销再次定位。此装置不必卸下工件即可进行分头。

十、特殊卡爪

1. 主要用途

有的工件不便装夹，且具有一定批量，可以如附图 2-10 所示设计专用的特殊卡爪，以达到快速定位与夹紧的目的。根据这一原理，可在卡爪上安装各种特殊卡爪。

2. 结构特点

更换不同的特殊卡爪可适于不同夹持表面的工件，有较大的灵活性。

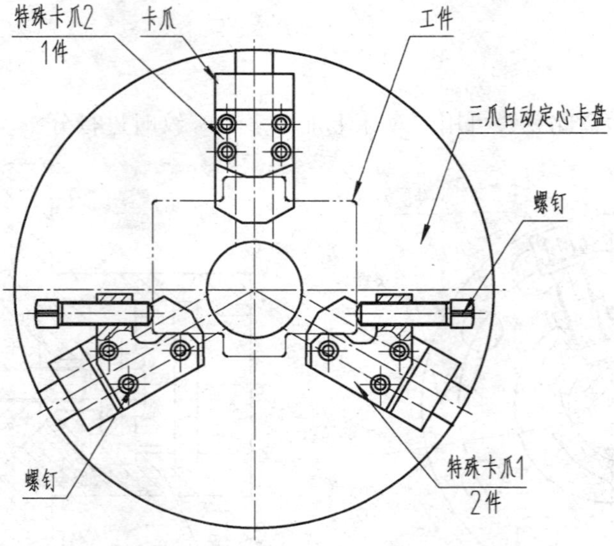

附图 2-10 特殊卡爪

附录 3 分度

一、单式分度

$$n(\text{手柄的转数}) = \frac{40(\text{分度头定数})}{Z(\text{工件等分数})}$$

附表 3-1 单式分度计算及分度表

Z	分度盘孔数	n	转过的孔距数	Z	分度盘孔数	n	转过的孔距数
2	任意	20	—	4	任意	10	—
3	24	13	8	5	任意	8	—

（续表）

Z	分度盘孔数	n	转过的孔距数	Z	分度盘孔数	n	转过的孔距数
6	24	6	16	35	28	1	4
7	28	5	20	36	54	1	6
8	任意	5	—	37	37	1	3
9	54	4	24	38	38	1	2
10	任意	4	—	39	39	1	1
11	66	3	42	40	任意	1	
12	24	3	8	41	41	—	40
13	39	3	3	42	42	—	40
14	28	2	24	43	43	—	40
15	24	2	16	44	66	—	60
16	24	2	13	45	54	—	48
17	34	2	12	46	46	—	40
18	54	2	12	47	47	—	40
19	38	2	4	48	24	—	20
20	任意	2	—	49	49	—	40
21	42	1	38	50	25	—	20
22	66	1	54	51	51	—	40
23	46	1	34	52	39	—	30
24	24	1	16	53	53	—	40
25	25	1	15	54	54	—	40
26	39	1	21	55	66	—	48
27	54	1	26	56	28	—	20
28	42	1	18	57	57	—	40
29	58	1	22	58	58	—	40
30	24	1	8	59	59	—	40
31	62	1	18	60	42	—	28
32	28	1	7	62	62	—	40
33	66	1	14	64	24	—	15
34	34	1	6	66	66	—	40

（续表）

Z	分度盘孔数	n	转过的孔距数	Z	分度盘孔数	n	转过的孔距数
68	34	—	20	116	58	—	20
70	28	—	16	118	59	—	20
72	54	—	30	120	66	—	22
74	37	—	20	124	62	—	20
75	30	—	16	125	25	—	8
76	38	—	20	130	39	—	12
78	39	—	20	132	66	—	20
80	34	—	17	135	54	—	16
82	41	—	20	136	34	—	10
84	42	—	20	140	28	—	8
85	34	—	16	144	54	—	15
86	43	—	20	145	58	—	16
88	66	—	30	148	37	—	10
90	54	—	24	150	30	—	8
92	46	—	20	152	38	—	10
94	47	—	20	155	62	—	16
95	38	—	16	156	39	—	10
96	24	—	10	160	28	—	7
98	49	—	20	164	41	—	10
100	25	—	10	165	66	—	16
102	51	—	20	168	42	—	10
104	39	—	15	170	34	—	8
105	42	—	16	172	43	—	10
106	53	—	20	176	66	—	15
108	54	—	20	180	54	—	12
110	66	—	24	184	46	—	10
112	28	—	10	185	37	—	8
114	57	—	20	188	47	—	10
115	46	—	16	190	38	—	8

（续表）

Z	分度盘孔数	n	转过的孔距数	Z	分度盘孔数	n	转过的孔距数
192	24	—	5	200	30	—	6
195	39	—	8	204	51	—	10
196	49	—	10	205	41	—	8

二、差动分度

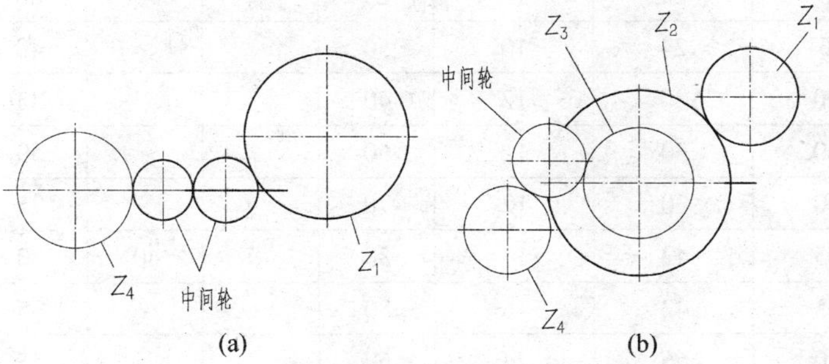

附图 3-1 差动分度

1. 差动分度计算及分度

附表 3-2 差动分度计算及分度表

工件等分数	假定等分数	分度盘孔数	转过的孔距数	配换齿轮				分度头交换齿轮形式
				Z_1	Z_2	Z_3	Z_4	
61	60	30	20	40			60	a
63	60	30	20	60			30	a
67	64	24	15	90	40	50	60	b
69	66	66	40	100			55	a
71	70	49	28	40			70	a
73	70	49	28	60			35	a
77	75	30	16	80	60	40	50	b
79	75	30	16	80	50	40	30	b
81	80	30	15	25			50	a

（续表）

工件等分数	假定等分数	分度盘孔数	转过的孔距数	配换齿轮				分度头交换齿轮形式
				Z_1	Z_2	Z_3	Z_4	
83	80	30	15	60			40	a
87	84	42	20	50			35	a
89	88	66	30	25			55	a
91	90	54	24	40			90	a
93	92	54	24	40			30	a
97	96	24	10	25			60	a
99	96	24	10	50			40	a
101	100	30	12	40			100	a
103	100	30	12	60			50	a
107	100	30	12	70			25	a
109	105	42	16	80	70	40	30	b
111	105	42	16	80			35	a
113	110	66	24	60			55	a
117	110	66	24	70	55	50	25	b
119	110	66	24	90	55	50	30	b
121	120	54	18	30			90	a
122	120	54	18	40			60	a
123	120	54	18	25			25	a
126	120	54	18	70			30	a
127	120	54	18	80			30	a
128	120	54	18	80			30	a
129	120	54	18	90			30	a
131	125	25	8	80	50	30	25	b
133	125	25	8	80	50	40	25	b
134	132	66	20	50	55	40	60	b
137	132	66	20	100	55	25	30	b
138	135	54	16	80			90	a
139	135	54	16	80	30	40	90	b

（续表）

工件等分数	假定等分数	分度盘孔数	转过的孔距数	配换齿轮				分度头交换齿轮形式
				Z_1	Z_2	Z_3	Z_4	
141	140	42	12	40	50	25	70	b
142	140	42	12	40			70	a
143	140	42	12	30			35	a
146	140	42	12	60			35	a
147	140	42	12	50			25	a
149	140	42	12	90	25	50	70	b
151	150	30	8	40	50	30	90	b
153	150	30	8	40			50	a
154	150	30	8	40	60	80	50	b
157	150	30	8	70	30	40	50	b
158	150	30	8	90	30	40	50	b
161	160	28	7	25			100	a
162	160	28	7	25			50	a
163	160	28	7	30			40	a
166	160	28	7	60			40	a
167	160	28	7	70			40	a
169	160	28	7	90			40	a
171	168	42	10	50			70	a
173	168	42	10	100	35	25	60	b
174	168	42	10	50			35	a
175	168	42	10	50			30	a
177	176	66	15	40	55	25	80	b
178	176	66	15	40	55	50	80	b
179	176	66	15	60	55	50	80	b
181	180	54	12	40	90	25	50	b
182	180	54	12	40			90	a
183	180	54	12	40			60	a
186	180	54	12	40			30	a

（续表）

工件等分数	假定等分数	分度盘孔数	转过的孔距数	配换齿轮				分度头交换齿轮形式
				Z_1	Z_2	Z_3	Z_4	
187	180	54	12	40	60	70	30	b
189	180	54	12	50			25	a
191	180	54	12	80	60	55	30	b
193	192	24	5	30	90	50	80	b
194	192	24	5	25			60	a
197	192	24	5	100	30	25	80	b
198	192	24	5	50			40	a
199	192	24	5	70	30	50	80	b

2. 角度分度（分度头定数为40）

附表3-3 角度分度

分度头主轴转角			分度盘孔数	转过的孔距数	折合手柄转数
度	分	秒			
0	10	0	54	1	0.0185
0	20	0	54	2	0.0370
0	30	0	54	3	0.0556
0	40	0	54	4	0.0741
0	50	0	54	5	0.0926
1	0	0	54	6	0.1111
1	10	0	54	7	0.1296
1	20	0	54	8	0.1481
1	30	0	30	5	0.1667
1	40	0	54	10	0.1852
1	50	0	54	11	0.2037
2	0	0	54	12	0.2222
2	10	0	54	13	0.2407
2	20	0	54	14	0.2593

（续表）

分度头主轴转角			分度盘孔数	转过的孔距数	折合手柄转数
度	分	秒			
2	30	0	54	15	0.277 8
2	40	0	54	16	0.293 6
2	50	0	54	17	0.318 4
3	0	0	30	10	0.333 3
3	10	0	54	19	0.351 9
3	20	0	54	20	0.370 4
3	30	0	54	21	0.388 9
3	40	0	54	22	0.407 4
3	50	0	54	23	0.425 9
4	0	0	54	24	0.444 4
4	10	0	54	25	0.463 0
4	20	0	54	26	0.481 4
4	30	0	66	33	0.500 0
4	40	0	54	28	0.520 0
4	50	0	54	29	0.537 0
5	0	0	54	30	0.555 6
5	10	0	54	31	0.574 1
5	20	0	54	32	0.592 6
5	30	0	54	33	0.611 1
5	40	0	54	34	0.629 6
5	50	0	54	35	0.648 1
6	0	0	30	20	0.666 7
6	10	0	54	37	0.685 2
6	20	0	54	38	0.703 7
6	30	0	54	39	0.722 2
6	40	0	54	40	0.740 7
6	50	0	54	41	0.759 3
7	0	0	54	42	0.777 8

（续表）

分度头主轴转角			分度盘孔数	转过的孔距数	折合手柄转数
度	分	秒			
7	10	0	54	43	0.7963
7	20	0	54	44	0.8148
7	30	0	30	25	0.8333
7	40	0	54	46	0.8519
7	50	0	54	47	0.8704
8	0	0	54	48	0.8889
8	10	0	54	49	0.9074
8	20	0	54	50	0.9259
8	30	0	54	51	0.9444
8	40	0	54	52	0.9630
8	50	0	54	53	0.9815
9	0	0			1.0000

附录4　中心孔

一、A型中心孔

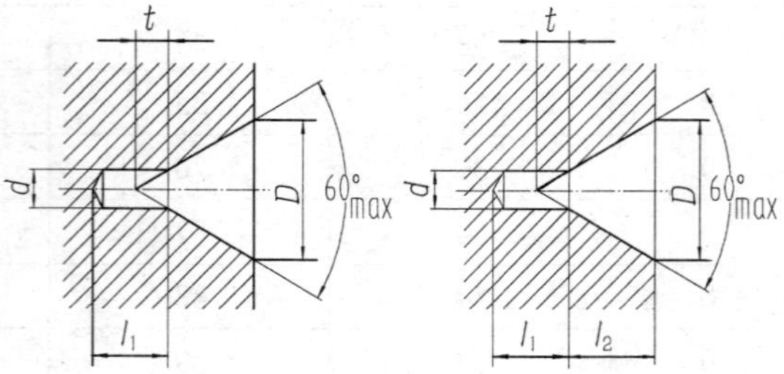

附图4-1　A型中心孔

附表 4-1　A 型中心孔（节录 GB/T 145—2001）　（单位：mm）

d	D	l_2	t 参考值
1.00	2.12	0.97	0.9
(1.25)	2.65	1.21	1.1
1.60	3.35	1.52	1.4
2.00	4.25	1.95	1.8
2.50	5.30	2.42	2.2
3.15	6.70	3.07	2.8
4.00	8.50	3.90	3.5
(5.00)	10.60	4.85	4.4
6.30	13.20	5.98	5.5
(8.00)	17.00	7.79	7.0
10.00	21.20	9.70	8.7

注：1. 尺寸 l_2 取决于中心钻的长度 l_1，即使中心钻重磨后再使用，此值也不应小于 t 值。

2. 表中同时列出了 D 和 l_2 尺寸，制造厂可任选其中一个尺寸。

3. 括号内的尺寸尽量避免采用。

二、B 型中心孔

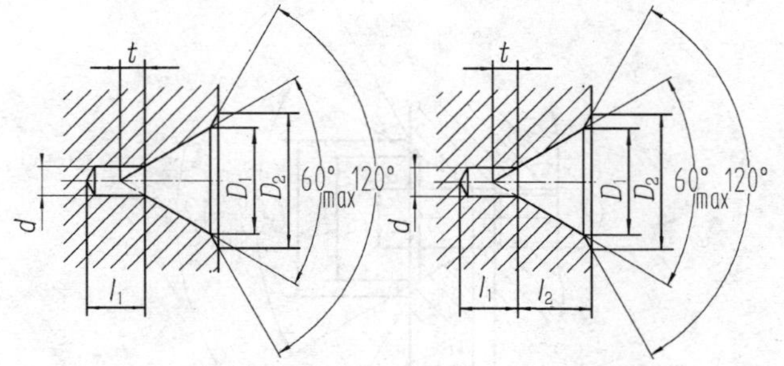

附图 4-2　B 型中心孔

附表 4-2 B 型中心孔（节录 GB/T 145—2001） （单位：mm）

d	D_1	D_2	l_2	t
				参考值
1.00	2.12	3.15	1.27	0.9
(1.25)	2.65	4.00	1.60	1.1
1.60	3.35	5.00	1.99	1.4
2.00	4.25	6.30	2.54	1.8
2.50	5.30	8.00	3.20	2.2
3.15	6.70	10.00	4.03	2.8
4.00	8.50	12.50	5.05	3.5
(5.00)	10.60	16.00	6.41	4.4
6.30	13.20	18.00	7.36	5.5
(8.00)	17.00	22.40	9.36	7.0
10.00	21.20	28.00	11.66	8.7

注：1. 尺寸 l_2 取决于中心钻的长度 l_1，即使中心钻重磨后再使用，此值也不应小于 t 值。

2. 表中同时列出了 D_2 和 l_2 尺寸，制造厂可任选其中一个尺寸。

3. 尺寸 d 和 D_1 与中心钻的尺寸一致。

4. 括号内的尺寸尽量避免采用。

三、C 型中心孔

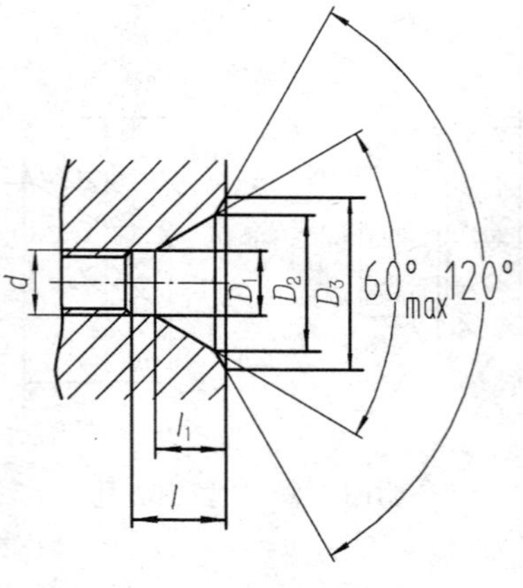

附图 4-3 C 型中心孔

附表 4-3　C 型中心孔（节录 GB/T 145—2001）　（单位：mm）

d	D_1	D_2	D_3	l	l_1
					参考值
M3	3.2	5.3	5.8	2.6	1.8
M4	4.3	6.7	7.4	3.2	2.1
M5	5.3	8.1	8.8	4.0	2.4
M6	6.4	9.6	10.5	5.0	2.8
M8	8.4	12.2	13.2	6.0	3.3
M10	10.5	14.9	16.3	7.5	3.8
M12	13.0	18.1	19.8	9.5	4.4
M16	17.0	23.0	25.3	12.0	5.2
M20	21.0	28.4	31.3	15.0	6.4
M24	26.0	34.2	38.0	18.0	8.0

附录5　加工方案的选择

附表 5-1　外圆柱面加工方案

序号	加工方案	经济精度	经济表面粗糙度 *R*a 值（μm）	适用范围
1	粗车	IT11～IT13	12.5～50	适用于淬火钢以外的各种金属
2	粗车—半精车	IT8～IT10	3.2～6.3	
3	粗车—半精车—精车	IT7～IT8	0.8～1.6	
4	粗车—半精车—精车—抛光（或滚压）	IT7～IT8	0.025～0.2	
5	粗车—半精车—磨削	IT7～IT8	0.4～0.8	主要用于淬火钢，也可用于未淬火钢，但不宜加工有色金属
6	粗车—半精车—粗磨—精磨	IT6～IT7	0.1～0.4	
7	粗车—半精车—粗磨—精磨—超精加工	IT5	0.012～0.1 或 Rz0.05	

（续表）

序号	加工方案	经济精度	经济表面粗糙度 *Ra* 值（μm）	适用范围
8	粗车—半精车—精车—精细车（金刚车）	IT6～IT7	0.025～0.4	主要用于要求较高的有色金属加工
9	粗车—半精车—粗磨—精磨—超精磨	IT5以上	0.006～0.025 或Rz0.05	极高精度的外圆加工
10	粗车—半精车—粗磨—精磨—研磨	IT5以上	0.006～0.1 或Rz0.05	

附表5-2　孔加工方案

序号	加工方案	经济精度	经济表面粗糙度 *Ra* 值（μm）	适用范围
1	钻	IT11～IT13	12.5	加工未淬火钢及铸铁的实心毛坯，也可加工有色金属。孔径小于15～20 mm
2	钻—扩	IT8～IT10	1.6～6.3	
3	钻—粗铰—精铰	IT7～IT8	0.8～1.6	
4	钻—扩	IT10～IT11	6.3～12.5	加工未淬火钢及铸铁的实心毛坯，也可加工有色金属。孔径大于15～20 mm
5	钻—扩—铰	IT8～IT9	1.6～3.2	
6	钻—扩—粗铰—精铰	IT7	0.8～1.6	
7	钻—扩—机铰—手铰	IT6～IT7	0.2～0.4	
8	钻—扩—拉	IT7～IT9	0.1～1.6	大批量生产（精度由拉刀精度而定）
9	粗镗（或扩孔）	IT11～IT13	6.3～12.5	除淬火钢以外的各种材料，毛坯有铸出孔或锻出孔
10	粗镗（粗扩）—半精镗（精扩）	IT9～IT10	1.6～3.2	
11	粗镗（粗扩）—半精镗（精扩）—精镗（铰）	IT7～IT8	0.8～1.6	
12	粗镗（粗扩）—半精镗（精扩）—精镗—浮动镗刀精镗	IT6～IT7	0.4～0.8	
13	粗镗（扩）—半精镗—磨孔	IT7～IT8	2.0～0.8	主要用于淬火钢，也可用于未淬火钢，但不宜用于有色金属
14	粗镗（扩）—半精镗—粗磨—精磨	IT6～IT7	0.1～0.2	

（续表）

序号	加工方案	经济精度	经济表面粗糙度 Ra 值（μm）	适用范围
15	粗镗—半精镗—精镗—精细镗（金刚镗）	IT6～IT7	0.05～0.4	主要用于精度要求较高的有色金属
16	钻—（扩）—粗铰—精铰—珩磨； 钻—扩—拉—珩磨； 粗镗—半精镗—精镗—珩磨	IT6～IT7	0.025～0.2	精度要求很高的孔
17	以研磨代替上述方法中的珩磨	IT5～IT6	0.006～0.1	

附表 5-3　平面加工方案

序号	加工方案	经济精度	经济表面粗糙度 Ra 值（μm）	适用范围
1	粗车	IT11～IT13	12.5～50	端面
2	粗车—半精车	IT8～IT10	3.2～6.3	
3	粗车—半精车—精车	IT7～IT8	0.8～1.6	
4	粗车—半精车—磨削	IT6～IT8	0.2～0.8	
5	粗刨（或粗铣）	IT11～IT13	6.3～25	一般不淬硬平面（端铣表面粗糙度 Ra 值较小）
6	粗刨（或粗铣）—精刨（或精铣）	IT8～IT10	1.6～6.3	
7	粗刨（或粗铣）—精刨（或精铣）—刮研	IT6～IT7	0.1～0.8	精度要求较高的不淬硬平面，批量较大时宜采用宽刃精刨方案
8	以宽刃精刨刀代替上述刮研	IT7	0.2～0.8	
9	粗刨（或粗铣）—精刨（或精铣）—磨削	IT7	0.2～0.8	精度要求高的淬硬平面或不淬硬平面
10	粗刨（或粗铣）—精刨（或精铣）—粗磨—精磨	IT6～IT7	0.025～0.4	
11	粗铣—拉	IT7～IT9	0.2～0.8	大量生产，较小平面（精度视拉刀精度而定）
12	粗铣—精铣—磨削—刮研	IT5 以上	0.006～0.1（或 Rz0.05）	高精度平面

附表 5-4 轴线平行的孔的位置精度（经济精度） （单位：mm）

加工方法	工件的定位	两孔轴线间的距离误差或从孔轴线到平面的距离误差	加工方法	工件的定位	两轴线间的距离误差或从孔轴线到平面的距离误差
立钻或摇臂钻上钻孔	用钻模	0.1～0.2	卧式镗床上镗孔	用镗模	0.05～0.08
	按画线	1.0～3.0		按定位样板	0.08～0.2
立钻或摇臂钻上镗孔	用镗模	0.05～0.08		按定位器的指示读数	0.04～0.06
车床上镗孔	按画线	1.0～2.0		用块规	0.05～0.1
	用带有滑座的角尺	0.1～0.3		用内径规或用塞尺	0.05～0.25
坐标镗床上镗孔	用光学仪器	0.004～0.015		用程序控制的坐标装置	0.04～0.05
金刚镗床上镗孔		0.008～0.02		用游标尺	0.2～0.4
多轴组合机床上镗孔	用镗模	0.03～0.05		按画线	0.4～0.6

附录 6 沟槽

一、退刀槽（节录 JB/ZQ4238—1997）

附表 6-1 A、B 型退刀槽 （单位：mm）

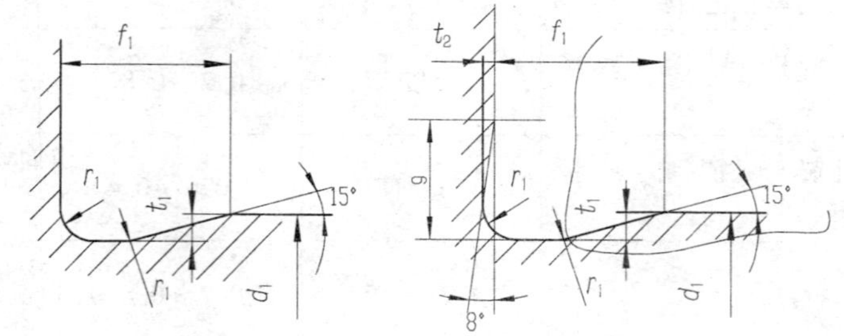

A型 B型

（续表）

r_1	$t_1+0.1$	f_1	$g\approx$	$t_2-0.05$	推荐的配合直径 d_1	
					用在一般载荷	用在交变载荷
0.6	0.2	2	1.4	0.1	～18	—
	0.3	2.5	2.1	0.2	＞18～80	
1	0.4	4	3.2	0.3	＞80	
	0.2	2.5	1.8	0.1	—	＞18～50
1.6	0.3	4	3.1	0.2		＞50～80
2.5	0.4	5	4.8	0.3		＞80～125
4	0.5	7	6.4	0.3		125

注：A 型：轴的配合面需磨削，轴肩不磨削。

B 型：轴的配合面及轴肩皆需磨削。

附表 6-2　A、B 型退刀槽相配件倒角和倒圆　（单位：mm）

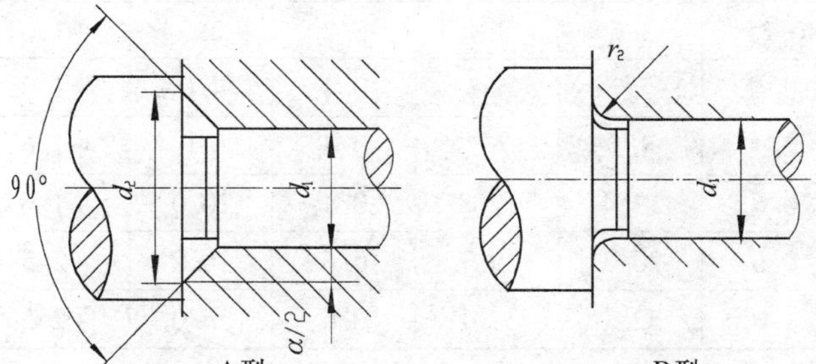

A型　$d_2=d_1+a$　　　B型

退刀槽尺寸	倒角最小值 a		倒圆最小值 r_2	
$r_1\times t_1$	A 型	B 型	A 型	B 型
0.6×0.2	0.8	0.2	1	0.3
0.6×0.3	0.6	0	0.8	0
1×0.3	1.6	0.8	2	1
1×0.4	1.2	0	1.5	0
1.6×0.3	2.6	1.1	3.2	1.4
2.5×0.4	4.2	1.9	5.2	2.4
4×0.5	7	4.0	8.8	5

附表 6-3　C、D、E 型退刀槽及相配件的各部尺寸　（单位：mm）

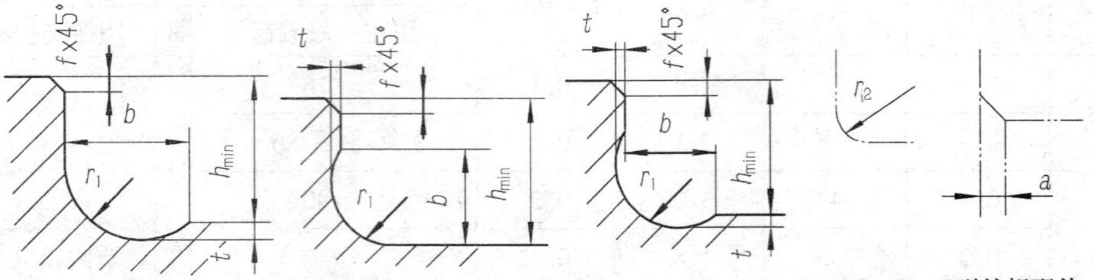

C型　D型　E型　C、D、E型的相配件

轴						相配件（孔）			
h_{min}	r_1	t	b		f_{max}	a	偏差	r_2	偏差
			C、D 型	E 型					
2. 5	1. 0	0. 25	1. 6	1. 4	0. 2	1	+0. 6	1. 2	+0. 6
4	1. 6	0. 25	2. 4	2. 2	0. 2	1. 6	+0. 6	2. 0	+0. 6
6	2. 5	0. 25	3. 6	3. 4	0. 2	2. 5	+1. 0	3. 2	+1. 0
10	4. 0	0. 4	5. 7	5. 3	0. 4	4. 0	+1. 0	5. 0	+1. 0
16	6. 0	0. 4	8. 1	7. 7	0. 4	6. 0	+1. 6	8. 0	+1. 6
25	10. 0	0. 6	13. 4	12. 8	0. 4	10. 0	+1. 6	12. 5	+1. 6
40	16. 0	0. 6	20. 3	19. 7	0. 6	16. 0	+2. 5	20. 0	+2. 5
60	25. 0	1. 0	32. 1	31. 1	0. 6	25. 0	+2. 5	32. 0	+2. 5

注：适用于受载无特殊要求的磨削件。

C 型轴的配合表面需磨削，轴肩不磨削，D 型与 C 型相反，E 型均需磨削。

附表 6-4　F 型退刀槽的各部尺寸　（单位：mm）

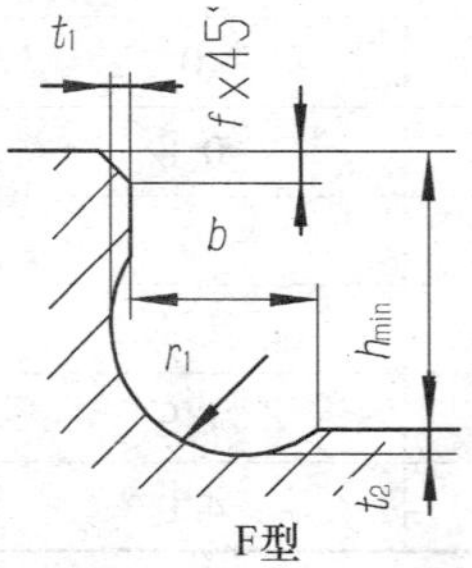

F型

（续表）

轴					
h_{max}	r_1	t_1	t_2	b	f_{max}
4	1.0	0.4	0.25	1.2	0.2
5	1.6	0.6	0.4	2.0	
8	2.5	1.0	0.6	3.2	
12.5	4.0	1.6	1.0	5.0	0.4
20	6.0	2.5	1.6	8.0	
30	10.0	4.0	2.5	12.5	

注：$r_1=10$ 不适用于光整。

二、砂轮越程槽（节录 GB/T6403.5—1986）

附表 6-5　磨回转面及端面砂轮越程槽　（单位：mm）

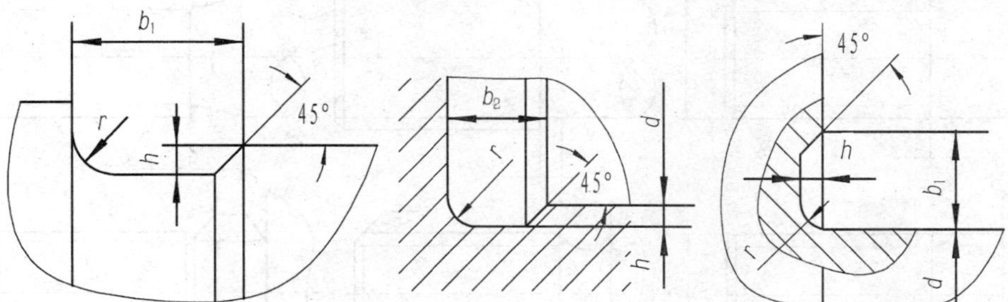

(a) 磨外圆　(b) 磨内孔　(c) 磨外端面

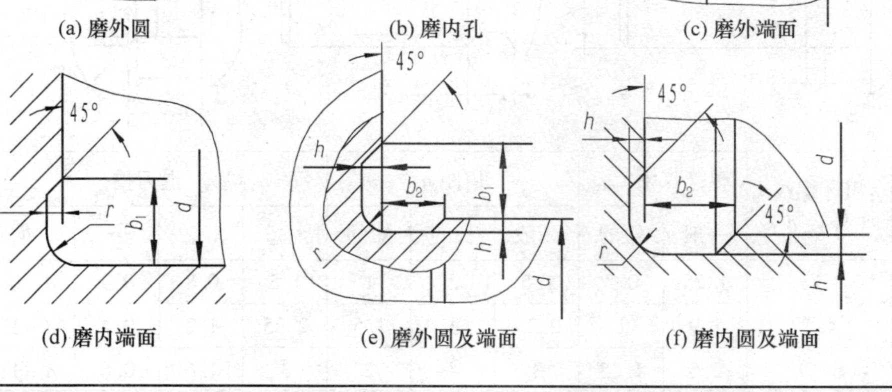

(d) 磨内端面　(e) 磨外圆及端面　(f) 磨内圆及端面

（续表）

b_1	0.6	1.0	1.6	2.0	3.0	4.0	5.0	8.0	10
b_2	2.0	3.0		4.0		5.0		8.0	10
h	0.1	0.2		0.3	0.4		0.6	0.8	1.2
r	0.2	0.5		0.8	1.0		1.6	1.6	3.0
d	～10			10～50		50～100		＞100	

注：1．越程槽内两直线相交处，不允许产生尖角。
2．越程槽深度 h 与圆弧半径 r 要满足 $r<3h$。
3．磨削具有数个直径的工件时，可使用同一规格的越程槽。
4．直径 d 值大的零件，允许选择小规格的砂轮越程槽。
5．砂轮越程槽的尺寸公差和表面粗糙度根据该零件的结构、性能确定。

三、普通螺纹收尾、肩距、退刀槽、倒角尺寸

附表 6-6 普通螺纹收尾、肩距、退刀槽、倒角尺寸（节录 GB/T3—1997） （单位：mm）

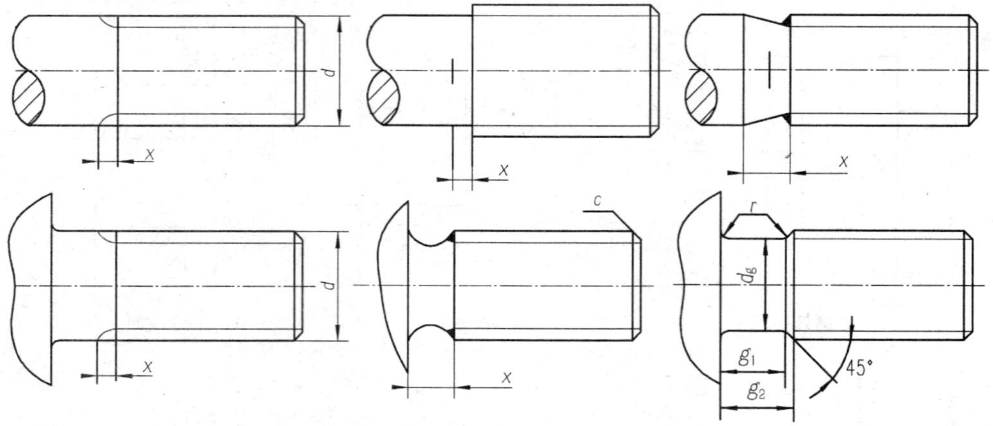

螺距 P	粗牙螺纹外径 d	螺纹收尾 x_{max}		肩距 a			退刀槽				倒角 C
		一般	短的	一般	长的	短的	$g_{2\,max}$	$g_{1\,min}$	$r\approx$	d_g	
0.5	3	1.25	0.7	1.5	2	1	1.5	0.8	0.2	$d-0.8$	0.5
0.75	4.5	1.9	1	2.25	3	1.5	2.25	1.2	0.4	$d-1.2$	0.6
1	6；7	2.5	1.25	3	4	2	3	1.6	0.6	$d-1.6$	1

（续表）

螺距 P	粗牙螺纹外径 d	螺纹收尾 x_{max}		肩距 a			退刀槽				倒角 C
		一般	短的	一般	长的	短的	$g_{2\max}$	$g_{1\min}$	$r\approx$	d_g	
1.25	8	3.2	1.6	4	5	2	3.75	2	0.6	$d-2$	1.2
1.5	10	3.8	1.9	4.5	6	3	4.5	2.5	0.8	$d-2.3$	1.5
1.75	12	4.3	2.2	5.3	7	3.5	5.25	3	1	$d-2.5$	2
2	14；16	5	2.5	6	8	4	6	3.4	1	$d-3$	2
2.5	18；20；22	6.3	3.2	7.5	10	5	7.5	4.4	1.2	$d-3.6$	2.5
3	24；27	7.5	3.8	9	12	6	9	5.2	1.6	$d-4.4$	2.5
3.5	30；33	9	4.5	10.5	14	7	10.5	6.2	1.6	$d-5$	3
4	36；39	10	5	12	16	8	12	7	2	$d-5.7$	3
4.5	42；45	11	5.5	13.5	18	9	13.5	8	2.5	$d-6.4$	4
5	48；52	12.5	6.3	15	20	10	15	9	2.5	$d-7$	4
5.5	56；60	11	7	15.5	22	11	17.5	11	3.2	$d-7.7$	5
6	64；68	15	7.5	18	24	12	18	11	3.2	$d-8.3$	5

附录 7　螺纹车削相关资料

一、三角螺纹的车削

附表 7-1　螺纹车刀几何参数

车削方法	高速切削	低速切削
刀具材料	硬质合金（根据工件材料选用）	高速钢
刀尖角 ε_r	α—0.5°（α：螺纹牙形角）	$\varepsilon_r=\alpha$（α：螺纹牙形角）
背前角 γ_p	$\gamma_p=0°$	推荐 $\gamma_p=5°\sim15°$
工作主后角 α_{oe}	$\alpha_{oe}=\alpha_o+$螺旋角（推荐 4°～6°）	$\alpha_{oe}=\alpha_o+$螺旋角（推荐 4°～6°）
负倒棱	宽度：0.2～0.4 mm；倒棱前角—5°	一般不刃磨负倒棱

注：1. 进行高速切削时，螺纹牙底和牙尖的切削变形量不相同，如附图 7-1 所示，故应适当改变刀尖角。

2. 车刀刃磨背前角 γ_p 将会使工件牙形产生变化，如附图 7-2 所示，故应该刀尖角适量减小。如果 $\gamma_p=5°\sim15°$ 时，ε_r 应减小 40′～1°40′。

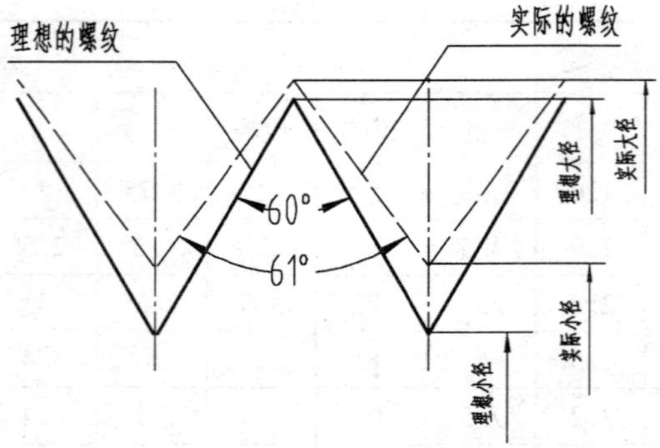

附图 7-1　高速车螺纹时工件牙形角的变化

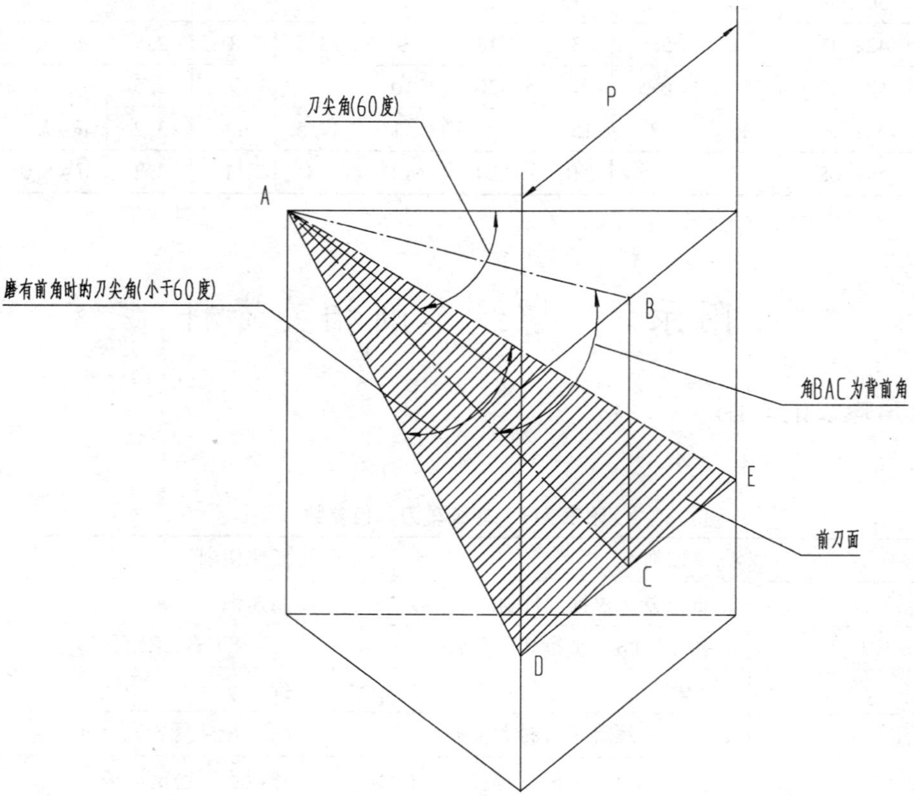

附图 7-2　背前角对螺纹牙形角的影响

这一影响可用公式进行计算：

$$\tan\frac{\varepsilon_r}{2} = \tan\frac{\alpha}{2}\cos\gamma_p$$

式中：ε_r—刀尖角；

α—螺纹牙形角；

γ_p—背前角。

螺纹车刀刀尖宽度＝螺纹槽底宽度，通常采用这个尺寸做磨刀样板（精车）。

（1）车梯形螺纹车刀刀尖宽度尺寸见附表7-2。

附表7-2　车梯形螺纹车刀刀尖宽度尺寸（牙形角＝30°）　（单位：mm）

计算公式：刀尖宽度＝0.366×螺距－0.536×间隙

螺距	刀尖宽度	螺距	刀尖宽度	螺距	刀尖宽度
2	0.598	8	2.660	24	8.248
3	0.964	10	3.292	32	11.176
4	1.330	12	4.124	40	14.104
5	1.562	16	5.320	48	17.032
6	1.928	20	6.784		

注：间隙的数值可查梯形螺纹基本尺寸表。

（2）车模数蜗杆车刀刀尖宽度尺寸见附表7-3。

附表7-3　车模数蜗杆车刀刀尖宽度尺寸（牙形角＝40°）　（单位：mm）

计算公式：刀尖宽度＝0.843×模数－0.728×间隙
（若取间隙＝0.2×模数，则刀尖宽度＝0.697×模数）

模数	刀尖宽度	模数	刀尖宽度	模数	刀尖宽度
1	0.697	(4.5)	3.137	12	8.364
1.5	1.046	5	3.485	14	9.758
2	1.394	6	4.182	16	11.152
2.5	1.743	(7)	4.879	18	12.546
3	2.091	8	5.576	20	13.940
(3.5)	2.440	(9)	6.273	25	17.425
4	2.788	10	6.970	(30)	20.910

注：括号内的模数尽量不采用。

（3）车径节蜗杆车刀刀尖宽度尺寸见附表7-4。

附表7-4　车径节蜗杆车刀刀尖宽度尺寸（牙形角 = 29°）　（单位：mm）

计算公式：$刀尖宽度 = \frac{25.4 \times 0.9723}{径节 P} = \frac{24.6964}{P}$

径节 P	刀尖宽度	径节 P	刀尖宽度	径节 P	刀尖宽度
1	24.696	8	3.087	18	1.372
2	12.348	9	2.744	20	1.235
3	8.232	10	2.470	22	1.123
4	6.174	11	2.245	24	1.029
5	4.939	12	2.085	26	0.950
6	4.116	14	1.764	28	0.882
7	3.528	16	1.544	30	0.823

二、螺纹钻底孔用钻头直径

1. 普通螺纹钻底孔用钻头直径

附表7-5　普通螺纹钻底孔钻头直径

计算公式：$P < 1$ mm 时　$D_0 = d - P$

$P > 1$ mm 时　$D_0 = d -（1 \sim 1.1）P$

式中：P—螺距（mm）　D_0—攻螺纹前钻孔直径（mm）　d—螺纹公称直径（mm）

螺纹公称直径 d	螺距 P		钻头直径 D_0
4	粗	0.7	3.3
	细	0.5	3.5
5	粗	0.8	4.2
	细	0.5	4.5
6	粗	1	5
	细	0.75	5.2
8	粗	1.25	6.7
	细	1 1.25	7 7.2

（续表）

螺纹公称直径 d	螺距 P		钻头直径 D_0
10	粗	1.5	8.5
	细	1.25 1 0.75	8.7 9 9.2
12	粗	1.75	10.2
	细	1.5 1.25 1	10.5 10.7 11
14	粗	2	11.9
	细	1.5 1.25 1	12.5 12.7 13
16	粗	2	13.9
	细	1.5 1	14.5 15
18	粗	2.5	15.4
	细	2 1.5 1	15.9 16.5 17
20	粗	2.5	17.4
	细	2 1.5 1	17.9 18.5 19
22	粗	2.5	19.4
	细	2 1.5 1	19.9 20.5 21
24	粗	3	20.9
	细	2 1.5 1	21.9 20.5 23
27	粗	3	23.9
	细	2 1.5 1	24.9 25.5 26

（续表）

螺纹公称直径 d	螺距 P		钻头直径 D_0
30	粗	3.5	26.3
	细	3 2 1.5 1	26.9 27.9 28.5 29
33	粗	3.5	29.3
	细	3 2 1.5	29.9 30.9 31.5
36	粗	4	31.8
	细	3 2 1.5	32.9 33.9 34.5
39	粗	4	34.8
	细	3 2 1.5	35.9 36.9 37.5
42	粗	4.5	37.3
	细	4 3 2 1.5	37.8 38.9 39.9 40.5

2. 英制螺纹钻底孔用钻头直径

附表 7-6 英制螺纹钻底孔用钻头直径

计算公式：

螺纹公称直径	铸铁与青铜	钢与黄铜
$\frac{3}{16}\text{in}\sim\frac{5}{8}\text{in}$	$D_0=2\left(d-\frac{1}{n}\right)$	$D_0=2\left(d-\frac{1}{n}\right)+0.1$
$\frac{3}{4}\text{in}\sim1\frac{1}{2}\text{in}$	$D_0=2\left(d-\frac{1}{n}\right)$	$D_0=2\left(d-\frac{1}{n}\right)+0.2$

式中：n—每英寸牙数，D_0—攻螺纹前钻孔直径（mm），d—螺纹公称直径（in）。

公称直径（in）	每英寸牙数	钻孔直径（mm）	
		铸铁与青铜	钢与黄铜
3/16	24	3.7	3.7
1/4	20	5.0	5.1

（续表）

公称直径（in）	每英寸牙数	钻孔直径（mm）	
		铸铁与青铜	钢与黄铜
5/16	18	6.4	6.5
3/8	16	7.8	7.9
7/16	14	9.1	9.3
1/2	12	10.4	10.5
9/16	12	12	12.1
5/8	11	13.3	13.5
3/4	10	16.3	16.4
7/8	9	19.1	19.3
1	8	21.9	22
1⅛	7	24.6	24.7
1¼	7	27.8	27.9
1½	6	33.4	33.5
1⅝	5	35.7	35.8
1¾	5	38.9	39
1⅞	4½	41.4	41.5
2	4½	44.6	44.7

3. 圆柱管螺纹钻底孔用钻头直径

附表 7-7　圆柱管螺纹钻底孔用钻头直径

公称直径（in）	每英寸牙数	钻孔直径（mm）
1/8	28	8.8
1/4	19	11.7
3/8	19	15.2
1/2	14	18.9
5/8	14	20.8
3/4	14	24.3
7/8	14	28.1
1	11	30.5
1⅛	11	35.2
1¼	11	39.2
1⅜	11	41.6
1½	11	45.1
1¾	11	51
2	11	57

4. 圆锥管螺纹钻底孔用钻头直径

附表 7-8 圆锥管螺纹钻底孔用钻头直径

公称直径（in）	每英寸牙数	钻孔直径（mm）
1/8	28	8.4
1/4	19	11.2
3/8	19	14.7
1/2	14	18.3
3/4	14	23.6
1	11	29.7
1¼	11	38.3
1½	11	44.1
2	11	55.8

5. 60°圆锥管螺纹钻底孔用钻头直径

附表 7-9 60°圆锥管螺纹钻底孔用钻头直径

公称直径（in）	每英寸牙数	钻孔直径（mm）
1/8	27	8.6
1/4	18	11.1
3/8	18	14.5
1/2	14	17.9
3/4	14	23.2
1	11½	29.2
1¼	11½	37.9
1½	11½	43.9
2	11½	56

三、套丝前工件外圆直径尺寸

计算公式：

$$D = d - 0.13P$$

式中：D—套丝前工件外径（mm）；

d—螺纹公称直径（mm）；

P—螺距（mm）。

工件套丝前外径也可从附表 7-10 查出。

附表 7-10　套丝前工件外圆直径尺寸

粗牙普通螺纹				英制螺纹			圆柱管螺纹		
螺纹公称直径 d	螺距 P	套丝前直径 D		螺纹直径 /in	套丝前直径 D		螺纹直径 /in	套丝前直径 D	
		最小直径	最大直径		最小直径	最大直径		最小直径	最大直径
M6	1	5.8	5.9	1/4	5.9	6	1/8	9.4	9.5
M8	1.25	7.8	7.9	5/16	7.4	7.6	1/4	12.7	13
M10	1.5	9.75	9.85	3/8	9	9.2	3/8	16.2	16.5
M12	1.75	11.75	11.9	1/2	12	12.2	1/2	20.5	20.8
M14	2	13.7	13.85	—	—	—	5/8	22.5	22.8
M16	2	15.7	15.85	5/8	15.2	15.4	3/4	26	26.3
M18	2.5	17.7	17.85	—	—	—	7/8	29.8	30.1
M20	2.5	19.7	19.85	3/4	18.3	18.5	1	32.8	33.1
M22	2.5	21.7	21.85	7/8	21.4	21.6	1⅛	37.4	37.7
M24	3	23.65	23.8	1	24.5	24.8	1¼	41.4	41.7
M27	3	26.65	26.8	1¼	30.7	31	1⅜	43.8	44.1
M30	3.5	29.6	29.8	—	—	—	1½	47.6	47.6
M36	4	35.6	35.8	1½	37	37.3	—	—	—
M42	5	41.55	41.75	—	—	—	—	—	—

注：用硬质合金车刀高速车螺纹时，若工件为塑性材料，由于材料的塑性变形，螺纹的大径和小径均发生变化。

当螺距为 1.5～3.5 mm 时：

车外螺纹时，外径一般可以减小 0.2～0.4 mm；

车内螺纹时，一般按下式计算：$D_{孔} = d - P$；当工件为脆性材料时：$D_{孔} = d - 1.05P$。

四、螺纹的三针测量

测量钢针直径 d_D 的计算公式：$d_D = \dfrac{P}{2\cos\dfrac{\alpha}{2}}$

三针测量值 M 的计算公式：$M = d_2 + d_D\left(1 + \dfrac{1}{\sin\dfrac{\alpha}{2}}\right) - \dfrac{p}{2}\cot\dfrac{\alpha}{2}$

附表 7-11　三针测量螺纹时钢针直径 d_D 和 M 值计算简化公式

螺纹牙形角 α	d_D	M
60°	$d_D = 0.577P$	$M = d_2 + 3d_D - 0.866P$
55^0	$d_D = 0.564P$	$M = d_2 + 3.166d_D - 0.960P$
30^0	$d_D = 0.518P$	$M = d_2 + 4.864d_D - 1.886P$
40^0	$d_D = 0.533P$	$M = d_2 + 3.924d_D - 1.374P$
29^0	$d_D = 0.516P$	$M = d_2 + 4.994d_D - 1.933P$

M—千分尺测得的尺寸（mm）；
d_2—螺纹中径（mm）；
d_D—钢针直径（mm）；
α—工件牙形角（°）；
P—工件螺距（mm）。

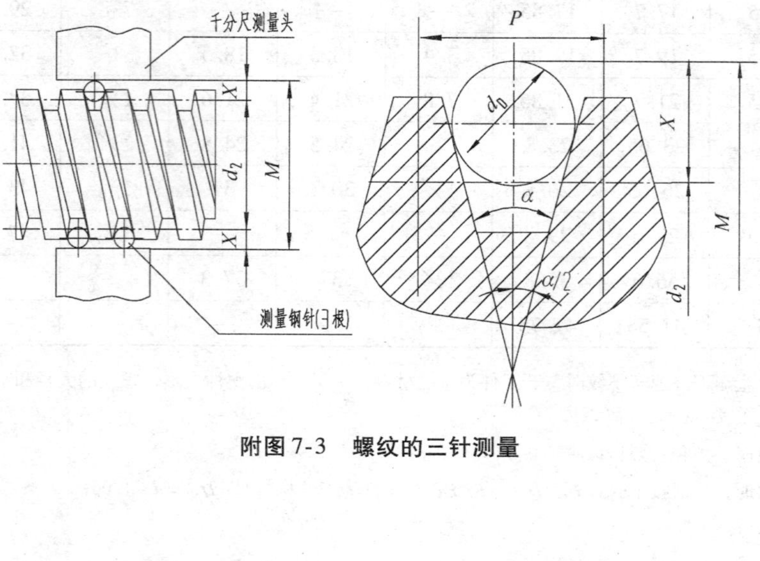

附图 7-3　螺纹的三针测量

五、螺纹的基本参数

螺纹加工基本参数及相应公差见附表 7-12～7-18。

附表 7-12　常用普通螺纹的基本尺寸

螺距 P	中径 D_2 或 d_2	小径 D_1 或 d_1	螺距 P	中径 D_2 或 d_2	小径 D_1 或 d_1
0.25	$d-1+0.838$	$d-1+0.729$	2.5	$d-2+0.376$	$d-3+0.294$
0.5	$d-1+0.675$	$d-1+0.459$	3	$d-2+0.051$	$d-4+0.752$
0.75	$d-1+0.513$	$d-1+0.188$	3.5	$d-3+0.727$	$d-4+0.211$
1	$d-1+0.350$	$d-2+0.917$	4	$d-3+0.402$	$d-5+0.670$
1.25	$d-1+0.188$	$d-2+0.647$	4.5	$d-3+0.077$	$d-5+0.129$
1.5	$d-1+0.026$	$d-2+0.376$	5	$d-4+0.752$	$d-6+0.587$
1.75	$d-2+0.863$	$d-2+0.106$	5.5	$d-4+0.428$	$d-6+0.046$
2	$d-2+0.071$	$d-3+0.835$	6	$d-4+0.103$	$d-7+0.505$

附表 7-13　常用普通螺纹的中径公差

公称直径 D [mm]	螺距 P [mm]	内螺纹中径公差（TD_2）					外螺纹中径公差（Td_2）						
		公差等级					公差等级						
		4	5	6	7	8	3	4	5	6	7	8	9
>2.8～5.6	0.5	63	80	100	125	—	38	48	60	75	95	—	—
	0.75	75	95	118	150	—	45	56	71	90	112	—	—
>5.6～11.2	0.5	71	90	112	140	—	42	53	67	85	106	—	—
	0.75	85	106	132	170	—	50	63	80	100	125	—	—
	1	95	118	150	190	236	56	71	90	112	140	180	224
	1.25	100	125	160	200	250	60	75	95	118	150	190	236
	1.5	112	140	180	224	280	67	85	106	132	170	212	265
>11.2～22.4	0.5	75	95	118	150	—	45	56	71	90	112	—	—
	0.75	90	112	140	180	—	53	67	85	106	132	—	—
	1	100	125	160	200	250	60	75	95	118	150	190	236
	1.25	112	140	180	224	280	67	85	106	132	170	212	265
	1.5	118	150	190	236	300	71	90	112	140	180	224	280
	1.75	125	160	200	250	315	75	95	118	150	190	236	300

（续表）

公称直径 D [mm]	螺距 P [mm]	内螺纹中径公差（TD_2）					外螺纹中径公差（Td_2）						
		公差等级					公差等级						
		4	5	6	7	8	3	4	5	6	7	8	9
	2	132	170	212	265	335	80	100	125	160	200	250	315
	2.5	140	180	224	280	355	85	106	132	170	212	265	335
＞22.4～45	0.75	95	118	150	190	—	56	71	90	112	140	—	—
	1	106	132	170	212	—	63	80	100	125	160	200	250
	1.5	125	160	200	250	315	75	95	118	150	190	236	300
	2	140	180	224	280	355	85	106	132	170	212	265	335
	3	170	212	265	335	425	100	125	160	200	250	315	400
	3.5	180	224	280	355	450	106	132	170	212	265	335	425
	4	190	236	300	375	475	112	140	180	224	280	355	450
	4.5	200	250	315	400	500	118	150	190	236	300	375	475
＞45～90	1	118	150	180	236	—	71	90	112	140	180	224	—
	1.5	132	170	212	265	335	80	100	125	160	200	250	315
	2	150	190	236	300	375	90	112	140	180	224	280	335
	3	180	224	280	355	450	106	132	170	212	265	335	425
	4	200	250	315	400	500	118	150	190	236	300	375	475
	5	212	265	335	425	530	125	160	200	250	315	400	500
	5.5	224	280	355	450	560	132	170	212	265	335	425	530
	6	236	300	375	475	600	140	180	224	280	355	450	560
＞90～180	1.5	140	180	224	280	355	85	106	132	170	212	265	335
	2	160	200	250	315	400	95	118	150	190	236	300	375
	3	190	236	300	375	475	112	140	180	224	280	255	450
	4	212	265	335	425	530	125	160	200	150	315	400	500
	6	250	315	400	500	630	150	190	236	300	375	475	600

附表 7-14　常用普通螺纹的基本偏差和大、小径公差［μm］

螺距 P［mm］	内外螺纹基本偏差						内螺纹小径公差（TD_1）					外螺纹大径公差（Td）		
	内螺纹 D_2、D_1		外螺纹 d、d_2				公差等级					公差等级		
	G EI	H EI	e es	f es	g es	h es	4	5	6	7	8	4	6	8
0.5	+20	0	−50	−36	−20	0	90	112	140	180	—	67	106	—
0.75	+22	0	−56	−38	−22	0	118	150	190	236	—	90	140	—
1	+26	0	−60	−40	−26	0	150	190	236	300	375	112	180	280
1.25	+28	0	−63	−42	−28	0	170	212	265	335	425	132	212	335
1.5	+32	0	−67	−45	−32	0	190	236	300	375	475	150	236	375
1.75	+34	0	−71	−48	−34	0	212	265	335	425	530	170	265	425
2	+38	0	−71	−52	−38	0	236	300	375	475	600	180	280	450
2.5	+42	0	−80	−58	−42	0	280	355	450	560	710	212	335	530
3	+48	0	−85	−63	−48	0	315	400	500	630	800	236	375	600
3.5	+53	0	−90	−70	−53	0	355	450	560	710	900	265	425	670
4	+60	0	−95	−75	−60	0	375	475	600	750	950	300	475	750
4.5	+63	0	−100	−80	−63	0	425	530	670	850	1060	315	500	800
5	+71	0	−106	−85	−71	0	450	560	710	900	1120	335	530	850
5.5	+75	0	−112	−90	−75	0	475	600	750	950	1180	355	560	900
6	+80	0	−118	−95	−80	0	500	630	800	1 000	1250	375	600	950

附表 7-15　常用普通螺纹的旋合长度［mm］

公称直径 D、d	螺距 P	旋合长度			
		S	N		L
		≤	＞	≤	＞
＞2.8～5.6	0.5	1.5	1.5	4.5	4.5
	0.75	2.2	2.2	6.7	6.7
＞5.6～11.2	0.5	1.6	1.6	4.7	4.7
	0.75	2.4	2.4	7.1	7.1
	1	3	3	9	9
	1.25	4	4	12	12
	1.5	5	5	15	15

（续表）

公称直径 D、d	螺距 P	旋合长度			
		S	N		L
		≤	>	≤	>
>11. 2～22. 4	0. 5	1. 3	1. 8	5. 4	5. 4
	0. 75	2. 7	2. 7	8. 1	8. 1
	1	3. 8	3. 8	11	11
	1. 25	4. 5	4. 5	13	13
	1. 5	5. 6	5. 6	16	16
	1. 75	6	6	18	18
	2	8	8	24	24
	2. 5	10	10	30	30
>22. 4～45	0. 75	3. 1	3. 1	9. 4	9. 4
	1	4	4	12	12
	1. 5	6. 3	6. 3	19	19
	2	8. 5	8. 5	25	25
	3	12	12	36	36
	3. 5	15	15	45	45
	4	18	18	53	53
	4. 5	21	21	63	63
>45～90	1	4. 8	4. 8	14	14
	1. 5	7. 5	7. 5	22	22
	2	9. 5	9. 5	28	28
	3	15	15	45	45
	4	19	19	56	56
	5	24	24	71	71
	5. 5	28	28	85	85
	6	32	32	95	95
>90～180	1. 5	8. 3	8. 3	25	25
	2	12	12	36	36
	3	18	18	53	53
	4	24	24	71	71
	6	36	36	106	106

附表 7-16　常用梯形螺纹基本尺寸

螺距 P	外螺纹		内螺纹和外螺纹中径 D_2、d_2	内螺纹	
	大径 d	小径 d_3		大径 D_4	小径 D_1
1.5	8～10	d－1.8	d－0.75	d＋0.3	d－1.5
2	9～20	d－2.5	d－1	d＋0.5	d－2
3	11～60	d－3.5	d－1.5	d＋0.5	d－3
4	16～100	d－4.5	d－2	d＋0.5	d－4
5	22～110	d－5.5	d－2.5	d＋0.5	d－5
6	30～150	d－7	d－3	d＋1	d－6
8	22～190	d－9	d－4	d＋1	d－8
10	30～220	d－11	d－5	d＋1	d－10
12	44～400	d－13	d－6	d＋1	d－12
16	65～500	d－18	d－8	d＋2	d－16
20	85～580	d－22	d－10	d＋2	d－20

附表 7-17　梯形螺纹中径偏差和大小径公差 TD_1、Td（μm）

螺距 P [mm]	基本偏差				内螺纹小径公差 TD_1	外螺纹大径公差 Td
	内螺纹中径精度 7、8、9 级	外螺纹中径精度 7、8、9 级				
	H EI	c es	e es	h es	公差等级 4	
1.5	0	－140	－67	0	190	150
2	0	－150	－71	0	236	180
3	0	－170	－85	0	315	236
4	0	－190	－95	0	375	300
5	0	－212	－106	0	450	335
6	0	－236	－118	0	500	375
7	0	－250	－125	0	560	425
8	0	－265	－132	0	630	450
9	0	－280	－140	0	670	500
10	0	－300	－150	0	710	530

（续表）

螺距 P [mm]	基本偏差				内螺纹小径公差 TD_1	外螺纹大径公差 Td
	内螺纹中径精度7、8、9级	外螺纹中径精度7、8、9级				
	H EI	c es	e es	h es	公差等级4	
12	0	−335	−160	0	800	600
14	0	−355	−180	0	900	670
16	0	−375	−190	0	1 000	710
18	0	−400	−200	0	1 120	800
20	0	−425	−212	0	1 180	850
22	0	−450	−224	0	1 250	900
24	0	−475	−236	0	1 320	950
28	0	−500	−250	0	1 500	1 060
32	0	−530	−265	0	1 600	1 120
36	0	−560	−280	0	1 800	1 250
40	0	−600	−300	0	1 900	1 320
44	0	−630	315	0	2 000	1 400

附表7-18　常用梯形螺纹中径公差、旋合长度

公称直径 d [mm]	螺距 P [mm]	中径公差 [μm]						旋合长度 [mm]		
		内螺纹 TD_2 公差等级			外螺纹 Td_2 公差等级			N		L
		7	8	9	7	8	9	>	≤	>
>5.6～11.2	1.5	224	280	355	170	212	265	5	15	15
	2	250	315	400	190	236	300	6	19	19
	3	280	355	450	212	265	335	10	28	28
>11.2～22.4	2	265	335	425	200	250	315	8	24	24
	3	300	375	475	224	280	355	11	32	32
	4	355	450	560	265	335	425	15	43	43
	5	375	475	600	280	355	450	18	53	53
	8	475	600	750	355	450	560	30	85	85

（续表）

公称直径 d [mm]	螺距 P [mm]	中径公差 [μm]						旋合长度 [mm]		
		内螺纹 TD_2 公差等级			外螺纹 Td_2 公差等级			N		L
		7	8	9	7	8	9	>	≤	>
>22.4～45	3	335	425	530	250	315	400	12	36	36
	5	400	500	630	300	375	475	21	63	63
	6	450	560	710	335	425	530	25	75	75
	7	475	600	750	355	450	560	30	85	85
	8	500	630	800	375	475	600	34	100	100
	10	530	670	850	400	500	630	42	125	125
	12	560	710	900	425	530	670	50	150	150
>45～90	3	355	450	560	265	335	425	15	45	45
	4	400	500	630	300	375	475	19	56	56
	8	530	670	850	400	500	630	38	118	118
	9	560	710	900	425	530	670	43	132	132
	10	560	710	900	425	530	670	50	140	140
	12	630	800	1 000	475	600	750	60	170	170
	14	670	850	1 060	500	630	800	67	200	200
	16	710	900	1 120	530	670	850	75	236	236
	18	750	950	1 180	560	710	900	85	265	265
>90～180	4	425	530	670	315	400	500	24	71	71
	6	500	630	800	375	475	600	36	106	106
	8	560	710	900	425	530	670	45	132	132
	12	670	850	1060	500	630	800	67	200	200
	14	710	900	1120	530	670	850	75	236	236
	16	750	950	1180	560	710	900	90	265	265
	18	800	1 000	1 250	600	750	950	100	300	300
	20	800	1 000	1 250	600	750	950	112	335	335
	22	850	1 060	1 320	630	800	1 000	118	355	355
	24	900	1 120	1 400	670	850	1 060	132	400	400
	28	950	1 180	1 500	710	900	1 120	150	450	450

（续表）

公称直径 d [mm]	螺距 P [mm]	中径公差 [μm]						旋合长度 [mm]		
		内螺纹 TD_2 公差等级			外螺纹 Td_2 公差等级			N		L
		7	8	9	7	8	9	>	≤	>
>180～355	8	600	750	950	450	560	710	50	150	150
	12	710	900	1 120	530	670	850	75	224	224
	18	850	1 060	1 320	630	800	1 000	112	335	335
	20	900	1 120	1 400	670	850	1 060	125	375	375
	22	900	1 120	1 400	670	850	1 060	140	425	425
	24	950	1 180	1 500	710	900	1 120	150	450	450
	32	1 060	1 320	1 700	800	1 000	1 250	200	600	600
	36	1 120	1 400	1 800	850	1 060	1 320	224	670	670
	40	1 120	1 400	1 800	850	1 060	1 320	250	750	750
	44	1 250	1 500	1 900	900	1 120	1 400	280	850	850

六、螺纹常见缺陷原因分析

螺纹是零件中的常见结构，单件小批生产中，回转类零件的螺纹结构一般采用车削的办法进行加工。车削螺纹时易产生的质量问题原因分析及控制措施见附表 7-19。

附表 7-19　车螺纹的质量分析及控制措施

项目	质量不合格原因	控制措施
牙形角和牙形半角超差	1. 刀具牙形角刃磨不准确 2. 车刀安装不正确 3. 车刀磨损严重 4. 车刀刃磨径向前角	1. 重新刃磨车刀 2. 正确安装车刀 3. 及时重磨或更换车刀 4. 此时车刀对准中心安装，牙形角应适当减小（一般径向前角每增加一度，牙形角磨小 0.15°）
螺距超差	1. 机床调整手柄位置错误 2. 交换齿轮挂错或计算有误	逐项检查并改正
螺距周期性误差超差	1. 机床主轴或机床丝杆轴向窜动太大 2. 交换齿轮啮合间隙过大 3. 交换齿轮磨损或有毛刺 4. 主轴、丝杆或挂轮轴轴颈径向跳动太大 5. 工件中心孔圆度超差、孔深度不够或与顶尖接触不良 6. 工件弯曲变形	1. 调整机床主轴和丝杆，消除轴向窜动 2. 调整交换齿轮间隙，一般以 0.1～0.15 mm 为宜 3. 妥善保管交换齿轮，用前仔细检查清洗、清理毛刺 4. 按机床说明书调整各部径向跳动 5. 研磨中心孔、顶尖尖部磨平 6. 减小切削用量、充分冷却、合理安排工艺

（续表）

项目	质量不合格原因	控制措施
螺距积累误差超差	1. 机床导轨与工件轴线平行度超差、或导轨直线度超差 2. 丝杆轴线与导轨不平行 3. 丝杆副磨损严重 4. 环境温度不符合规定 5. 工件热胀冷缩 6. 刀具磨损严重 7. 顶尖顶力过大，工件弯曲	1. 调整机床尾座、修复机床导轨，恢复尾座轴线与工件轴线平行和导轨直线度 2. 调整丝杆，使其与机床导轨平行 3. 更换丝杆副 4. 工作地要满足规定的温度 5. 合理选用切削用量，正确使用切削液 6. 选择耐磨的刀具材料，提高刀具的刃磨质量 7. 每次走刀后调整顶尖与工件之间的间隙或使用弹性顶尖
中径几何形状超差	1. 中心孔质量低 2. 机床主轴轴承圆度超差 3. 工件外圆圆度超差、跟刀架与工件的配合间隙过大 4. 刀具磨损过大	1. 提高中心孔质量，研磨中心孔，保证两中心孔同轴 2. 调整或更换主轴轴承 3. 提高工件圆度，减小工件与跟刀架配合间隙，研磨跟刀架配合面 4. 选用较硬的刀具材料，降低切削用量，正确选用切削液
螺纹牙形表面粗糙度超差	1. 刀具刃口质量低 2. 精车时背吃刀量太小，刀具在工件表面滑行 3. 切削速度选择不当 4. 切削液选择不当 5. 机床振动太大 6. 刀具前后角太小 7. 工件切削加工性差 8. 切屑划伤已加工表面 9. 车螺母时刀杆直径较小产生振动	1. 提高刀具刃磨质量，研磨刃口 2. 控制合适的背吃刀量，减小刃口圆弧半径 3. 选择合理的切削速度： 硬质合金车刀 V = 30～45 m/min 高速钢刀具 V = 10～20 m/min 4. 选择润滑性能较好的切削液 5. 调整机床各部间隙、车刀略高于机床中心 6. 适当增大刀具前后角 7. 在许可的情况下对工件进行调质处理 8. 控制切削流向和断屑 9. 车右旋螺纹时，可反向装刀和反向旋转工件，由左向右切削，变刀杆受压为受拉，避免刀杆失稳
螺纹乱扣	当机床螺距不是工件螺距的整倍数时，反程时提起了开合螺母所致	不能提起开合螺母移动溜板，只能开反车退回切削起点处
多线螺纹出现大小牙	1. 分线不准确 2. 中途改变了车刀位置	1. 提高分头精度 2. 中途改变车刀位置后必须重新将每条螺纹车一遍

附录8 车锥度

附表 8-1 锥体各部分名称和尺寸计算

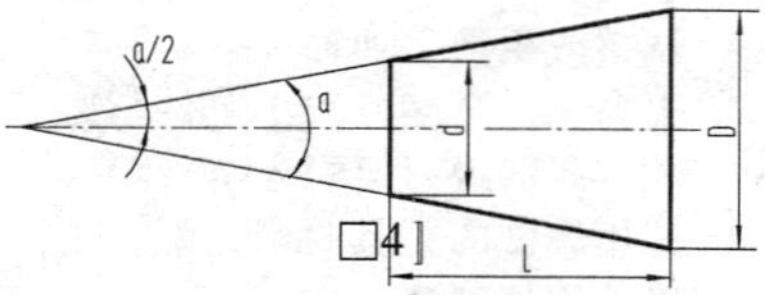

D—圆锥大径　d—圆锥小径　L—圆锥长度

α—圆锥角　$\frac{\alpha}{2}$—圆锥半角

名称	计算公式
斜度 S	$S=\tan\frac{\alpha}{2}$ $S=\frac{D-d}{2L}$ $S=\frac{C}{2}$
锥度 C	$C=2S$ $C=2\tan\frac{\alpha}{2}$ $C=\frac{D-d}{L}$
大头直径 D	$D=d=\ +2L\tan\frac{\alpha}{2}$ $D=d+CL$ $D=d+2LS$
小头直径 d	$d=D-2L\tan\frac{\alpha}{2}$ $d=D-CL$ $d=D-2LS$

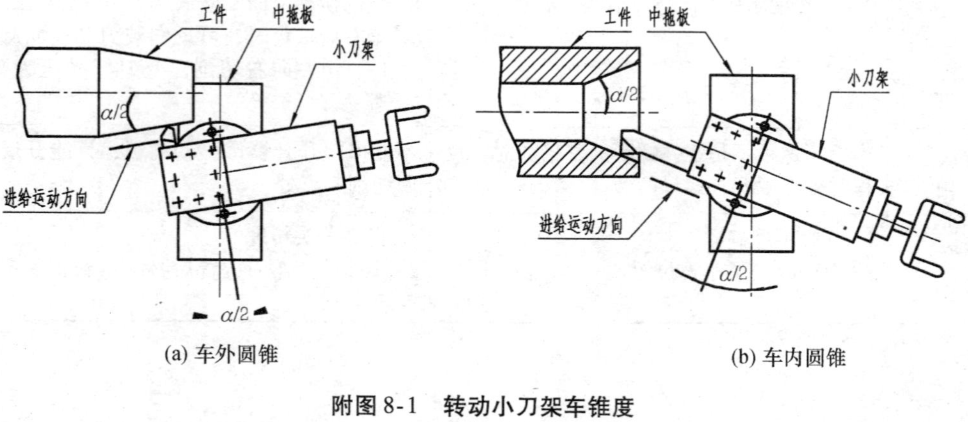

(a) 车外圆锥　(b) 车内圆锥

附图 8-1 转动小刀架车锥度

附表 8-2　车削常见锥体小刀架旋转角度

锥体名称		锥度	小刀架旋转角度	锥体名称	小刀架旋转角度
莫氏圆锥	0	1∶19.212	1°29′27″	1∶200	0°08′36″
	1	1∶20.047	1°25′43″	1∶100	0°17′11″
	2	1∶20.020	1°25′50″	1∶50	0°34′23″
	3	1∶19.922	1°26′16″	1∶30	0°57′17″
	4	1∶19.254	1°29′15″	1∶20	1°25′56″
	5	1∶19.002	1°30′26″	1∶15	1°54′33″
	6	1∶19.180	1°29′36″	1∶12	2°23′09″
30°		1∶1.866	15°	1∶10	2°51′45″
45°		1∶1.207	22°30′	1∶8	3°34′35″
60°		1∶0.866	30°	1∶7	4°05′08″
75°		1∶0.652	37°30′	1∶5	5°42′38″
90°		1∶0.5	45°	1∶3	9°27′44″
120°		1∶0.289	60°	7∶24	8°17′46″

附录 9　机械加工加工余量

一、棒料外径和端面车削余量

附表 9-1　棒料外径和端面车削余量　（单位：mm）

零件长度	≤200				200～500				500～1 000				＞1 000			
表面粗糙度 *Ra*（μm）	6.3～25	1.6～6.3	6.3～25	1.6～6.3	6.3～25	1.6～6.3	6.3～25	1.6～6.3	6.3～25	1.6～6.3	6.3～25	1.6～6.3	6.3～25	1.6～6.3	6.3～25	1.6～6.3

（续表）

<table>
<tr><th>零件外径</th><th colspan="2">外径</th><th colspan="2">端面单边</th><th colspan="2">外径</th><th colspan="2">端面单边</th><th colspan="2">外径</th><th colspan="2">端面单边</th><th colspan="2">外径</th><th colspan="2">端面单边</th></tr>
<tr><td>8</td><td rowspan="2">13</td><td>13</td><td rowspan="33">1.5</td><td rowspan="22">1.5</td><td>—</td><td>—</td><td>—</td><td>—</td><td rowspan="4">—</td><td rowspan="4">—</td><td rowspan="4">—</td><td rowspan="4">—</td><td rowspan="8">—</td><td rowspan="8">—</td><td rowspan="8">—</td><td rowspan="8">—</td></tr>
<tr><td>10</td><td rowspan="2">16</td><td>13</td><td>16</td><td rowspan="32">1.5</td><td rowspan="20">1.5</td></tr>
<tr><td>12</td><td rowspan="2">16</td><td>16</td><td rowspan="2">19</td></tr>
<tr><td>14</td><td rowspan="2">19</td><td rowspan="3">19</td></tr>
<tr><td>15</td><td rowspan="2">19</td><td rowspan="2">22</td><td rowspan="2">22</td><td>22</td><td rowspan="13">1.5</td><td rowspan="13">1.5</td></tr>
<tr><td>16</td><td rowspan="2">22</td><td rowspan="2">25</td></tr>
<tr><td>18</td><td rowspan="2">22</td><td>22</td><td rowspan="2">25</td><td rowspan="2">25</td></tr>
<tr><td>20</td><td>25</td><td rowspan="2">25</td><td>28</td></tr>
<tr><td>22</td><td>25</td><td rowspan="2">28</td><td>28</td><td>28</td><td rowspan="2">32</td><td>28</td><td rowspan="2">32</td><td rowspan="9">2.0</td><td rowspan="9">2.0</td></tr>
<tr><td>24</td><td rowspan="2">28</td><td>28</td><td rowspan="2">32</td><td rowspan="2">32</td><td rowspan="2">32</td></tr>
<tr><td>26</td><td rowspan="2">32</td><td rowspan="2">32</td><td rowspan="2">36</td><td rowspan="2">36</td></tr>
<tr><td>28</td><td rowspan="2">30</td><td rowspan="2">36</td><td rowspan="2">36</td><td rowspan="2">36</td></tr>
<tr><td>30</td><td rowspan="2">36</td><td rowspan="2">36</td><td>38</td><td>38</td></tr>
<tr><td>32</td><td rowspan="2">36</td><td>38</td><td>38</td><td rowspan="2">42</td><td>38</td><td rowspan="2">42</td></tr>
<tr><td>34</td><td>38</td><td>40</td><td rowspan="2">42</td><td rowspan="2">42</td><td>42</td></tr>
<tr><td>36</td><td>40</td><td rowspan="2">40</td><td rowspan="2">42</td><td>44</td><td>44</td><td rowspan="2">44</td></tr>
<tr><td>38</td><td rowspan="2">42</td><td>44</td><td>44</td><td>46</td><td rowspan="2">46</td></tr>
<tr><td>40</td><td>44</td><td>44</td><td>46</td><td>46</td><td>48</td><td rowspan="16">2.0</td><td rowspan="16">2.5</td><td>48</td><td rowspan="5">2.5</td><td rowspan="5">3.0</td></tr>
<tr><td>42</td><td>44</td><td>46</td><td>46</td><td>48</td><td>48</td><td>50</td><td>48</td><td>50</td></tr>
<tr><td>46</td><td>48</td><td>50</td><td>50</td><td rowspan="3">55</td><td rowspan="3">55</td><td rowspan="2">55</td><td rowspan="2">55</td><td>55</td></tr>
<tr><td>48</td><td>50</td><td rowspan="2">55</td><td rowspan="2">55</td><td rowspan="2">60</td></tr>
<tr><td>50</td><td>55</td><td rowspan="12">2.0</td><td>60</td><td rowspan="2">60</td></tr>
<tr><td>54</td><td colspan="2">60</td><td rowspan="11">2.0</td><td>60</td><td>60</td><td>65</td><td rowspan="2">65</td><td rowspan="2">65</td><td rowspan="11">3.0</td><td rowspan="11">3.5</td></tr>
<tr><td>58</td><td colspan="2" rowspan="2">65</td><td rowspan="2">65</td><td rowspan="2">65</td><td rowspan="2">70</td><td>65</td></tr>
<tr><td>60</td><td>70</td><td rowspan="2">70</td><td>70</td></tr>
<tr><td>64</td><td colspan="2">70</td><td>70</td><td>70</td><td rowspan="2">75</td><td>75</td><td>75</td></tr>
<tr><td>70</td><td colspan="2">75</td><td>75</td><td>75</td><td>80</td><td rowspan="2">80</td><td>80</td></tr>
<tr><td>76</td><td colspan="2">80</td><td rowspan="2">85</td><td rowspan="2">85</td><td>80</td><td>85</td><td>85</td></tr>
<tr><td>80</td><td colspan="2">85</td><td>85</td><td>90</td><td rowspan="2">90</td><td>90</td></tr>
<tr><td>84</td><td colspan="2">90</td><td>90</td><td>90</td><td>90</td><td>95</td><td>95</td></tr>
<tr><td>90</td><td colspan="2">95</td><td>95</td><td>95</td><td>95</td><td>100</td><td>100</td><td>100</td></tr>
<tr><td>96</td><td colspan="2">100</td><td rowspan="2">105</td><td rowspan="2">105</td><td>100</td><td rowspan="2">105</td><td>105</td><td>105</td></tr>
<tr><td>100</td><td colspan="2">105</td><td>105</td><td>110</td><td>110</td></tr>
</table>

二、板材加工余量

附表 9-2　板材厚度的端面加工余量　　（单位：mm）

<table>
<tr><td>最大尺寸</td><td colspan="4">≤400</td><td colspan="4">400～1500</td><td colspan="4">>1500</td></tr>
<tr><td>表面粗糙度 Ra（μm）</td><td colspan="2">6.3～25</td><td>6.3～25</td><td>1.6～6.3</td><td colspan="2">6.3～25</td><td>6.3～25</td><td>1.6～6.3</td><td colspan="2">6.3～25</td><td>6.3～25</td><td>1.6～6.3</td></tr>
<tr><td rowspan="2">零件板厚</td><td colspan="2">板材厚度</td><td colspan="2" rowspan="2">端面加工余量（单侧）</td><td colspan="2">板材厚度</td><td colspan="2" rowspan="2">端面加工余量（单侧）</td><td colspan="2">板材厚度</td><td colspan="2" rowspan="2">端面加工余量（单侧）</td></tr>
<tr><td>单侧切削</td><td>两侧切削</td><td>单侧切削</td><td>两侧切削</td><td>单侧切削</td><td>两侧切削</td></tr>
<tr><td>8</td><td rowspan="2">12</td><td>12</td><td rowspan="27">2.0</td><td rowspan="27">3.0</td><td>12</td><td>14</td><td rowspan="15">3.0</td><td rowspan="15">4.0</td><td>12</td><td>14</td><td rowspan="13">4.0</td><td rowspan="13">5.0</td></tr>
<tr><td>10</td><td>14</td><td>14</td><td>16</td><td>14</td><td>16</td></tr>
<tr><td>12</td><td>14</td><td>16</td><td>16</td><td rowspan="2">19</td><td>16</td><td>19</td></tr>
<tr><td>14</td><td>16</td><td>19</td><td rowspan="2">19</td><td rowspan="2">19</td><td rowspan="2">22</td></tr>
<tr><td>16</td><td>19</td><td rowspan="2">22</td><td>22</td></tr>
<tr><td>18</td><td rowspan="2">22</td><td>22</td><td rowspan="2">25</td><td>22</td><td>25</td></tr>
<tr><td>20</td><td>25</td><td rowspan="2">25</td><td rowspan="2">25</td><td rowspan="2">28</td></tr>
<tr><td>22</td><td>25</td><td rowspan="2">28</td><td>28</td></tr>
<tr><td>24</td><td rowspan="2">28</td><td>28</td><td rowspan="2">32</td><td rowspan="2">28</td><td rowspan="2">32</td></tr>
<tr><td>26</td><td rowspan="2">32</td><td rowspan="2">32</td></tr>
<tr><td>28</td><td rowspan="2">32</td><td rowspan="2">36</td><td>32</td><td rowspan="2">36</td></tr>
<tr><td>30</td><td rowspan="2">36</td><td rowspan="2">36</td><td rowspan="2">36</td></tr>
<tr><td>32</td><td>36</td><td rowspan="2">40</td><td rowspan="2">40</td></tr>
<tr><td>34</td><td rowspan="2">38</td><td rowspan="2">40</td><td rowspan="3">40</td><td rowspan="3">40</td><td rowspan="14">5.0</td><td rowspan="14">6.0</td></tr>
<tr><td>36</td><td rowspan="3">45</td><td rowspan="3">45</td></tr>
<tr><td>38</td><td rowspan="2">45</td><td rowspan="2">45</td><td rowspan="12">4.0</td><td rowspan="12">5.0</td></tr>
<tr><td>40</td><td rowspan="2">45</td><td rowspan="2">45</td></tr>
<tr><td>42</td><td rowspan="3">50</td><td rowspan="2">50</td><td rowspan="2">50</td><td rowspan="2">50</td></tr>
<tr><td>44</td><td rowspan="2">50</td><td rowspan="3">50</td></tr>
<tr><td>46</td><td rowspan="3">55</td><td rowspan="3">55</td><td rowspan="3">55</td></tr>
<tr><td>48</td><td rowspan="3">55</td><td rowspan="3">55</td></tr>
<tr><td>50</td><td rowspan="2">55</td></tr>
<tr><td>52</td><td rowspan="3">60</td><td rowspan="2">60</td><td rowspan="2">60</td></tr>
<tr><td>54</td><td rowspan="3">60</td><td rowspan="2">60</td><td rowspan="3">60</td></tr>
<tr><td>56</td><td rowspan="3">65</td><td rowspan="3">65</td></tr>
<tr><td>58</td><td rowspan="2">65</td><td rowspan="2">65</td></tr>
<tr><td>60</td><td>65</td><td>65</td></tr>
</table>

三、轴的加工余量

1．轴的折算长度

（1）$L=l$

（2）$L=1$

（3）$L=2l$

（4）$L=2l$

（5）$L=2l$

附表 9-3　轴的折算长度 L

	光轴	阶梯轴
两端顶 夹一端顶一端	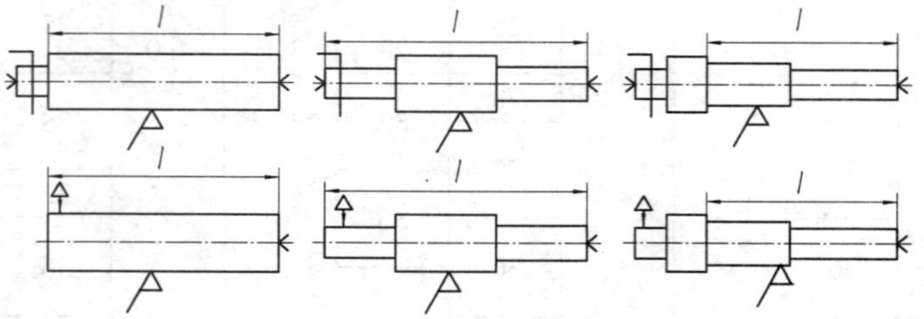 (1) (2) (3)	
夹一端	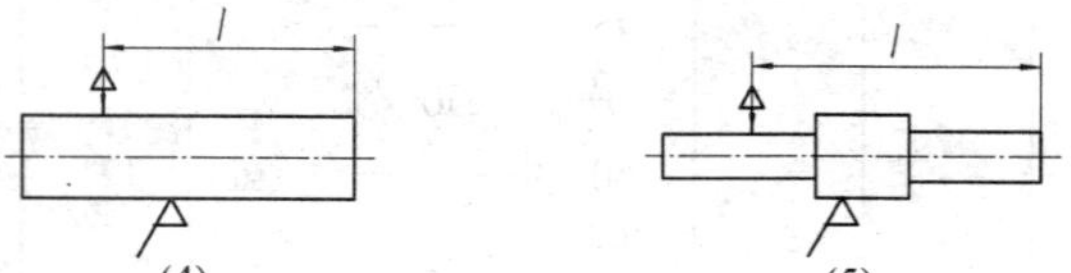 (4) (5)	

2. 粗车及半精车外圆余量及偏差

附表 9-4　粗车及半精车外圆余量及偏差　　（单位：mm）

零件基本尺寸（零件最大直径）	直径余量						直径偏差	
	经或未经热处理零件的粗车		半精车				荒车 h14	粗车 h12—h13
			未经热处理		经热处理			
	折算长度 *L*							
	≤200	200～400	≤200	200～400	≤200	200～400		
3～6	—	—	0.5	—	0.8	—	−0.30	−0.12～−0.18
>6～10	1.5	1.7	0.8	1.0	1.0	1.3	−0.36	−0.15～−0.22
>10～18	1.5	1.7	1.0	1.3	1.3	1.5	−0.43	−0.18～−0.27
>18～30	2.0	2.2	1.3	1.3	1.3	1.5	−0.52	−0.21～−0.33
>30～50	2.0	2.2	1.4	1.5	1.5	1.9	−0.62	−0.25～−0.39
>50～80	2.3	2.5	1.5	1.8	1.8	2.0	−0.74	−0.30～−0.46
>80～120	2.5	2.8	1.5	1.8	1.8	2.0	−0.87	−0.35～−0.54
>120～180	2.5	2.8	1.8	2.0	2.0	2.3	−1.00	−0.40～−0.63
>180～250	2.8	3.0	2.0	2.3	2.3	3.5	−1.15	−0.46～−0.72
>250～315	3.0	3.3	2.0	2.3	2.3	2.5	−1.30	−0.52～−0.81

3. 半精车后磨外圆余量及偏差

附表 9-5　半精车后磨外圆余量及偏差　　（单位：mm）

零件基本尺寸	直径余量										直径偏差	
	第一种		第二种				第三种				第一种磨前半精车或第三种粗磨 h10～11	第二种粗磨 h8～9
	经或未经热处理的终磨		热处理后				热处理前粗磨		热处理后半精磨			
			粗磨		半精磨							
	折算长度 *L*											
	≤200	200～400	≤200	200～400	≤200	200～400	≤200	200～400	≤200	200～400		
3～6	0.15	0.20	0.10	0.12	0.05	0.08	—	—	—	—	−0.048～−0.075	−0.018～−0.030
6～10	0.20	0.30	0.12	0.20	0.08	0.10	0.12	0.20	0.20	0.30	−0.058～−0.090	−0.022～−0.036

（续表）

零件基本尺寸	直径余量										直径偏差	
	第一种		第二种				第三种				第一种磨前半精车或第三种粗磨 h10～11	第二种粗磨 h8～9
	经或未经热处理的终磨		热处理后				热处理前粗磨		热处理后半精磨			
			粗磨		半精磨							
	折算长度 *L*											
	≤200	200～400	≤200	200～400	≤200	200～400	≤200	200～400	≤200	200～400		
10～18	0.20	0.30	0.12	0.20	0.08	0.10	0.12	0.20	0.20	0.30	-0.070～-0.110	-0.027～-0.043
18～30	0.20	0.30	0.12	0.20	0.08	0.10	0.12	0.20	0.20	0.30	-0.084～-0.130	-0.033～-0.052
30～50	0.30	0.40	0.20	0.25	0.10	0.15	0.20	0.25	0.30	0.40	-0.100～-0.160	-0.039～-0.062
50～80	0.40	0.50	0.25	0.30	0.15	0.20	0.25	0.30	0.40	0.50	-0.120～-0.190	-0.046～-0.074
80～120	0.40	0.50	0.25	0.30	0.15	0.20	0.25	0.30	0.40	0.50	-0.140～-0.220	-0.054～-0.087
120～180	0.50	0.80	0.12	0.40	0.20	0.30	0.30	0.50	0.50	0.80	-0.160～-0.250	-0.063～-0.100
180～250	0.50	0.80	0.12	0.40	0.20	0.30	0.30	0.50	0.50	0.80	-0.185～-0.290	-0.072～-0.115
250～315	0.50	0.80	0.12	0.40	0.20	0.30	0.30	0.50	0.50	0.80	-0.210～-0.320	-0.081～-0.130

4. 粗车端面后正火调质加工余量

附表 9-6 粗车端面后正火调质加工余量 （单位：mm）

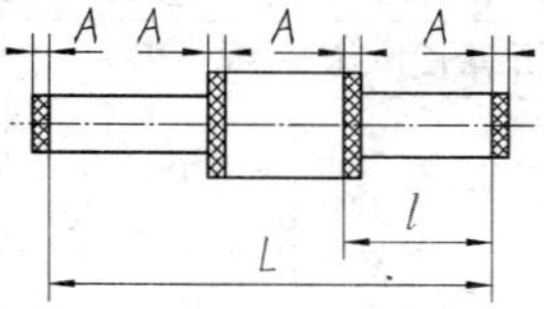

（续表）

零件直径 d	零件全长 L					
	≤18	18～50	50～120	120～260	260～500	>500
	余量 A					
≤30	0.8	1.0	1.4	1.6	2.0	2.4
30～50	1.0	1.2	1.4	1.6	2.0	2.4
50～120	1.2	1.4	1.6	2.0	2.4	2.4
120～260	1.4	1.6	2.0	2.0	2.4	2.8
>260	1.6	1.8	2.0	2.0	2.8	3.0
长度偏差	0.18	0.21～0.25	0.30～0.35	0.40～0.46	0.52～0.63	0.70～1.50

注：1. 粗车不需正火调质的零件，其端面余量按上表1/2～1/3选用。
2. 对薄壁工件，可按上表余量增加50%～100%。

5. 精车端面余量

附表9-7　精车端面余量　（单位：mm）

零件直径 d	零件全长 L					
	≤18	18～50	50～120	120～260	260～500	>500
	余量 A					
≤30	0.4	0.5	0.7	0.8	1.0	1.2
30～50	0.5	0.6	0.7	0.8	1.0	1.2
50～120	0.6	0.7	0.8	1.0	1.2	1.2
120～260	0.7	0.8	1.0	1.0	1.2	1.4
260～500	0.9	1.0	1.2	1.2	1.4	1.5
>500	1.2	1.2	1.4	1.4	1.5	1.7
长度偏差	−0.2	−0.3	−0.4	−0.5	−0.6	−0.8

注：1. 加工阶梯轴时，每个台阶的加工余量应根据该台阶的直径 d 及零件全长分别选用。
2. 表中的公差是指尺寸 L 的公差，当原公差大于该公差时，应选用原公差。

6. 精车端面后，经淬火的端面磨削余量

附表9-8　精车端面后，经淬火的端面磨削余量　（单位：mm）

零件直径 d	零件全长 L					
	≤18	18～50	50～120	120～260	260～500	>500
	余量 A					
≤30	0.10	0.10	0.10	0.15	0.15	0.20
30～50	0.15	0.15	0.15	0.15	0.20	0.25

（续表）

零件直径 d	零件全长 L					
	≤18	18～50	50～120	120～260	260～500	＞500
	余量 A					
50～120	0.20	0.20	0.20	0.25	0.25	0.30
120～260	0.25	0.25	0.25	0.30	0.30	0.35
＞260	0.25	0.25	0.25	0.30	0.30	0.40
长度偏差	0.06～0.13	0.13～0.16	0.19～0.22	0.25～0.29	0.32～0.40	0.44～1.10

注：1. 加工阶梯轴时，每个台阶的加工余量应根据该台阶的直径 d 及零件台阶长 l 分别选用。
2. 在加工过程中一次精磨至尺寸时，余量按上表 1/2 使用。

7. 磨端面的加工余量

附表 9-9 磨端面余量（单位：mm）

零件直径 d	零件全长 L					
	≤18	18～50	50～120	120～260	260～500	＞500
	余量 A					
≤30	0.2	0.3	0.3	0.4	0.5	0.6
30～50	0.3	0.3	0.4	0.4	0.5	0.6
50～120	0.3	0.3	0.4	0.5	0.6	0.6
120～260	0.4	0.4	0.5	0.5	0.6	0.7
260～500	0.5	0.5	0.5	0.6	0.7	0.7
＞500	0.6	0.6	0.6	0.7	0.8	0.8
长度偏差	-0.12	-0.17	-0.23	-0.3	-0.4	-0.5

注：1. 加工阶梯轴时，每个台阶的加工余量应根据该台阶的直径 d 及零件全长分别选用。
2. 表中的公差是指尺寸 L 的公差，当原公差大于该公差时，应选用原公差。
3. 加工套类零件时，余量可在此表的基础上适当增加。

四、槽的加工余量

附表 9-10 槽的加工余量及公差（单位：mm）

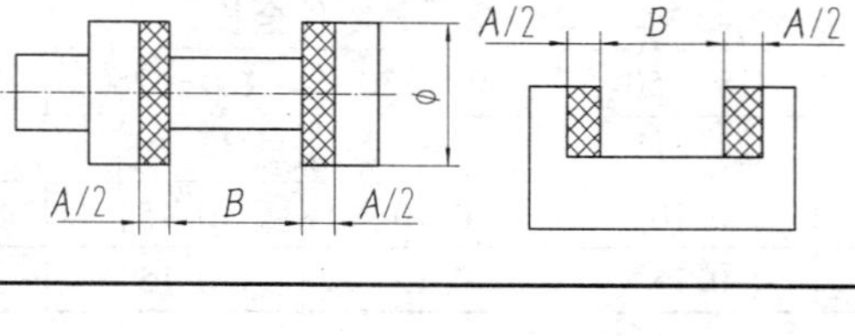

（续表）

工序	精车（铣、刨）槽				精车（铣、刨）后，磨槽			
槽宽 B	＜10	＜18	＜30	＜50	＜10	＜18	＜30	＜50
加工余量 A	1	1.5	2	3	0.30	0.35	0.40	0.45
公差	0.20	0.20	0.30	0.30	0.10	0.10	0.15	0.15

注：1. 靠磨槽时适当减小加工余量，一般加工余量留 0.1～0.2 mm。
　　2. 本表适用于槽长小于 80 mm，槽深小于 60 mm 的槽。

五、孔的加工余量及偏差

1. H7 孔的加工

附表 9-11　H7 孔的加工　（单位：mm）

零件基本尺寸	直径					
	钻		用车刀镗以后	扩孔钻	粗铰	精铰
	第一工步	第二工步				
3	2.9					3H7
4	3.9					4H7
5	4.8					5H7
6	5.8					6H7
8	7.8				7.96	8H7
10	9.8				9.96	10H7
12	11.0			11.85	11.95	12H7
13	12.0			12.85	12.95	13H7
14	13.0			13.85	13.95	14H7
15	14.0			14.85	14.95	15H7
16	15.0			15.85	15.95	16H7
18	17.0			17.85	17.94	18H7
20	18.0		19.8	19.8	19.94	20H7
22	20		21.8	21.8	21.94	22H7
24	22		23.8	23.8	23.94	24H7
25	23		24.8	24.8	24.94	25H7

（续表）

零件基本尺寸	直径					
	钻		用车刀镗以后	扩孔钻	粗铰	精铰
	第一工步	第二工步				
26	24		25.8	25.8	25.94	26H7
28	26		27.8	27.8	27.94	28H7
30	15	28.0	29.8	29.8	29.93	30H7
32	15	30.0	31.7	31.75	31.93	32H7
35	20	33.0	34.7	34.75	34.93	35H7
38	20	36.0	37.7	37.75	37.93	38H7
40	25	38.0	39.7	39.75	39.93	40H7
42	25	40.0	41.7	41.75	41.93	42H7
45	25	43.0	44.7	44.75	44.93	45H7
48	25	46.0	47.7	47.75	47.93	48H7
50	30	48.0	49.7	49.75	49.93	50H7
60	30	55.0	59.5	59.5	59.9	60H7
70	30	65.0	69.5	69.5	69.9	70H7
80	30	75.0	79.5	79.5	79.9	80H7
90	30	80.0	89.3		89.9	90H7
100	30	80.0	99.3		99.8	100H7
120	30	80.0	119.3		119.8	120H7
140	30	80.0	139.3		139.8	140H7
160	30	80.0	159.3		159.8	160H7
180	30	80.0	179.3		179.8	180H7

注：1. 在铸铁工件上加工直径小于 15 mm 的孔时，不用扩孔钻和镗孔。
2. 在铸铁上加工直径为 30 mm 和 32 mm 的孔时，仅用直径为 28 mm 与 30 mm 的钻头各钻一次。
3. 如仅用一次铰孔，则铰孔的加工余量为本表中粗铰与精铰加工余量之和。
4. 钻头直径大于 75 mm 时采用环孔钻。
5. 批量生产时，大于 30 mm 的孔应该铸出或锻出，然后才进行切削加工。

2. H8 孔的加工

附表 9-12　H8 孔的加工　（单位：mm）

零件基本尺寸	直径				
	钻		用车刀镗以后	扩孔钻	铰
	第一工步	第二工步			
3	2.9				3H8
4	3.9				4H8
5	4.8				5H8
6	5.8				6H8
8	7.8				8H8
10	9.8				10H8
12	11.8				12H8
13	12.8				13H8
14	13.8				14H8
15	14.8				15H8
16	15.0			15.85	16H8
18	17.0			17.85	18H8
20	18.0		19.8	19.8	20H8
22	20		21.8	21.8	22H8
24	22		23.8	23.8	24H8
25	23		24.8	24.8	25H8
26	24		25.8	25.8	26H8
28	26		27.8	27.8	28H8
30	15	28.0	29.8	29.8	30H8
32	15	30.0	31.7	31.75	32H8
35	20	33.0	34.7	34.75	35H8
38	20	36.0	37.7	37.75	38H8
40	25	38.0	39.7	39.75	40H8
42	25	40.0	41.7	41.75	42H8
45	25	43.0	44.7	44.75	45H8
48	25	46.0	47.7	47.75	48H8
50	25	48.0	49.7	49.75	50H8
60	30	55.0	59.5		60H8
70	30	65.0	69.5		70H8
80	30	75.0	79.5		80H8
90	30	80.0	89.3		90H8
100	30	80.0	99.3		1008
120	30	80.0	119.3		120H8
140	30	80.0	139.3		140H8
160	30	80.0	159.3		160H8
180	30	80.0	179.3		180H8

注：1. 钻头直径大于 75 mm 时采用环孔钻。

2. 在铸铁上加工直径为 30 mm 和 32 mm 的孔时，仅用直径为 28 mm 与 30 mm 的钻头各钻一次。

六、平面的加工余量及偏差

1. 平面第一次粗加工余量

附表 9-13 平面第一次粗加工余量 （单位：mm）

平面最大尺寸	毛坯制造方法					
	铸件			灰铸铁	青铜	可锻铸铁
	热冲压	冷冲压	锻造			
≤50	1.0～1.5	1.0～1.3	0.8～1.0	0.8～1.1	0.6～0.8	1.0～1.4
50～120	1.5～2.0	1.3～1.7	1.0～1.4	1.3～1.8	0.8～1.1	1.4～1.8
120～250	2.0～2.7	1.7～2.2	1.4～1.8	1.5～1.8	1.0～1.4	1.5～2.5
250～500	2.7～3.5	2.2～3.0	2.0～2.5	1.8～2.2	1.3～1.8	2.2～3.0
>500	4.0～6.0	3.5～4.5	3.0～4.0	2.4～3.0	2.0～2.8	3.5～4.5

2. 平面粗刨后精铣的加工余量

附表 9-14 平面粗刨后精铣的加工余量 （单位：mm）

平面长度	平面宽度		
	≤100	100～200	>200
100	0.6～0.7	—	—
100～250	0.6～0.8	0.7～0.9	—
250～500	0.7～1.0	0.75～1.0	0.8～1.1
>500	0.8～1.0	0.9～1.2	0.9～1.2

3. 铣平面的加工余量

附表 9-15　铣平面的加工余量　　（单位：mm）

零件厚度	荒铣后粗铣						粗铣后半精铣					
	宽度≤200			宽度 200～400			宽度≤200			宽度 200～400		
	≤100	100～250	250～400	≤100	100～250	250～400	≤100	100～250	250～400	≤100	100～250	250～400
6～30	1.0	1.2	1.5	1.2	1.5	1.7	0.7	1.0	1.0	1.0	1.0	1.0
30～50	1.0	1,5	1.7	1.5	1.5	2.0	1.0	1.0	1.2	1.0	1.2	1.2
>50	1.5	1.7	2.0	1.7	2.0	2.5	1.0	1.3	1.3	1.3	1.5	1.5

4. 磨平面的加工余量

附表 9-16　磨平面的加工余量　　（单位：mm）

零件厚度	第一种						第二种											
	经热处理或未经热处理零件的终磨						热处理后											
							粗磨						半精磨					
	宽度≤200			宽度 200～400			宽度≤200			宽度 200～400			宽度≤200			宽度 200～400		
	平面长度																	
	≤100	100～250	250～400	≤100	100～250	250～400	≤100	100～250	250～400	≤100	100～250	250～400	≤100	100～250	250～400	≤100	100～250	250～400
6～30	0.3	0.3	0.5	0.3	0.5	0.5	0.2	0.2	0.3	0.2	0.3	0.3	0.1	0.1	0.2	0.1	0.2	0.2
30～50	0.5	0.5	0.5	0.5	0.5	0.5	0.3	0.3	0.3	0.3	0.3	0.3	0.2	0.2	0.2	0.2	0.2	0.2
>50	0.5	0.5	0.5	0.5	0.5	0.5	0.3	0.3	0.3	0.3	0.3	0.3	0.2	0.2	0.2	0.2	0.2	0.2

5. 铣及磨平面的厚度偏差

附表 9-17　铣及磨平面时的厚度偏差　　（单位：mm）

零件厚度	荒铣 IT14	粗铣 IT12～IT13	半精铣 IT11	精磨 IT8～IT9
3～6	-0.3	-0.12～-0.18	-0.075	-0.018～-0.030
6～10	-0.36	-0.15～-0.22	-0.09	-0.022～-0.036
10～18	-0.43	-0.18～-0.27	-0.11	-0.027～-0.043
18～30	-0.52	-0.21～-0.33	-0.13	-0.033～-0.052
30～50	-0.62	-0.25～-0.39	-0.16	-0.039～-0.062
50～80	-0.74	-0.30～-0.46	-0.19	-0.046～-0.074
80～120	-0.87	-0.35～-0.54	-0.22	-0.054～-0.087
120～180	-1.00	-0.43～-0.63	-0.25	-0.063～-0.100

6. 刮平面的加工余量及偏差

附表 9-18 刮平面的加工余量及偏差 （单位：mm）

平面长度	平面宽度					
	≤100		100～300		300～1 000	
	余量	偏差	余量	偏差	余量	偏差
≤300	0.15	+0.06	0.15	+0.06	0.20	+0.10
300～1 000	0.20	+0.10	0.20	+0.10	0.25	+0.12
1 000～2 000	0.25	+0.12	0.25	+0.12	0.30	+0.15

7. 凹槽的加工余量及偏差

附表 9-19 凹槽的加工余量及偏差 （单位：mm）

凹槽尺寸			宽度余量		宽度偏差	
长	深	宽	粗铣后半精铣	半精铣后磨	粗铣（IT12～IT13）	半精铣（IT11）
≤80	≤60	3～6	1.5	0.5	+0.12～+0.18	+0.075
		6～10	2.0	0.7	+0.15～+0.22	+0.09
		10～18	3.0	1.0	+0.18～+0.27	+0.11
		18～30	3.0	1.0	+0.21～+0.33	+0.13
		30～50	3.0	1.0	+0.25～+0.39	+0.16
		50～80	4.0	1.0	+0.30～+0.46	+0.19
		80～120	4.0	1.0	+0.35～+0.54	+0.22

注：1. 半精铣后磨凹槽的余量，适用于半精铣后经热处理和未经热处理的零件。
2. 宽度余量是指双面余量，每面余量是表中所列数值的 1/2。

8. 研磨平面的加工余量

附表 9-20 磨平面的加工余量 （单位：mm）

平面长度	平面宽度		
	≤25	25～75	75～150
≤25	0.005～0.007	0.007～0.010	0.010～0.014
25～75	0.007～0.010	0.010～0.014	0.014～0.020
75～150	0.010～0.014	0.014～0.020	0.020～0.024
150～260	0.014～0.018	0.020～0.024	0.024～0.030

注：经过精磨的零件，手工研磨余量为每面 0.003～0.005 mm；机械研磨余量为每面 0.005～0.010 mm。

七、有色金属及其合金零件加工余量

附表 9-21　有色金属及其合金零件加工余量　（单位：mm）

1. 孔加工

加工方法	直径余量			
	≤18	18～50	50～80	80～120
钻后镗或扩	0. 8	1. 0	1. 1	1. 3
粗车后半精车	0. 2	0. 3	0. 4	0. 5
半精车后精镗	0. 1	0. 12	0. 14	0. 16

2. 端面加工

	端面余量			
粗车后半精车	0. 12	0. 15	0. 20	0. 25
半精车后磨	0. 05	0. 06	0. 08	0. 08

3. 平面加工

加工方法	单面余量							
	≤50	50～80	80～120	120～180	180～260	260～360	360～500	500～630
砂型	0. 80	0. 90	1. 00	1. 20	1. 40	1. 70	2. 10	2. 50
金属型	0. 50	0. 60	0. 70	0. 90	1. 10	1. 40	1. 80	2. 20
粗加工后半精铣刨	0. 08	0. 09	0. 11	0. 14	0. 18	0. 23	0. 30	0. 37
半精加工后磨	0. 05	0. 06	0. 07	0. 09	0. 12	0. 15	0. 20	0. 25

4. 外圆加工

加工方法	直径余量				
	≤50	50～80	80～120	120～180	180～260
砂型	2. 0	2. 10	2. 20	2. 40	2. 60
金属型	0. 90	1. 00	1. 10	1. 20	1. 30
粗车后半精车	0. 40	0. 50	0. 60	0. 70	0. 80
半精车后精细车	0. 04	0. 06	0. 08	0. 10	0. 12

附录 10 齿轮测量

齿轮精度项目繁多，因此齿轮测量比较复杂，现将几种常用的齿轮精度测量列于附表 10-1～附表 10-6，以供参考。

附表 10-1 齿轮公差组

公差组	公差与极限偏差项目	误差特性	对传动性能的主要影响
Ⅰ	F_i F_p F_{PK} F_r F_W	以齿轮一转为周期的误差	传递运动的准确性
Ⅱ	f'_i f_f f_{pt} f_{pb} f''_i $f_{f\beta}$	在齿轮一周内，多次周期地重复出现的误差	运动的平稳性、噪声、振动
Ⅲ	F_β F_{px} F_b	齿向线的误差	载荷分布的均匀性

F_i—切向综合公差　F_p—齿距积累误差　F_{PK}—K 个齿距累积公差
F''_i—径向综合公差　F_r—齿圈径向跳动公差　F_W—公法线长度变动公差
f'_i—切向综合公差　f_f—齿形误差　f_{pt}—齿距极限偏差
f_{pb}—基节极限偏差　f''_i——齿径向综合公差　$f_{f\beta}$—螺旋线波度公差
F_β—齿向公差　F_{px}—轴向齿距极限偏差　F_b—接触线误差

附表 10-2 齿轮公法线长度变动公差 F_w 值 (单位：μm)

分度圆直径 [mm]	精度等级									
	3	4	5	6	7	8	9	10	11	12
≤125	5.0	8.0	12	20	28	40	56	80	112	160
>125～400	6.5	10	16	25	36	50	71	100	140	200
>400～800	8.0	12	20	32	45	63	90	125	180	250
>800～1 600	10	18	25	40	56	80	112	160	224	315
>1 600～2 500	11	18	28	45	71	100	140	200	280	400
>2 500～4 000	16	25	40	63	90	125	180	250	355	500

附表 10-3　公法线长度和跨齿数通用计算公式

名称	跨齿数 K	公法线长度 W_K
非变位齿轮	$\frac{z_a}{180°}+0.5$	$m\cos\alpha\ [\pi\ (K-0.5)\ +2\text{inv}\alpha]$
变位齿轮	$\frac{z_a}{180°}+0.5\ \frac{2\times\cot\alpha}{\pi}$	$m\cos\alpha\ [\pi\ (K-0.5)\ +2\text{inv}\alpha]\ +2xm\sin\alpha$
非变位斜齿轮	$\frac{z_v\alpha_n}{180°}+0.5$；$z_v=z\frac{\text{inv}\alpha_t}{\text{inv}\alpha_n}$	$m_n\cos\alpha_n\ [\pi\ (K-0.5)\ +z\text{inv}\alpha_t]$
变位斜齿轮	$\frac{z_v\alpha_n}{180°}+0.5+\frac{2x_n\cot\alpha_n}{\pi}$	$m_n\cos\alpha_n\ [\pi\ (K-0.5)\ +z\text{inv}\alpha_t]\ +2x_nm_n\sin\alpha_n$

注：m—模数，m_n—法向模数，z_v—当量齿数，α_t—端面分度圆压力角，α_n—法向分度圆压力角，x—变位系数。

附表 10-4　直齿圆柱齿轮公法线长度和跨齿简化计算公式

压力角 α	非变位齿轮		变位齿轮	
	跨齿数 K	公法线长度 W_K	跨齿数 K	公法线长度 W_K
20°	$0.11111z+0.5$	$m\ [2.952131\ (K-0.5)\ +0.0140055z]$	$0.11111z+0.5+1.7491x$	$W_K+0.68404x$
15°	$0.08333z+0.5$	$m\ [3.034545\ (K-0.5)\ +0.0059402z]$	$0.08333z+0.5+2.37588x$	$W_K+0.51764x$
$14\frac{1}{2}°$	$0.08055z+0.5$	$m\ [3.041526\ (K-0.5)\ +0.0053682z]$	$0.08055z+0.5+2.46162x$	$W_K+0.50076x$

注：齿轮公法线长度变动公差、公法线长度和跨齿数均可通过查阅相关资料获得。

附表 10-5　直齿圆柱齿轮固定弦齿厚和固定弦齿高简化计算公式

压力角 α	非变位齿轮			变位齿轮	
	齿顶高系数 h_a^*	固定弦齿厚 $\bar{s}_c$	固定弦齿高 $\bar{h}_c$	固定弦齿厚 $\bar{s}_c$	固定弦齿高 $\bar{h}_c$
20°	$h_a^*=1$，	1.3781 m	0.7476 m	(1.3871 ± 0.6428) m	$h_c-0.1820\bar{s}_c$
	$h_a^*=0.8$	1.3781 m	0.5476 m		
15°	$h_a^*=1$	1.4656 m	0.8036 m	(1.4656 ± 0.5x) m	$h_c-0.1340\bar{s}_c$
$14\frac{1}{2}°$	$h_a^*=1$	1.4725 m	0.8096 m	(1.4723 ± 0.485x) m	$h_c-0.1293\bar{s}_c$

对于 $x<0$ 的变位齿轮，为了能够测量固定弦齿厚，齿顶圆直径应满足下列条件：

$d_a \geqslant \sqrt{W_k^2 + 0.883d^2} +（2 \sim 4）$；

W_k—公法线长度。

附表 10-6 常用直齿圆柱齿轮基节理论值（mm）

模数 m	基节 f_{pb}	模数 m	基节 f_{pb}
0.5	1.4761	4	11.8085
1.0	2.9521	4.5	13.2846
1.25	3.6902	5	14.7606
1.75	5.1662	5.5	16.2367
2	5.9043	6	17.7128
2.25	6.6429	6.5	19.1888
2.5	7.3803	7	20.6649
2.75	8.1184	7.5	23.6171
3	8.8564	8	26.2692
3.25	9.9544	9	26.5692
3.5	10.3325	10	29.5213
3.75	11.0705	12	35.4255

注：圆锥齿轮测量本书从略。

附录 11 青铜

一、锡青铜

附表 11-1 锡青铜牌号成分表（%）

牌号	Sn	Zn	Pb	Fe	Sb	Al	Si	Cu
660	5.46	5.12	3.90	0.062	0.81	0.12	0.013	其余含量
661	5.44	5.80	4.11	0.14	0.50	0.017	0.036	
662	5.44	5.89	3.95	0.22	0.32	0.028	0.060	
663	5.46	5.74	4.11	0.35	0.20	0.048	0.092	
664	5.56	5.94	4.20	0.61	0.13	0.064	0.099	

锡青铜的机械力学性能：

抗拉强度：σ_b200～300（N/mm^2）

延伸率：δ_s10～13（%）

硬度：HB 59～88

铸造青铜的牌号表示方法有两种。旧牌号表示法与加工锡青铜相似，只是在其代号前加“Z”，如ZQSn10-1；新牌号表示法是由“Z + Cu + 合金元素符号 + 数字”组成。其中“Z”是“铸”字汉语拼音字首，合金元素符号后的数字是以名义百分数表示的该元素的质量分数。例如：ZQSn6-6-3还可以写成ZCuSn6Zn6Pb3，表示平均$W_{Sn}\approx6\%$、$W_{Zn}\approx6\%$、$W_{pb}\approx3\%$、其余为Cu的铸造锡青铜。

锡青铜中加入少量Pb，可提高耐磨性和切削加工性能；加入P可提高弹性极限、疲劳强度及耐磨性；加入Zn可缩小结晶温度范围，改善铸造性能。

铸造锡青铜适宜制造形状复杂，外形尺寸要求严格，致密性要求不高的耐磨、耐蚀件，如轴瓦、轴套、齿轮、蜗轮、蒸汽管等。锡青铜在大气、海水、淡水以及蒸汽中的耐蚀性比纯铜和黄铜好，但在盐酸、硫酸和氨水中的耐蚀性较差；具有良好的减摩性，无磁性、无冷脆现象。加工锡青铜适于制造仪表上要求耐磨、耐蚀的零件及弹性零件、滑动轴承、轴套及抗磁零件等。

二、特殊青铜（无锡青铜）

1. 铝青铜

以Al为主要添加元素的铜合金称为铝青铜，应用最广泛。其耐蚀性、耐磨性高于锡青铜与黄铜，并有较高的耐热性、硬度、韧性和强度。加工铝青铜主要用来制造各种要求耐蚀的弹性元件及高强度零件。铸造铝青铜用于制造要求有较高强度和耐磨性的摩擦零件。

2. 铍青铜

以Be为基本合金元素的铜合金（$W_{Be}=1.7\%\sim2.5\%$）。在淬火状态下塑性好，可进行冷变形和切削加工，制成零件，经人工时效处理后，可获得很高的强度和硬度。铍青铜的弹性极限、疲劳强度都很高，耐磨性和耐蚀性也很优异，具有良好的导电性和导热性，并且抗磁、耐寒、受冲击时不产生火花，但价格较贵。主要用来制作精密仪器的重要弹性元件、钟表齿轮、高速高压下工作的轴承及衬套以及电焊机电极、防爆工具、航海罗盘等重要机件。

附录 12　标准公差表

标准公差表部分数据参见附表 12-1。

附表 12-1　标准公差表（节录）

基本尺寸		公差值														
		IT4	IT5	IT6	IT7	IT8	IT9	IT10	IT11	IT12	IT13	IT14	IT15	IT16	IT17	IT18
大于	到	μm								mm						
—	3	3	4	6	10	14	25	40	60	0.10	0.14	0.25	0.40	0.60	1.0	1.4
3	6	4	5	8	12	18	30	48	75	0.12	0.18	0.30	0.48	0.75	1.2	1.8
6	10	4	6	9	15	22	36	58	90	0.15	0.22	0.36	0.58	0.90	1.5	2.2
10	18	5	8	11	18	27	43	70	110	0.18	0.27	0.43	0.70	1.10	1.8	2.7
18	30	6	9	13	21	33	52	84	130	0.21	0.33	0.52	0.84	1.30	2.1	3.3
30	50	7	11	16	25	39	62	100	160	0.25	0.39	0.62	1.00	1.60	2.5	3.9
50	80	8	13	19	30	46	74	120	190	0.30	0.46	0.74	1.20	1.90	3.0	4.6
80	120	10	15	22	35	54	87	140	220	0.35	0.54	0.87	1.40	2.20	3.5	5.4
120	180	12	18	25	40	63	100	160	250	0.40	0.63	1.00	1.60	2.50	4.0	6.3
180	250	14	20	29	46	72	115	185	290	0.46	0.72	1.15	1.85	2.90	4.6	7.2
250	315	16	23	32	52	81	130	210	320	0.52	0.81	1.30	2.10	3.20	5.2	8.1
315	400	18	25	36	57	89	140	230	360	0.57	0.89	1.40	2.30	3.60	5.7	8.9
400	500	20	27	40	63	97	155	250	400	0.63	0.97	1.55	2.50	4.00	6.3	9.7

注：基本尺寸小于 1 mm 时，无 IT14 至 IT18。

参 考 文 献

[1] 上海柴油机厂工艺设备研究所. 金属切削机床夹具设计手册 [M]. 北京：机械工业出版社，1984.

[2] 梁炳文. 机械加工工艺与窍门精选 [M]. 北京：机械工业出版社，2005.

[3] 张秀珍，晋其纯. 机械加工质量控制与检测 [M]. 北京：北京大学出版社，2008.

[4] 李云. 机械制造工艺及设备设计指导手册 [M]. 北京：机械工业出版社，1997.

[5] 晋其纯，张秀珍. 机床夹具设计 [M]. 北京：北京大学出版社，2009.

[6] 王茂元. 机械制造技术 [M]. 北京：机械工业出版社，2001.